本书系"物质的历史"系列丛书作品

"物质的历史"系列丛书作品还包括

《糖：权力与诱惑》、《沙：从我们指尖溜走的宝贵资源》等

© 2011 oekom verlag GmbH
Original Title: »Kakao. Speise der Götter«

The simplified Chinese translation rights arranged through Rightol Media
（本书中文简体版权经由锐拓传媒取得 Email: copyright@rightol.com）

可可与巧克力

时尚饮品、苦涩回味与众神的食粮

Kakao
Speise der Götter

作者 〔德〕安德烈娅·杜瑞
　　　Andrea Durry
　　〔德〕托马斯·席费尔
　　　Thomas Schiffer
译者　汤博达

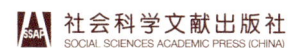

社会科学文献出版社
SOCIAL SCIENCES ACADEMIC PRESS (CHINA)

作者简介

安德烈娅·杜瑞（Andrea Durry），大学学习社会学、非洲研究和民族学，现担任科隆巧克力博物馆（Schokoladenmuseum Köln）馆长。

托马斯·席费尔（Thomas Schiffer），历史学家、博物馆教育家、自由策展人，现任职于科隆巧克力博物馆。

译者简介

汤博达，自由译者，毕业于首都师范大学，文艺学硕士，日常除翻译写作与编辑学术著作，尤爱阅读中国古籍和德意志古典哲学。译有《杯中的咖啡：一种浸透人类社会的嗜好品》（*Kaffee: Geschichte eines Genussmittels*）。

1. 可可树一枝（收录于《科勒药用植物》，1887）

2. 可可果（收录于《科勒药用植物》，1887）

3. 已然成熟的可可果
（路易斯·阿道弗·奥瓦列斯摄，2010）

4. 可可花（比约恩·S.摄，2016）

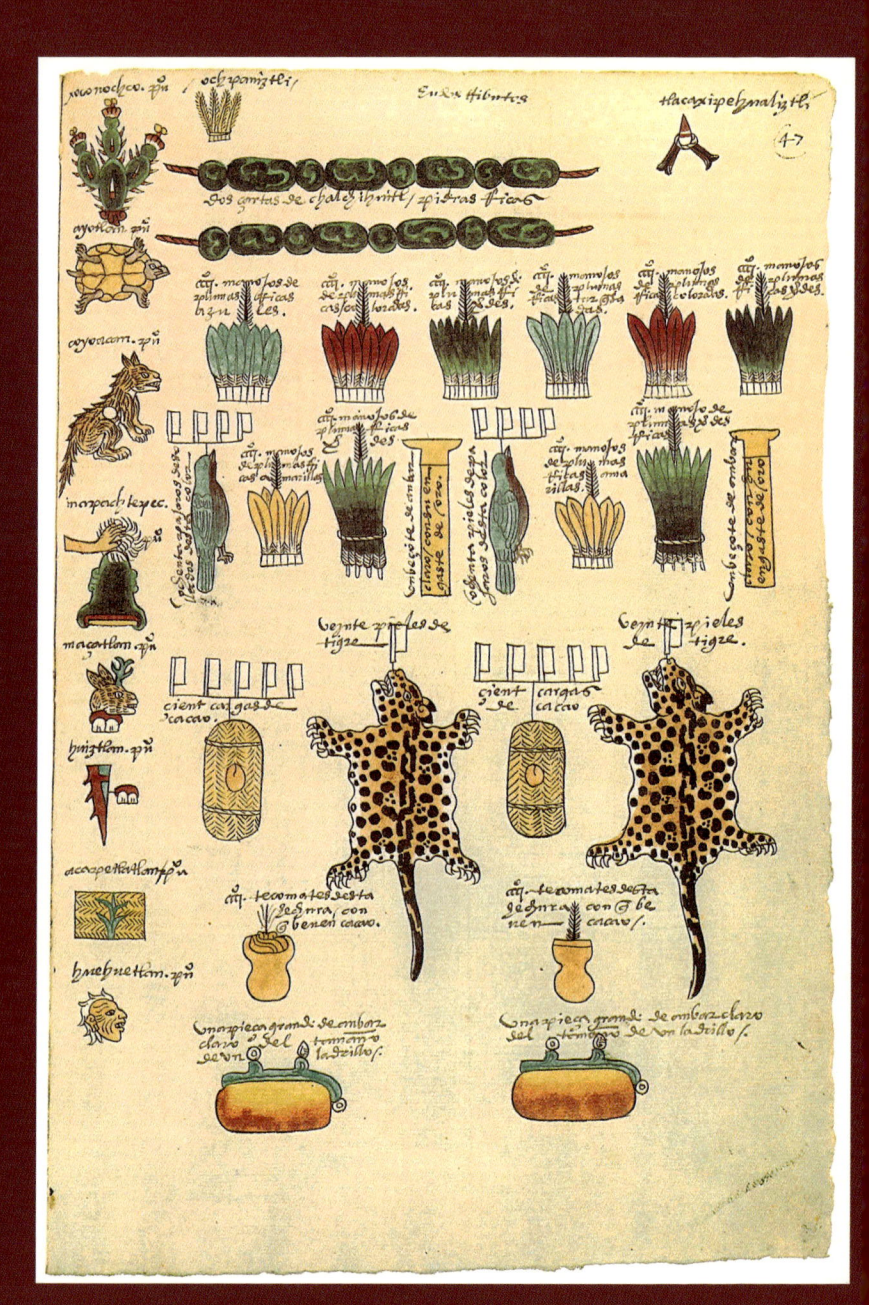

5. 16世纪"门多萨抄本"中的可可贡品

6.《带可可研磨杵的静物画》(胡安·德·苏尔班绘,1639)

7.18世纪著名的巴洛克式"天鹅系列"餐具
（现藏于华沙国家博物馆，德国迈森瓷器厂，约翰·约阿希姆·肯德勒设计，1738~1742）

8.《巧克力饮具》(路易斯·埃希迪奥·梅伦德斯绘,1770)

9. "en trembleuse" 防抖巧克力套杯
（现藏于洛杉矶县博物馆，法国塞夫尔瓷器厂，艾蒂安－让·沙布里设计，约1776）

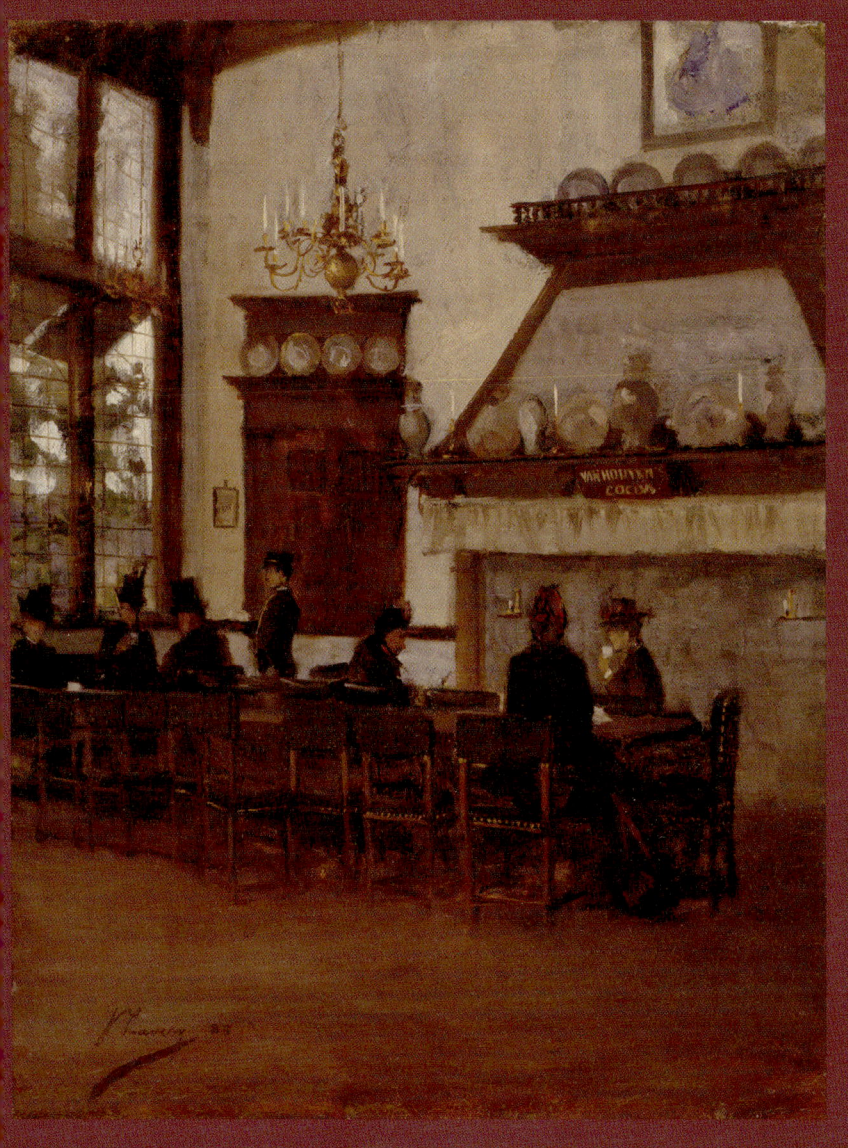

10.《1888年格拉斯哥科学、艺术和工业国际博览会上的荷兰巧克力屋》
（约翰·莱弗里爵士绘，1888）

11. 荷兰范豪滕父子巧克力公司的海报
（阿道夫·维莱特绘，1893）

12. "Erven Caspar Flick"巧克力公司的广告画《荷兰溜冰可可》
（约翰·赫奥尔赫·范·卡斯佩尔绘，1897）

13. 英国吉百利公司的广告画（《伦敦新闻画报》，1900）

14. 德国施托尔韦克公司所有的萨洛缇品牌商标
［从"萨洛缇摩尔人"（1918）到"萨洛缇感官魔法师"（2004）］

15. 甘纳许,一种由巧克力和任何液体融合而成的制作巧克力糖果或糕点的基底物质(路易莎·孔特雷拉斯摄,2013)

16. 帕林内，一种带焦糖坚果馅料的经典夹心巧克力品类

17.占杜亚,一种于拿破仑时代产自意大利都灵的榛子口味巧克力棒

18. 巧克力波波糖，一种当下时兴的夹心巧克力品类

19. 复活节兔子，一种季节性的经典空心造型巧克力，在2010年实销逾1.3亿个

20. 仿巴塞罗那奎尔公园高迪蜥蜴喷泉的巧克力艺术雕塑
（现藏于巴塞罗那巧克力博物馆）

35

AD EMINENTISS. AC REVERENDISS.
PRINCIPEM
FRANCISCVM MARIAM
CARDINALEM BRANCATIVM
SCRIBENTEM
DE CHOCOLATIS POTV DIATRIBE,
ODE
ALOYSII FERRONII SOCIETATIS JESV.

    Nata terris Arbor in vltimis,
    Et Mexicani gloria littoris,
      Fœcunda succo, quo superbit
        Æthereum Chocolata nectar.
Tibi omne lignum cedat, & omnium
Propago florum; Laurus adoreas
    Nectens triumphis, Quercus, Alnus,
      Et Libani pretiosa Cedrus.
Ferunt Adamum gentis originem
Pulsum beatis sedibus arborem
    Vexisse ad Indos, quæ hospitale
      Nacta solum, generosa trunco
Vitalis æui semina protulit,
Opimiani munera Liberi
    Notata multis vina lustris,
      Queis titulum, patriamque cana.
                      De-

36

Deleuit ætas, Cretica, Massica
Baccho resigno, dum mihi viuidus
    Irroret imber pectus, almi
      Fons animi, ingenijque vena.
O missus astris sudor, & inclytus
Potus Deorum! Castalij procul
    Valete rores, hæc Poëtis
      Perpetuo fluat vnda riuo.
O fulgurantis gloria purpuræ,
Et Vaticanæ sidus adoreæ
    FRANCISCE quantum succus ausis
      Iste tuis, calamoque debet!
Rumor ferebat lædere morsibus
Ieiuniorum iura: tyrannidis
    Tu fræna laxas, veritatis
      Fax rutilans, Superumque vindex.
Lenis profundo gurgite laberis
Sententiarum, gemmeus insonat
    Hinc inde fluctus, vel Latina
      Arua premas, vel aperta Graium,
Angustior marginis impotens
Lustras Mineruæ regna licentius
    Vndantis auro more Idaspis
      Pandis opes, animique gazas.
O Splendor Orbis, Mercurialium
Decus Virorum! Silateri comes
                      Adæ

37

    Adæ adfuisses, Te Patrono,
      Victa foret grauis ira Diuûm.
Non bellicosis Sequana motibus,
Tyberisque flecti nectius, Italas
    Lassaret iras: sed quadrigis
      Vecta suis sociaret altas
Pax alma gentes. At venient dies
Felicioris itaminis, aurei
    Dies LEONIS, Te sacrorum
      Rege pias moderante terras.

ROMÆ,
Per Zachariam Dominicum Acsamitek à Kronenfeld,
Vetero Pragensem. Anno M DC LXIV.

SVPERIORVM PERMISSV.

21. "众神的食粮"拉丁文颂歌《哦，耸于墨西哥遥远之地的树，金色海岸的荣耀》
（耶稣会士阿洛伊修斯·费罗纽斯创作，1664）

编者按

"物质的历史（Stoffgeschichten）"系列丛书由奥格斯堡大学环境科学中心（Wissenschaftszentrum Umwelt, Universität Augsburg）与乌考姆协会（oekom e.V.）合作出版，并由教授阿尔明·雷勒博士（Prof. Dr. Armin Reller）和延斯·森特根博士（Dr. Jens Soentgen）主编。

我们日常生活中接触到的各种物质，通常都要经过漫长的旅途才能来到人们面前，而其中的曲折历程往往会在最终的产品问世后被掩藏起来。我们在结账购买时不但往往默认商品是全新的，而且会忽略它的过往。但如果潜心研究其历史，一系列令人震动且惊讶的事实便会出现在人们面前，那些被压抑或被视而不见的事物也会由此浮出水面。若以物质为线索，我们便可直接映现全球化历程中纷乱繁杂的种种冲突。

因此，本系列丛书将聚焦一个又一个的物质，它们既是乖张不羁的英雄，也是我们故事中执拗任性的主人公。我们将选取并呈现那些与社会或政治关系紧密的品类，研究那些正在创造或已然书写了历史的物质，进而描绘这些我们每天都会接触之物所经历的自然风景与社会环境。它们中的许多成员都有着环游全球的历史。

《可可与巧克力：时尚饮品、苦涩回味与众神的食粮》是本系列丛书的第七卷。欧洲征服者为了寻找黄金和白银征服了美洲。但较之贵金属，一些植物及其衍生品对旧大陆的影响更为深远，它们丰富并重塑了发生在那里的经济活动。可可是从可可果中的豆子里提取的，凭借中美洲原住民的复杂发酵与制备技术，它的香气源源而出。印第安人依靠自己的聪明才智，将不起眼的可可豆变成了无与伦比的美食，它们传到欧洲后很快便收获了无数拥趸。庞大的跨大西洋企业就是这样应运而生的。几个世纪以来，人们创造了数以千计的专利，测试了众多的配方，类似的努力直至今日仍在延续。可可就是这样一种足以激发无限想象的美味佳肴。本书收录了大量独特的图片与文献，并将以科学且生动的方式讲述这一"众神的食粮"甜苦交映的故事。

译者序

本书是译者为本系列图书翻译的第二部作品。掐指盘算，距离上一部《杯中的咖啡：一种浸透人类社会的嗜好品》翻译工作的完成已过去了五年，但当时工作的许多场景、诸多我行文的不完美以及编辑及友人对我的帮助还历历眼前，仿佛发生在昨天，实不禁令人感慨岁月穿梭。

这本书是关于可可，或者说是关于巧克力的。众所周知，可可与咖啡一样，都是随殖民时代的航海船队进入全球人们的生活，进而随时间的流逝不断潜移默化地形塑着各地文化的嗜好品。在当今现代化的都市生活中，二者均是随处可见且与我们的生活息息相关的食品。但它们又绝不仅止于一种食品，在形塑人们生活方式的同时早已成为一种深嵌现代文明的文化符号。有趣的是，其各自所指的对象却是如此的不同。

咖啡是属于成人世界的，其传播及融入人类社会的方式与所谓"工作"的行为密不可分，或者说正是成年人试图平衡工作与休闲间此消彼长的关系之需才给了咖啡广阔的生存和发展空间；而可可则是来自童年世界的宝物。译者相信，一定有许多已长大成人的朋友和我一样，在几十年后依然无法忘记童年时代的某个时刻，融化舌上的那口又苦又甜的触感所带来的冲击，以及随之而来的久久不能挥散的回味。那可能是在小卖部或超市门口，可能是在放学后斜阳西下的归家路上，可能是在儿时伙伴的生日会上，也可能是在挥汗如雨后的运动场上。我也相信一定也有许多人和我一样，在成年后依然钟爱巧克力，在随年齿渐长而对大多数糖果逐渐失去兴趣后,依然无法抵御那自童年时代便刻入我们头脑中的甘苦交织的密码。

同样,如果说现代人习惯凭借咖啡唤起自己的理性,进而使人能如机器一般高效且准确地投入节奏紧凑的生活,那么人们在可可中投诸的很可能是感性,在其中所寻求的是感官对甜蜜且苦涩刺激的最直接反应,并以此为起点,循着密码找到童年时代某个时刻的幸福、温暖与安慰。于是,巧克力在现代人类文明中成了一种向亲密之人传递情感的媒介,其是冬日寒冷的早晨父母为孩子端上的一杯温暖的热巧克力,是情人节时青年人告白恋人的精美巧克力礼盒,也是办公室茶歇时同事间分而食之的一块巧克力蛋糕。

那么,这些生活中无处不在的以可可为原料的产品从何而来?这不仅涉及作为物质的可可如何从拉丁美洲可可树上的果实变成麻袋中的可可生豆,以及如何从可可生豆变为消费者面前各式各样的巧克力产品;也涉及可可作为一种文化符号如何被拉美原住民发现并融入他们的文明,然后如何被殖民者带回欧洲大陆,进而随工业化的发展广布全球。本书正是从以上两个角度切入人们既司空见惯又莫测其秘的可可,从而为读者卷开一幅探索巧克力神形的叙事画卷。

正如面对大多数司空见惯的事物时一样,当我们开始思考并试图理解可可/巧克力这一浮冰下的深蓝时,便会惊讶于那潜藏在海平面下的冰山的巨大、深邃与复杂,众多专业性的问题和困难也会横陈在我们面前。就这一角度而言,循着两位作者安德烈娅·杜瑞(Andrea Durry)与托马斯·席费尔(Thomas Schiffer)所绘的画卷,我们可以迈过种种专业的藩篱,看到各式各样意想不到的图景,最终相对全面而准确地找到自己的答案。这些图景丰富多彩、包罗万象，从中可以窥见作者们宽广的知识储备与清明的思维逻辑。

如前所述，本书大体上可被分为两部分，分别从物质和文化的层面论述了可可及与可可有关的一切。第一部分包括第1~5章。第1章从植物学角度出发阐述了可可树的特性，其中既包括现代生物分类学奠基人卡尔·冯·林奈（Carl von Linné）等早期学者与可可树相关的趣闻，也包括以数据为基础对可可树的物种特征和生存环境等科学参数的分析，可谓趣味与知识并存。第2章讲述了可可树的品种分类与农业价值，其中不乏与农学相关的既极为具体又来自田间的栽种细节。第3章的内容除主要涉及可可豆的初加工外，作者还用大量的篇幅揭露了可可行业的阴暗面——童工——这些从小徘徊于雨林间的可可树下，虽辛勤劳作却从未见过成品巧克力的儿童，从可可成为工业制成品/商业消费品的一刻便始终被隐于货架上五彩缤纷的甜蜜食品之后。他们被贩卖、被虐待、被强迫劳动，用瘦弱的双手赚取仅能维持基本生活所需的微薄收入。或许每一个正在享受巧克力的消费者，都应该把自己的目光从面前的美味上稍稍移开，给那些起着最为关键基础作用却在产业链中所获最少的失语儿童们一些关注。第4章聚焦于世界性贸易品，其从历史的角度讨论了可可贸易的发展、现状及未来可能的趋势，其中最为重要的当数详实的数据与极为具体的一手资料。第5章涉及可可工业生产的最后环节，即巧克力产品的制造，其既包括具体的技术细节，也涵盖了营养学知识，更罗列了各式令人垂涎的巧克力糖果，其中不乏能唤起中国消费者记忆的经典产品。

第二部分包括第6~10章。第6章集中讨论了作为饮食文化的可可的起源，其主要舞台位于美索美洲，即中部美洲神秘且遥远的奥尔梅克、玛雅和阿兹特克文明。第7章则讲述了西班牙人抵达后殖民炮火与原住民文化的激烈碰撞；欧洲人就是从这种碰撞中认识可可的，并开启了将其散播全球的为期近500年的漫长航程。如果说第7章讲述的是欧洲殖民者对可可的发现，那么第8章关注的便是欧洲人对可可的接受以及欧洲文化融合这一新奇食品的过程，我们在这一章中可以看到可可在被作为药品引入欧洲后迅速于上流社会收获大批拥趸的历程。第9章收录了大量的珍贵历史图片和资料，比如欧洲17世纪精美的巧克力饮器，比如约翰·沃尔夫冈·冯·歌德（Johann Wolfgang von Goethe）等巨匠对这种饮品的热爱以及所生出的种种趣事。而在最后的第10章中，巧克力终于随着工业化的发展走进了千家万户，我们所熟悉的巧克力排块也是由此逐渐成为主流的。这一章同样通过丰富多彩的图片和资料，生动详尽地介绍了历史悠久的知名巧克力品牌和产品，其中的许多公司和产品虽已没入历史的长河，但我们从中仍可以看到正是无数前人的努力与智慧为今日的丰美巧克力品类奠定了基础。

在译读本书的过程中，我每每受到震撼并陷入遐思。在人们的生活中，精致的巧克力产品随处可见。虽然我们大都知道其是以可可这种植物为原料来制作的，但恐怕很少有人在享受巧克力带来的愉悦时能够想到，从一株可可树苗到消费者手中的巧克力排块，其间竟隐藏着如此繁复的工艺、如此曲折的文化背景，以及更不应被忽略的如此繁重的劳动，甚至是残酷的盘剥。巧克力饮食文化发展到今日的繁华绚烂模样着实令我惊叹，但与此同时，潜伏巧克力工业阴影中的辛劳与罪恶也令我如鲠在喉。巧克力甘苦相交的张力成就了其无与伦比的美味，但从更本质上的意义上来说，这种色、香、味、意、形的张力恰是源于蕴藏其后的种种精妙与不堪间的矛盾的投影。

最后，本书涉及大量各个专业的专有名词，其中有些很难在中文中找到既准确又简明易懂的通译。其中，原文为复合词且部分词根与该名词的所指有逻辑关系的，译者采取意译，如"Arista-System"译为"田界制度"；而某些单纯词，译者采取音译，如计量单位"Scrupel"译为"司克"。此外，为了便于读者理解，我还与编辑一道为书中的某些概念、项目与组织名、具体巧克力品类，特别是容易引起歧义的地方添加了注释，如"生物过程"、"促进与第三世界伙伴关系公司"、"帕林内"和"扁桃仁糖糕"等。

本书虽是我的第二本译著，但在翻译过程中，我仍深感沟通两种文化背景迥异的语言之难与自身学力之有限。幸亏诸多同仁与朋友斧正，尤其是编辑的帮助，才能使本书以一种不致令译者自惭的较完备状态出版。对此我无以为表，唯有致谢！

2025 年春于北京

目　录

引　言 / 001

第 1 章　可可树 / 007

第 2 章　种植与收获 / 025

第 3 章　与可可树一起生活 / 064

第 4 章　世界性贸易品 / 086

第 5 章　从可可到巧克力 / 123

第 6 章　可可的起源 / 161

第 7 章　可可与征服新大陆 / 212

第 8 章　可可抵达欧洲 / 248

第 9 章　奢侈饮品巧克力 / 287

第 10 章　大众消费品巧克力 / 318

结　语　回望与前瞻 / 383

致　谢 / 387

附　录 / 388

注　释 / 395

参考文献 / 413

图片版权说明 / 423

Inhalt

Einleitung / 001

I Der Kakaobaum / 007

II Anbau und Ernte / 025

III Leben mit dem Kakaobaum / 064

IV Kakao als Welthandelsgut / 086

V Aus Kakao wird Schokolade / 123

VI Die Ursprünge des Kakaos / 161

VII Kakao und die Eroberung der Neuen Welt / 212

VIII Der Kakao kommt nach Europa / 248

IX Schokolade als Luxusgetränk / 287

X Schokolade für den Massenkonsum / 318

Blick zurück nach vorn / 383

Dank / 387

Anhang / 388

Anmerkungen / 395

Zitierte und weiterführende Literatur / 413

Bildquellen / 423

引　言

"众神的食粮（Eine Speise der Götter）"，卡尔·冯·林奈（Carl von Linné）早在18世纪就曾如此描述"可可（Kakao）"，并强调了这种小棕豆的特殊地位。这位著名的瑞典医生暨植物学家对可可的兴趣绝不仅限于科学上的考察。林奈在日常生活层面也对"巧克力（Schokolade）"赞赏有加，还曾推荐人们将它用作增强体力的补品或治疗各种疾病的药物。他是欧洲巧克力早期消费的支持者之一。如今看来这似乎不足为奇，但在那个时代，巧克力的益处及对人体的影响仍陷于激烈争论的漩涡。但林氏将可可描述为"众神的食粮"绝非仅出于其个人的欣赏。可可近3000年的文化史及在美洲和欧洲的特殊地位也是这一评价的重要依据。

在中美洲，奥尔梅克（Olmeken）、玛雅（Maya）和阿兹特克（Azteken）等高度发展的文明都会用可可来制作美味的饮品。后来，西班牙人将这种饮品称为"chocolatl"。它不仅被当作社交庆典上招待贵客的佳肴，也被视为治疗疾病的药物。本书稍后将会提到可可的药用效果即便到了今日也依然是科学研究的重要对象。人们对可可中的某些成分寄予厚望，期待其在将来能成为治疗腹泻等疾病的药物中的有效成分。然而，这些愿望在可预见的未来能否真正实现，尚有待进一步的观察。

可可豆在中美洲除了被当作奢侈食品和药品，还具备另一重要功能，即所谓古代美洲文明的货币。直到19世纪，可可豆在拉丁美洲的一些地区仍被人们视为一种通货。笔者将向您详释这些豆子在交易中具备的普遍价值及形成这种价值的原因与过程。

巧克力饮品在中美洲的特殊地位集中表现为：它通常是贵族的专用品。当可可于16世纪传入欧洲时也延续了这种特殊地位。当时，这种用可可豆制成的饮料是欧洲上流社会的专属饮品，随后还传入了各国王室所在城市的宫廷。在其他阶层能够喝到巧克力之前，贵族和高级圣职早就开始享用它了。截至18世纪末，巧克力一直在欧洲保有独特地位；直到另外两种热饮"茶（Tee）"和"咖啡（Kaffee）"到来很久后，这种地位才慢慢发生了改变。这主要缘于巧克力的制备过程较其他热饮更为复杂，并且其中要添加各种昂贵的配料。除了可可这一主要成分，巧克力通常还有糖和各种富有异国情调的名贵香料，比如香草或肉桂。

下面，我们先来整合下一些易混淆的概念。由可可制成的饮品在古代美洲被称作"cacahuatl"，西班牙征服者给它起的新名是"chocolatl"，第7章会介绍发生改变的原因。笔者在此想先指出的是，由可可制成的饮品在中美洲叫"cacahuatl / chocolatl"（可可），在欧洲则被称为"Schokolade / chocolate"（巧克力）。但为了叙述更为清晰，我们将在称呼这种饮品时忽略这一历史习惯。相反，我们会在指称原材料时使用"Kakao"（可可），而在指称成品时使用"Schokolade"（巧克力）——无论针对液体还是固体巧克力都是如此。笔者希望能够避免对同一种饮品采用两个不同的术语。

但有时我们也不得不破例。自欧洲人开始饮用巧克力的几个世纪以后，尼德兰人昆拉德·约翰内斯·范·豪滕（Coenraad Johannes van Houten，1801~1887）在1828年研发出了全球第一台"可可脂压榨机（Kakaobutterpresse）"。借助这种机器，人们可以将"可可液块（Kakaomasse）"中的大部分脂肪榨取出来。以这种方式制造的可可饮品因脂肪含量较低，所以更容易消化也更为廉价。在描述此种饮品时，我们不得不暂时放弃上述原则。所以本书用"可可"来指称的不仅是原材料，还包括用"脱脂可可"制成的饮品。这种概念上的问题是可可所独有的。咖啡和茶等其他众所周知的奢侈食品在命名上均不存在同样的问题，在指称它们时，原材料和成品始终具有相同的名称。

接下来，让我们回顾下可可在欧洲的起点。与其他所有刚进入欧洲的新奢侈食品一样，巧克力对人体的影响和功效也引发了激烈的争论。笔者前面已经指出过这种事实。除了众多批评之声，倡导消费巧克力的群体很快也开始发声，他们称赞巧克力的味道、营养以及对身体健康的益处。在很长的一段时间里，对人们来说，巧克力与其说是一种奢侈食品，不如说是一种药物。但即便17~18世纪那些最狂热的巧克力支持者也无法想象它能在后来取得如此大的胜利。决定性的转折发生在19世纪，巧克力突然从少数富人的奢侈品一跃成为属于所有阶层的大众消费品。这一变化主要缘于可可产量的提升、巧克力生产的工业化以及欧洲和北美新兴工业国家需求的增长。在欧洲，即至少在第一次世界大战前的几年里，工人和普通雇员因社会购买力的普遍提升能开始消费得起巧克力了。

最晚到了20世纪，世界贸易体系，即西非和南美的可可生产商为工业化国家的巧克力制造商提供原材料的体系已然成形。直到今天，每每提及这一体系，人们仍会不时联想起噩梦般的工作与生活条件。在许多可可种植地区，工资低、卫生条件差、医疗条件差以及滥用童工的现象依旧普遍存在。由于可可是世界上隐患最为严重的贸易品之一，并且价格波动非常剧烈，许多生产商都曾因经济上过于依赖而蒙受过损失。

主要的巧克力制造商大部分仍是西方工业化国家。只有少数新兴国家能够建立起本国的巧克力生产基地并从中获利。但即便在这些国家，这些基地的拥有者也往往是欧洲或美国的巧克力公司或可可加工商。生产地国家能够成功建立属于本国的可持续加工行业实则凤毛麟角，玻利维亚的可可合作社"鸡冠刺桐（El Ceibo）"就是其中之一，该合作社依靠经营自己的巧克力工厂获得了额外的收入。第 4 章会更为详细地讨论这一案例。西方工业化国家直到 20 世纪六七十年代才开始尝试改革国际可可贸易体系。然而这些努力基本已成徒劳。相反，一些私人倡导者的呼吁起到了一定作用，其最终致使如"公平交易——促进与'第三世界'公平贸易协会（TransFair – Verein zur Förderung des Fairen Handels mit der »Dritten Welt« e.V.）"及"促进与第三世界伙伴关系公司（Gesellschaft zur Förderung der Parnerschaft mit der Dritten Welt mbH / GEPA – The Fair Trade Company）"这样的公平贸易组织的建立。在巧克力行业内，"公平贸易（Fairer Handel）"的概念目前已牢牢站稳脚跟，尽管其地位在德国尚远未达到其在英国的水准。虽然各种私人倡议已经获得了大大小小的成功，但它们在国际政治层面的影响力还极为有限。这些倡议最近的努力方向是提高市场透明度，此举旨在抑制日益猖獗的投机现象，尤其是那些大型对冲基金所主导的投机行为。

归根结底一切都掌握在消费者手中。他们掌握着购买的选择权，他们可以消除不公平的贸易规则，他们也可以颠覆可可种植者不人道的生活环境与工作条件。德国在这一领域可以担纲重要角色，因为多年来其一直是世界上最大的可可进口国之一，其可可进口量与荷兰、科特迪瓦和美国相仿。仅 2008~2009 年度，德国就进口了约 34.2 万吨可可，几乎占到了全球可可总产量的十分之一。传统上，瑞士、英国、比利时和德国的居民都属于全球消费巧克力最多的群体。2008年，德国的人均巧克力消费量以超过9公斤的"平凡成绩"位列世界第五。

然而可可生产国则几乎不存在巧克力消费现象。主要原因有三：①有些国家缺乏日常食用巧克力的传统；②巧克力价格较高；③本地居民收入较低。值得庆幸的是，可可在一些新兴国家的重要性在逐渐提升，特别是中国和印度的居民对可可和巧克力的需求正日益增长。当然，这些国家的消费增长速度虽然很快，但消费额仍处于相对较低的水平。尽管如此，它们未来的发展依旧值得期待。

仅仅几年之前，经营者还必须将巧克力产品的价格尽可能压到最低。但随着追求高品质优质巧克力成为一种趋势，这种情况已发生了改变。许多消费者非常乐意花费数欧元购买巧克力。巧克力昔日独特的地位似乎有所回归。与此同时，随着对品质期望的提高，人们也开始愈发关注食用巧克力对人体的影响。其中引发最多批评的是：因巧克力饮食的热量过高，其可能导致肥胖。目前，已有人建议在包装上提醒人们注意巧克力的高热量，进而达到遏制其消费的目的。但迄今为止此类建议均未得到实施。另外一个便于消费者理解的方案是"红绿灯机制（Ampelsystem）"，即使用绿、黄和红三种交通信号灯的颜色来标识脂肪、饱和脂肪酸及糖与盐的含量。呼吁引入这种标签的声音虽早已出现，却遭到了政界人士和大部分相关商业机构的拒绝。作为替代，未来会出现简单标注产品营养成分的标识。

本书是一本针对可可这一特定物质的专著。第1~5章将阐述可可和巧克力是如何存在的。在简单介绍可可树及果实的植物学定义后，笔者将详述生产国种植与加工可可豆的情况，并对可可豆输往欧洲和北美巧克力工厂的漫长过程进行描述。我们在这部分想表达的最为重要的事实是：可可是一种极其敏感的事物，每名行业参与者都面临着严酷的挑战。我们还将讨论可可贸易中存在的困难以及可可种植者时而动荡的工作条件与生活环境。第6~9章将讲述可可和巧克力的丰富过去与悠久历史。我们首先从西班牙人到来前后的"美索美洲（Mesoamerika）"的可可及巧克力消费开始。以此为基，我们将详细讨论16~17世纪巧克力传入欧洲及在欧洲内部进行传播的过程。其最为重要的一点是，巧克力从药物向贵族奢侈品的转变。最后，第10章将谈谈生产的工业化以及巧克力从贵族奢侈品向批量生产的大众消费品的演变。

第1章 可可树

卡尔·冯·林奈与众神的食粮

茶、咖啡和巧克力这三种饮品都是从外国传至我们这里的。它们现在是人尽皆知的日常饮品,但我们的祖辈却从未听说过。在它们之中我们最常饮用的是茶和咖啡,然而这两种饮品比起巧克力既不会更加优越,对我们的健康也谈不上多么有利。巧克力对身体不会有那么强的刺激,不会过早地夺取你的体力,还能为陷入某些疾病的患者提供帮助,少了它整个医学界对这些疾病都几乎无能为力。[1]

这首写给巧克力的"赞歌"出自现代生物学奠基人之一卡尔·冯·林奈(Carl von Linné,1707~1778)①之手。他本名"卡尔·尼尔松·林内乌斯(Carl Nilsson Linnaeus)",受封贵族后改称"卡尔·冯·林奈"。林奈出生于瑞典南部,是牧师尼尔斯·林内乌斯(Nils Linnaeus)与克里斯蒂娜·林内乌斯(Christina Linnaeus)五个孩子中的一个。(见图1)他本应追随父亲的脚步

---

① 林奈是现代生物分类学奠基人。他在1753年的《植物种志》(*Species Plantarum*)中延续了自己在《自然系统》(*Systema Naturæ*)中以植物的生殖器官进行分类的方法,将植物分为24纲(classis)、116目(ordo)、1000余属(genus)和10000余种(species),并使用新创立的"双名命名法(Nomenklatur)"进行命名。(本书脚注均为译者注或编者注。除特殊情况外,后不再说明。)

图 1

卡尔·冯·林奈去世前数年的样貌。他创建了可可植株那别致的属名"Theobroma",其拼写与"众神的食粮"颇为接近。

成为一名牧师,但他最热衷的却是植物学。林氏的这种热爱也同样继承自父亲。当他还是个 4 岁的孩子时即已开始随尼尔斯去大自然中远足,而他的小床则永远装饰着父亲带来的鲜花。林奈被周围的动植物深深吸引,并开始学习医学。这门学科在当时包含各种自然科学类课程，其中就有植物学和生物学。林奈在尼德兰学习了一段时间，终于于1735年获得了医学博士学位。其间，他发表了许多论著，并成为在欧洲成功种植香蕉的第一人。

林奈还参与了许多科学组织。比如，他是瑞典王家科学院（Königlich Schwedische Akademie der Wissenschaften）的初创成员——该科学院至今仍在负责颁发诺贝尔奖物理学奖和化学奖。他一生中曾先后获得许多头衔，如瑞典国王的御医，如1757年获封的骑士衔以及数年后获封的贵族衔。但林氏最伟大的成就还是对"双名命名法（Nomenklatur）"的发展。这是一种基于拉丁语的双名命名体系，至今仍是人们对一切生物和植物进行科学命名的基础方法，是一种可以清晰建构自然的工具。人们再无需了解某一植物或动物在不同语言中的不同名称了，每个人都可以通过拉丁语名获知其所指。此外，他还通过这一体系简化了既有的拉丁语表达。例如，当时描述可可树需用到含有八个概念的术语，即"Arbora cacavifera americana, Amygdalus similis guatimalensis, Avelana mexicana"（意为"美洲的可可树，危地马拉的类扁桃植物，墨西哥的榛树"）。[2] 而在新体系下，这一描述只需要两个词。双名命名法的基础是依据生物在解剖学上的相似性人为制定的目（Ordnung）。林奈以这种方法先后在1753和1758年对植物和动物作了分类。（见图2）他的体系在植物界是这样运作的："针对植物，他大胆地依照花朵中雄性与雌性性器官的数量构建其体系。当他这样做时，人们绝对尚未认识到植物也有性行为。而他在不久后便谈到了植物在'花瓣婚床'中进行的'婚礼'。"当然，许多植物的花拥有不止一株雄蕊（丈夫）或雌蕊（妻子），所以上述关系绝不是基于一夫一妻制的。在植物的第一纲"单雄蕊纲

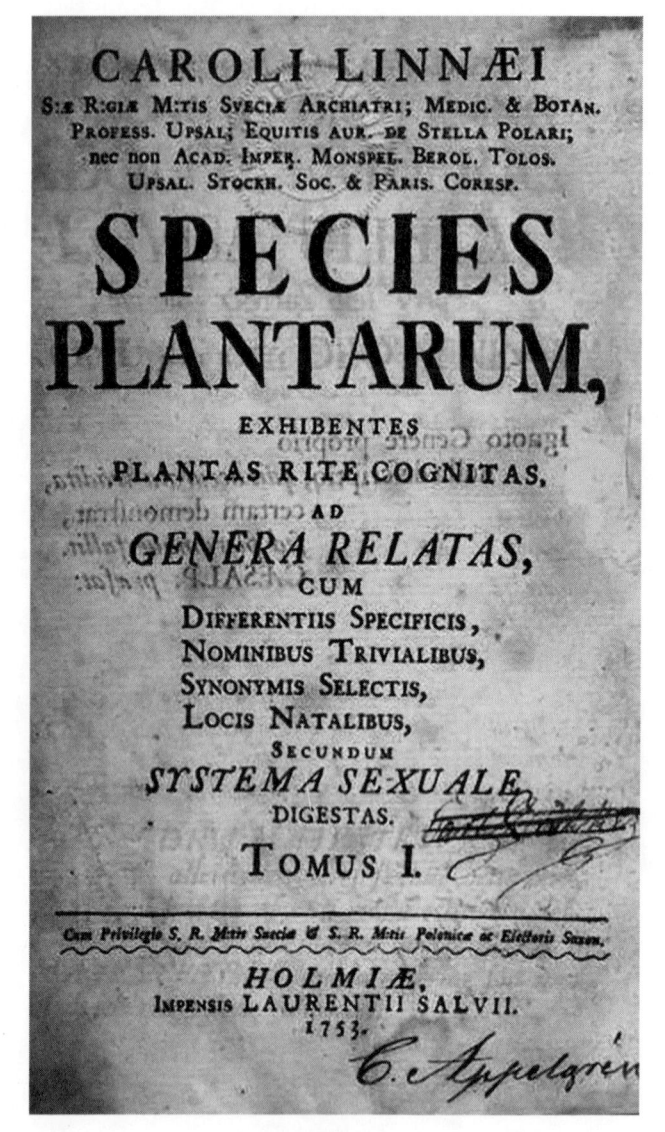

图 2

林奈在 1753 年的《植物种志》中首次使用了双名命名法来命名植物物种，该方法在今天的植物命名中仍很常见。可可树的植物学名为"Theobroma cacao"。

（Monandria）"中，情况还算普通，即一位男性通常只婚配一位女性。而在"二雄蕊纲（Digynia）"①中，一位男性就要忙于应对两位女性了。依循该体系下的分类顺序继续往后看，到了第十三纲"多雄蕊纲（Polyandria）"[例如"木兰属（Magnolien）"]，花床中的群体性行为就往往颇有些少儿不宜了：在那里有20多位先生取悦着1位或数位女士。³林奈的植物学分类方式惊愕了许多同代人。但无论如何，由于非常易于使用，这一方式仍发挥着自身的作用。人们只需计算雄蕊和雌蕊的数目便可将植物纳入该分类体系中。

双名命名法的基础是"属名（Gattungsname）"与定义物种的"种加词（Epitheton）"的组合，例如林奈将人类归为"人属（Homo）"的"智人种（sapiens）"（意为"有智的人"）。林氏在给个别动植物命名时表现了极致的创造力，他深思熟虑地利用其体系分配着荣誉或耻辱并使其传诸后世。比如他以自己朋友的名字命名特别美丽的植物，又以自己对手的名字命名某些被认为相当丑陋的植物。⁴根据这一原则，他将"菊科（Asteraceae）"下一种不起眼的杂草的属名定为"Siegesbeckia"（豨莶属），该词来自他植物学事业的最大之敌约翰·格奥尔格·西格斯贝克（Johann Georg Siegesbeck）②的名字。而那些他非常看重的植物则会被赋予

---

① 此处德语原文为"der Ordnung der ›Digynia‹"（疑有误），"Ordnung"意为"目"而非"纲"，"纲"在德语中写作"Klasse"。但据林奈的植物二十四纲分类法，"二雄蕊纲"是其中的第二纲而非其中一目。

② 西格斯贝克是一位分类学家及林奈分类体系的公开反对者。林氏的体系是根据生殖器官对植物进行分类的。西氏的反对则并非主要基于自然科学的发现，而是更多出于对当时社会公认道德观念的坚持与对上帝的敬畏态度。这种观点在18世纪被认为是政治正确且不可动摇的。

令人印象深刻的名字，可可树便是其中之一——林奈将其定名为"Theobroma cacao"，系希腊语"神（theos）"与"食物（broma）"二词的组合，意为"众神的食粮"。这一措辞完全符合林奈的风格，但今人仍认为这并非他的首创。林氏很可能阅读过巴黎医生约瑟夫·巴肖（Joseph Bachot）关于巧克力饮品的博士论文。巴肖在1684年写道：巧克力是一项高贵的创造，它不是神饮的琼浆或长生药，而应是众神的食粮。[5]

尽管并非原创，但从这一命名还是可以看出林奈对可可树的重视程度。他不仅热爱巧克力饮品，还十分赞赏可可豆的营养价值："生可可果的效果在于……它是最好的食物，可以帮助乳糜［Chylus，意为'小肠淋巴（Darmlymphe）'，系小肠淋巴管的内容物］保持良性状态且对健康没有任何不良影响。因此，可可对那些体质瘦弱的人来说是有益健康的，就纤维僵硬和体液辛辣[①]的人而言也是如此。西班牙人生活在非常温暖的环境中且大多较为瘦弱，却不怎么喝葡萄酒，就缘于他们经常饮用巧克力。但我们不能据此

[①] "体液辛辣"系基于"气质体液说（Körpersaftlehre）"的一种判断。公元2世纪，古罗马医师盖伦（Galen）继承和发展了古希腊医师希波克拉底（Hippokrates）的"体液说"，认为人体拥有四种占比各不相同的气质："血液（Blut）"占优属于"多血质（sanguine）"，表现为行动上热心、活泼；"黏液（Weißschleim）"占优属于"黏液质（phlegmatic）"，表现为痰多、心理冷静且善于思考和计算；"黄胆汁（Gelbgalle）"占优属于"胆汁质（choleric）"，表现为易发怒且动作激烈；"黑胆汁（Schwarzgalle）"占优属于"抑郁质（melancholic）"，表现为有毅力却悲观。体液一旦失去平衡，人体便会产生一系列的生理和心理特征。当黑胆汁占优时，体液的味道就会变得又酸又辣，即此处所谓的"体液辛辣"。第13页"因为在他看来巧克力是用来增强血液的"同指该学说下的范畴。

判断这种饮品对生活在寒冷地区的人来说并无益处。因为烘焙过的可可果实是热性的,这一特性与其本身所提供的滋养相结合便可增加体液的蒸发,并恢复我们寒冷的身体所失去的热量。"[6]

此外,林奈还写到巧克力饮品适用广泛的治疗功效。在他看来,没有什么其他药品可以像巧克力这样拥有如此全面的疗效。1777 年,在他出版的《卡尔·冯·林奈骑士的博物学、自然科学与药学选集》(*Des Ritter Karl von Linné Auserlesene Abhandlungen aus der Naturgeschichte, Physik und Arzneywissenschaft*)中有一篇关于可可豆保健价值和巧克力饮品成分的详尽论文,结论是:巧克力可以用来应对许多病痛,诸如衰弱型疾病、肺结核、严重消瘦、疑病症、抑郁症、便秘以及长年久坐和过度饮用咖啡带来的症状。他同样建议痔疮患者服用巧克力:"曾有一位年轻的学生,他体魄强健、精力充沛。但是疾病无眼,痔疮击倒了他,他痛苦到宁愿死亡快点到来以使自己得到救赎。他频繁地使用放血疗法和矿泉水疗法——每天早上他都饮用这种水——并食用奶制品。医生和别人能想到的一切对策他都试过了,但情况还是愈发糟糕。这时有人推荐服用巧克力。起初他不想接受,因为在他看来巧克力是用来增强血液的,而他本就是一名气血旺盛、面色红润的小伙子,所以这种疗法无法带来什么慰藉。但最终他还是被说服了,并在一年的时间里每天都饮用这种饮品。这对他非常有效,十年后他完全恢复了健康,现已忘却了以前的病痛。"[7]

来自雨林深处的果实

请想象一片与您已知的任何一座都不同的花园——树木、藤蔓和其他植物在那里交织缠绕,再全部没入南美洲低地闷热的深绿黑暗中。又湿又重的空气下唯有寂静，只有昆虫的嗡鸣与脚下枯叶的噼啪声能够偶尔将这种平静撕开一个破口。热带无情的阳光穿透高耸遮阴木的绿盖，在昏暗的地面上投下千道光芒。在那里，一些曼妙的树体上挂着足球大小且直接从斑驳的灰褐色树干长出来的果实，这才是梦幻花园的真正中心——可可。[8]

可可树赖以生存的自然环境是雨林。这些热带和亚热带的丛林常绿，分布于北纬20度至南纬20度间的炎热潮湿地区。热带地区的气候独特——那里没有我们在欧洲习见的四季，全年都很温暖，而且几乎每天都有雨水降下。总体而言，其月均温为24~28摄氏度，年降水量为2000~4000毫米，局部地区会超过6000毫米。高温与高降水量使该地区的空气湿度高至70%~80%。而可可树对气候的要求更加特殊，其更适应湿度在80%~90%、年均气温在25~28摄氏度且降水量为1500~2000毫米的地区。所以并非所有热带雨林都适合种植可可。可可树还是一种苛求的植物，只能在没有极端天气的环境下茁壮成长。为了使读者能够想象可可树所需的气候，我们将目光稍转向科隆/波恩机场（Flughafen Köln / Bonn）以作对比。该机场的相应测定值为：年均降水量804毫米，年均气温9.6摄氏度。毫无疑问，可可树在这座大教堂之城轻易便会冻僵干死。

可可树需要深厚、疏松、富含腐殖质和养分的土壤才能生长良好，其中镁和钾的持续供应尤为重要。其可以撑过短时的洪水，但完全不能耐受洪水过后渍涝的土壤。[9]可可树拥有一个深入土壤2米的主根，其除了可以良好地吸收营养物质，还可以为树体提供支撑。主根周围还生有大量细密的次生根，它们距离地面仅有

10~15厘米，并环绕树体形成一片延伸5米的格状网络。尽管热带地区的土壤养料贫乏，但依然拥有一个循环良好的系统。完好的雨林维持着潮湿的气候条件，其本身即可提供生态系统所需的大部分营养物质。落在地上的树叶、树枝、动物和树木等死生物质会因气候条件而迅速分解，但它们仍滞留在地表尚未深入地下。此时，可可树的次生根与真菌组成了一种共生关系体，即所谓的"菌根（Mykorrhiza）"。树木会通过真菌吸取营养物质和水，并为此将可可产生的用于"同化（Assimilate）"①的物质，例如分解碳水化合物的酶传递给真菌。少了真菌，可可树将无法获得氮和磷酸盐等重要的营养物质。[10]

如果用热带雨林与德国的森林进行比较，前者还具有另一显著特点：其森林结构可被分为三层，总高度远远超过后者。（见图3）顶层是所谓的"露生层（Emergent）"。其中有一些单生或簇生的树木，它们明显大过相邻的中层树木。中层树木的高度为25~45米，即相当于大厦的8~15层；而露生层中突出的单生木则高至60~80米，这样的高度已经可与大厦的20~27层比肩了。[11] 相比之下，其中最高的可可树也仅有10米，系热带雨林中最矮小的树木之一，生长于雨林的最下层。而在农场和种植园中，可可树更是被修剪至4~6米高。这种做法可以提高收成并使收获的过程变得相对容易。

热带雨林中的树木不仅比生长在温带地区的树木高得多，其也比德国森林中的树木高得多。而热带原始森林中的动植物数量也更为繁多，被视作世界上物种最为丰富的森林地区。据推算，人类迄今已在其中发现了26万种植物、5万种脊椎动物和

---

① 系生物体新陈代谢的重要过程之一，指把消化后的营养重新组合，进而形成有机物并贮存能量的过程。

图 3

可可树的家园热带雨林，其中树木的分层清晰可辨。

12万种节肢动物——包括昆虫、蜘蛛和甲壳动物——上述生物物种至少有四分之三系雨林原生。不到100年前，热带雨林还覆盖着地球陆地面积的十分之一以上，但其占比在百年间已然缩小了一半。[12] 热带雨林遭到破坏的原因是多方面的。除了砍伐珍贵的树木以供家具制造业和造纸市场的木材工业外，"单一种植（Monokultur）"①的扩张也产生了严重的后果——其中咖啡、烟草

---

① 也称"单养耕作"，指在广阔的范围内生产并种植某一种作物的农耕方式。这种统一种植、养育和收割的模式，不仅可使农业生产效率提升，还可使农民就不同生境，如土壤盐渍化、干旱或生长期短而种植不同的作物，减少种植、养育和收割产生的废物和损失。然而，这种方式也存在不少弊病，如长期种植一种作物会迅速消耗土地中的某种养分，从而降低土壤的肥力。更有甚者，可能会影响局部地区的生态平衡，如长期吸食一种作物花粉的蜜蜂可能会暴发"蜂群崩溃综合征"。

和可可种植园受到的影响最为显著。

近些年来的变化尤为显著,新的发展使雨林发生了重大变化,不仅广阔可观的森林被破坏,许多居民也被迫脱离了所居住的环境。这场变化涉及生产棕榈油、玉米、大豆和甘蔗等可再生原料的种植园。它们是生物能源和农业能源的原材料供应商,这意味着这些所谓的获取可再生原料的"绿色"项目往往会对雨林的生态系统造成毁灭性的打击。

另一个重要问题是农业种植面积的膨胀。热带地区的许多小农不得不一再从雨林中开垦新的耕地以维持生计,但这些土壤在数年的耕作后会沦为荒地。因此,使人们学会节制且温和的耕作方式至关重要,而这样的方式之一就是经营融入雨林的"混农林业系统(Agroforstsystem)"。① 比如,人们可以按不同的层次种植豆类、玉米、可可与香蕉等作物,以期更完整地覆盖和更完全地利用土地。这既可以降低发生土地侵蚀的风险,也可以保护土壤,使其不易干燥和丧失养分。所以,可可树不仅是顺畅运转的生态系统中的重要组成部分,还是兼具协调生物多样性和农业效应的理想植物。[13]

如果不尽快实施上述措施,热带雨林将会继续遭到方方面面的破坏,这种破坏会给世界带来灾难性的后果。如砍伐雨林将使温室效应加速发展,进而导致全球变暖、永久冰层融化以及极端天气加剧。科学家暨英国政府首席科学顾问戴维·金(David

---

① 也称"林农复合系统",是一种结合林业与农业间土地利用的研究系统与实作方式。这种系统会将土地上的农作物与多年生木本植物交互种植,使单位土地上的作物产量增加并使生产多元化。有时,其也会与畜牧业、养蜂业、水产业等相互结合。

King, Chef-Wissenschaftsberater der britischen Regierung）长期以来一直不断警告这一现象可能引发的后果：如果格陵兰岛和南极洲各有一半的冰层融化或滑落海中，地球海平面将上升5~6米。基于此，他早在2004年的英德柏林气候会议上便曾指出："届时，人们将不得不重绘世界地图。"[14]

高贵而绚烂：可可树与果实

"可可（Theobroma cacao）"属"锦葵科可可属（Theobroma, Malvaceae）"，在传统的分类中曾分属锦葵科下的"梧桐亚科（Sterculioideae）"。正如前所述及，可可树是一种对环境要求很高的植物，其不仅难以忍受剧烈的气候波动，还需特别精心的照护。它们原生于热带雨林潮湿的最下层，在几千年受人类栽种的历史中更是一直被种植于遮阴木下。年轻的可可树需要绝对背阴且防风的环境，但较为年长的可可树则不需那么苛刻。只要其树冠足够茂密，人们便可根据土壤条件、空气湿度和风的强度决定是否需要遮阴或所需要的程度。缺少防晒措施的可可树需要更为精心的照料，即需要营养、矿物质肥与额外的水。在这种照护下独立生长的可可树产量较背阴的树木更为可观。不过这种种植方式的成本要高于间作。[15]此外，长远来看这样做会使土壤严重瘠化；而且由于经常暴露在充分日照的压力下，它们的产量几年后便会开始下降。

如果生长发育过程较为顺利，可可树的寿命可达百年，其外观则与德国本土的果树差不多。树干直径为20~30厘米，形状与果树很接近，只是常常覆有浅色的斑点。叶片则比果树大得多，长度可达30厘米，从末端到尖端逐渐变细，尖端呈蛋形。叶片的叶柄连接着粗壮的茎，连接处长有叶枕，以便调节叶片的方向使其始终向阳。可可树是常绿植物，树冠全年茂密，个别叶片会枯萎，并在约八周后重新长出新叶。一株健康的树体长出的新叶一般呈浅绿色，有时也会呈粉红色甚至深红色。刚长出的嫩叶会软绵绵地挂在枝条上，然后用不了多久便会长成深绿色并挺起。但如果所处的环境非常干燥或暴露在烈日下，可可树的叶片就会脱落得更快，而且其颜色、尺寸和厚度也会较健康的树体更浅、更小和更薄。

根据品种的不同，可可树会在树龄2~8年时第一次结果，并在10~30年间处于产量高峰。可可树有一个特征，即果实不像德国本土的果树那样长在树冠上，而是长在树干及树体下部的粗枝上。（见图4）这种生长形式在植物学上被称为"茎花现象（Kauliflorie）"，而果实挂于枝条生长则被称为"枝花现象（Ramiflorie）"。茎花现象是植物对生态环境的一种自然适应，其使植物花朵在常绿的原始森林中更容易被昆虫发现，也使沉重的果实在树干和粗枝上得到更为稳固的承载。

可可树的花朵会从树干上的凸起处生长出来。（见图5）它们很细小，长度仅约1厘米，看起来非常纤弱，色彩或为纯白，或为淡黄，或介于淡红至玫瑰红间。每朵花上长有五片箭头形的花瓣，环绕着花心内的雄蕊和雌蕊。这些花要么直接长在树干上，要么长在较低的粗枝上，有时单生，有时簇生。一株可可树一年可以开出35000~116000朵花。[16] 它们通过蚊、小蝇、蚜虫或蚁自然授粉，其中最重要的媒介昆虫是蚊。这种蚊体形极小，人们几乎无法通过肉眼识别，因此西印度群岛（Westindische Inseln）的原住民称其为"no see'ems"，意为"看不见之物"。[17] 在农场或种植园中，人们乐于用鸟羽或毛刷帮助可可授粉。但即便可可

图 4

一株 10 米高的可可树,其果实不是垂挂在树冠上,而是长在树干和树体下部粗壮的树枝上。

图 5

可可的花或为白色，或为淡黄色，或为红色，长度几乎不会超过 1 厘米，其授粉主要由细小的蚊下目昆虫完成。

树通过这种方式开出了大量花朵，其中能够成功结实的也只有 1%~5%。一些科学家推测这是树木的一种保护机制，因土壤中的养分有限，如有太多果实日趋成熟，肥力便会减弱。另有一些科学家则认为这种现象单纯是因可可树在大自然中没有如此多的传粉者，所以不具备结出如此大量果实的能力。[18]

可可树还有另外一个特性：其一部分品种可以自体授粉，而另一部分则需要来自其他树的花粉才能受精。没能成功授粉的花朵在开花两天后就会凋谢落地，而成功授粉的花朵则需要平均五六个月的时间才能长成成熟的果实。可可果最初是绿色的，尔后则会长成闪烁不定的虹色，尺寸为 10~30 厘米，重量在 300~1000 克间，外形酷似金丝雀瓜（Honigmelone）或超大的柠檬。（见图 6）可可果的颜色和形状不仅会依树的品种有所不同，

图 6
同一株可可树上的果实颜色和形状也常有所不同。

就算同一棵树上的果实也可能存在差异。"在可可生长的主要季节，巨大的虹色果实挂满可可树，活像坐在树上的鹦鹉或金刚鹦鹉。待到完全成熟时，可可果仍会现出丰富的色彩差别，如浅绿色、淡黄色、深紫色、棕橙色乃至猩红色。神奇的是，即便同一株树上处于同一生长阶段的两颗果实的颜色也可能互不相同。一些可可果的表面可能会有凹槽、凹痕、小坑和赘疣；另一些则表面平滑有光泽，如同釉质；还有的果实表皮粗糙并覆有暗斑。此外，一些可可果的表皮上会曳有长线，这可能是由昆虫或其他动物造成的。"[19]

可可树是常绿植物，因而我们可以在同一时间看到不同熟度的花朵和果实。但什么时候可以看到花果以及可以看到多少花果则取决于地区、季节和种植方式。只有经过专门训练的眼睛才能判断可可果何时可被收获，事实上每天都有新的果实不断成熟，

图 7
可可果肉呈白色，外观黏腻，吃起来具有果甜，很受动物们的欢迎。

人们每隔 2~4 周就会收获一次。[20] 此外，种植区每年还会有两次集中收获期：一次是头年 10 月至次年 3 月的主采收期，另一次是次年 5~8 月的次采收期（也称"夏收期"）。主采收期的收获量会达到全年的顶峰。在自然授粉的条件下，一株可可树每年可收获 300~1000 颗可可果；如果进行人工授粉，年结果量则可增加到 3500 颗。

打开可可果，首先映入眼帘的是"果肉（Fruchtfleisch）"，也称"果浆（Pulpa）"[①]。这些果肉呈白色，看起来黏稠滑腻颇倒胃口，但吃起来却充满甜蜜的果味。（见图 7）因其美味，果肉很受

---

① 与一般常见的水果，如桃、柑橘等不同，可可果的种子，即可可豆被黏软、多汁、色白、肉薄的胶质果肉包裹。因此，本书随文意，有时会以"果浆"指代"果肉"。

动物们的青睐，猴子、鸟类和松鼠都非常喜欢。[21] 这正是大自然的精妙手段，可可树无法仅凭自身的力量繁衍，它需要与动物展开合作才能顺利繁殖——未经摘取的可可果只能挂在树上逐渐腐烂——而在动物们的帮助下，具备发芽能力的可可豆便能顺利抵达地面。

可可果中的可可豆纵向排成五列，看起来有些近似玉米的颖果在圆锥花序主轴上排列的样子。每枚豆子长2~4厘米，厚度可达2厘米，色状颇似扁桃仁。每颗可可果内含有20~60枚可可豆。

在了解上述数据与事实之后，我们可以思考一下：一颗可可果可以制成多少"巧克力排块（Tafelschokolade）"？制造一块100克重的巧克力需要15~100枚可可豆，具体数量取决于巧克力的种类是"白巧克力（Weiße Schokolade）"、"全牛奶巧克力（Vollmilchschokolade）"还是"黑巧克力（Bitterschokolade）"。也就是说，每颗可可果平均可制作0.5~3块巧克力排块。

第 2 章　种植与收获

我们至今仍无法确定可可属植物的确切起源。几个世纪以来，人类社会虽积累了许多栽种可可树的知识，但对热带雨林中生长的野生可可却知之甚少。前人们曾爆发过一场激烈的争论：可可属究竟是单一起源于亚马孙河（Amazonas）低地流域，还是同时在中美洲具有原生地？而今人则一般假定所有可可属的故乡都在亚马孙河低地流域以及巴西、秘鲁和厄瓜多尔的交界地带。[1] 基于此，中美洲和南美洲北部海岸的可可种植区应为可可属的次级分布区域。与亚马孙地区的原产地不同，这一区域生长着许多品种的可可属植物。其中一些只存在于范围很小的局部地区，如委内瑞拉马拉开波湖（Maracaibo-See）的"克里奥罗可可（Criollo-Kakao）"。

那么可可又是怎样从亚马孙地区来到中美洲的呢？人们推测可可从亚马孙河低地流域逐渐向北向西传播，[2] 最终经由亚马孙河上游地区传入中美洲。一方面，"前哥伦布时期（präkolumbische Zeit）"①的古代陆路与水路贸易路线可能发挥了一定作用；另一方面，可可完全有可能凭借自身特性得到了人们的主动传播。[3] 待传

---

① 这是一个专门用于美洲历史学、考古学和人类学的术语，指1492 年哥伦布发现美洲之前，美洲大陆所有原住民的文明和历史阶段。其时间范围从公元前约 1500~公元 1492 年，具体包括古印第安人时期、远古时期、前古典时期、古典时期以及后古典时期。在实际应用中，该术语通常还涵盖到美洲原住民文化在哥伦布登陆后的数十年，甚至是几个世纪后的历史，即泛指美洲大陆原住民显著受到欧洲文化影响及侵略前的时期。

到中美洲后，人们便发现了克里奥罗可可的独特品质，从而开始大规模种植并以其制作美味的饮料。

可可的品种

在过去的好日子里，我们可以依照区域、品种和/或产地来识别可可豆，如马拉开波（Maracaibo）、加拉加斯（Caracas）、卡贝略港（Puerto Cabello）、阿里巴（Arriba）和阿克拉（Accra）等。今天，我们则称呼它们为"委内瑞拉的"、"厄瓜多尔的"或"非洲的"等，只有来自远东的可可豆仍被称为爪哇（Java）、萨摩亚（Samoa）或马来西亚（Malaysia）之类。或许过不了多久，大多数可可豆都将是通过杂交、克隆或天知道还有什么办法产生的品种——这一切主要是为了获得更高的产量以及更能抵抗众多天敌的品种……那么谁来关心可可豆的香气呢？[4]

1964年，植物学家何塞·夸特雷卡萨斯（José Cuatrecasas）将可可属植物分为6个"自然群（natürliche Gruppe）"①，被归入

---

① 系夸特雷卡萨斯提出的介于科与属之间，或科内部高于属但低于亚科的自然分类单元。其虽非《国际栽培植物命名法规》（Internationaler Code der Nomenklatur der Kulturpflanzen）认可的正式等级，却被接受为分类学分析工具，特别在大型复杂科的专门研究中得到广泛使用。夸氏强调"自然系统（Natürliches System）"，认为传统的严格分类等级无法完全表现自然界植物的复杂性，因而提出"群"的分组方式，用以表达某地自然存在的具有高度一致性和亲缘性的重要系统关系，从而避免刻板地强行套入传统等级的分类局限。

其下的有22种可可树,但其中可被用于商业的只有6种。[5](见图8、图9)对我们来说,这里面最重要的种就是"可可(Theobroma cacao)",因为其系制作巧克力的原料。它也是可可属中唯一遍布世界各地的品种。其他5种具有商业用途的可可属植物则被人们用来制作类可可产品。例如,在墨西哥有一种叫作"帕塔克斯特(Pataxte)"的饮料就是由"双色可可(Theobroma bicolor)"[也称"白可可(Weißer Kakao)"]制成的。又如"大花可可(Theobroma grandiflorum)",[其在巴西也称"古布阿苏(Cupuaçu)"]的果浆则常被用来制作软饮、果酱和"利口酒(Likör)"①。与此同时,其可可豆也可被用于制作"古布阿苏巧克力",只是这种巧克力的品质通常低于使用"Theobroma cacao"种可可豆制作的同类产品。②

夸特雷卡萨斯根据外观将"Theobroma cacao"种分为两个亚种,即"可可亚种(Theobroma cacao subspecies cacao)"与"另一亚种(Theobroma cacao subspecies sphaerocarpum)",前者包括中美洲的"克里奥罗",后者则包括亚马孙河中游地区原产的"佛拉斯特罗(Forastero)"及其克隆品种"特立尼达(Trinitario)"与"阿梅罗纳多(Amelonado)"等。(见附录)这里的"克隆(Klon)"指植物通过"营养(无性)繁殖 [vegetative

---

① 又称"香甜酒"或"力娇酒",酒精度一般在15%~30%之间,是一种以蒸馏酒为原料的酒精饮料,通常不会陈酿很长时间,但拥有一定的黏稠度和甜度,并以水果、坚果、草药、香料、花朵和奶油来增强风味,一般被用作调酒和鸡尾酒的基酒或烹饪的调料。

② 以当代观点来看,大花可可的品质并不低,而是具有特异性,又因产量低,故而价格要高于某些可可品种。

图 8

图 9

可可树被分成了 22 个品种，不同品种果实的外观差异之大肉眼可见。

（ungeschlechtliche）Vermehrung]"① 的方式诞生的与其亲本遗传完全相同的后代的总和。另一些科学家则根据原生地的差异将"佛拉斯特罗可可（Forastero-Kakao）"进一步分为两个"自然亚群（Untergruppe）"，即"亚马孙河上游佛拉斯特罗（UAF）"与"亚马孙河下游佛拉斯特罗（LAF）"。⁶那么，所有这些不同品种的可可间到底存有什么区别？它们各自具有什么特点？非专业人士能分辨清楚吗？

克里奥罗可可（西班牙语写作"Criollo"，意为"本地"）是原产于种植区的可可品种，其可可豆呈粉白色，与佛拉斯特罗可可相比形状较圆、重量更重。克里奥罗可可比较敏感，抗病能力较差，产量也较低。⁷尽管如此难以照护，但克里奥罗可可具有一种特殊的香气，因而广受世人欢迎。"美索美洲（Mesoamerika）"②统治群落的精英、西班牙征服者与欧洲的贵族均将其视为珍宝。克里奥罗可可的香气雅致细腻，品尝过程更被人们视作一场精巧考究的味觉体验。在18世纪以前，其在国际可可市场一直处于主导地位。⁸克里奥罗可可果的特点是表皮柔嫩、味道温和，而且饱含花香和果香。其果浆的含糖量也要高于佛拉斯特罗可可。大

---

① 系植物繁殖方式的一种，不通过有性途径，而是利用营养器官根、叶、茎等繁殖后代。这种方式可以保持某些栽培物的优良性征，而且繁殖速度较快。主要有分根、压条、叶插、芽叶插、扦插和嫁接等。

② 也称"中部美洲"，系历史文化概念，由德国民族学家保罗·基希霍夫（Paul Kirchhoff）于1943年首次提出。该区域地理上位于北美洲，覆盖区域自墨西哥延伸经过伯利兹、危地马拉、萨尔瓦多、洪都拉斯、尼加拉瓜，直到哥斯达黎加北部。其在文化上涵盖纳瓦、奇奇梅克、玛雅、米斯特克、奥尔梅克以及阿兹特克等数十个文化圈。

体来说，克里奥罗可可的回味更加悠长，而非洲的佛拉斯特罗可可的香气则更加均一、恒定、较少起伏，并且回味也较少。总之，克里奥罗可可在国际市场上的售价最高，全球种植的可可中约有5%是这一高级品种。

佛拉斯特罗可可（西班牙语写作"Forastero"，意为"外乡人"）是后迁入种植区的植物。其与克里奥罗可可相比，植株更加坚韧，产量也更高。"粗壮的佛拉斯特罗植株就像可可生产者的牲口和士兵。它们不但能提高种植园的产量，还不易受可可病害的影响。而对制造商来说，其在巧克力风味纯粹的商业可可豆中价格最为低廉。"[9] 佛拉斯特罗可可果的表皮又厚又硬，其可可豆则常为暗紫色，形状较扁较长，味道相当酸涩。当然也有一些例外，较高品质的佛拉斯特罗可可也会含有花香或果香。这种可可的产量占全球可可总产量的80%以上。

"特立尼达可可（Trinitario-Kakao）"是克里奥罗和佛拉斯特罗杂交产生的品种。其首次育种发生在18世纪，当时特立尼达岛（Insel Trinidad）的大部分种植园都遭到了破坏——要么是缘于一场飓风，要么是因为传染性病害。人们将来自南美洲的佛拉斯特罗可可迁至本地种植园以补充损失的植株。这一做法混合出了一种新的品种，根据它首次问世的海岛名，其被命名为"Trinitario"。[10] 该品种结合了克里奥罗和佛拉斯特罗的特征，既具有精致的香气，也产量高，还拥有抵御病害的能力。其产量占全球可可总产量的10%~15%。

如今，"特立尼达"一词已成为各克隆可可品种的总称。通过杂交，可可品种目前已逾千种。在所有品种中，种植在世界各地的主要是佛拉斯特罗可可与特立尼达可可。克里奥罗可可与某些具备克里奥罗种特征的特立尼达可可被人们称为"高级可可（Edelkakao）"（精品可可）；佛拉斯特罗可可与克隆自佛拉斯特罗的品种则被人们称为"消费用可可（Konsumkakao）"（商业可可）。传统上，商业可可往往来自加纳、科特迪瓦［旧译"象牙海岸（Elfenbeinküste）"］、尼日利亚、喀麦隆、巴西的巴伊亚州（Bundesstaat Bahia）、马来西亚以及印度尼西亚。较昂贵的精品可可品种则种植于厄瓜多尔、委内瑞拉、牙买加、格林纳达、特立尼达和多巴哥、印度尼西亚的爪哇以及萨摩亚。

然而根据分子生物学的最新研究成果，不同可可亚种间的差异非常小，所以人们此前惯用的划分标准很可能并不合理。克里奥罗、佛拉斯特罗和特立尼达等概念所能提供给人们的或许仅是关于可可原产地的信息，由于这些品种的植株均能相互杂交，它们原则上应属于同一种类。[11]

目前，研究人员正基于生物化学特征和分子特征对可可进行系统分类。英国雷丁大学（Reading University）的基因数据库收有超过17000个可可克隆品种样本，位于特立尼达的西印度群岛大学可可研究中心（Cocoa Research Centre, University of the West Indies）则存有超过3000个不同的可可克隆品种样本。[12] 这些研究的目的是保全可可的物种多样性，并对分布于亚马孙地区的丰富野生可可品种进行分类。

可可树与全球种植

人们目前可以发现可可树已然遍及各个大洲。但由于这种植物对环境的特殊要求，其种植范围只能限制在某些特定地区。在2008~2009收获年度，可可的全球总产量为360.42万吨，其中70%产于非洲，13.5%产于加勒比地区、中美洲和南美洲，16.5%

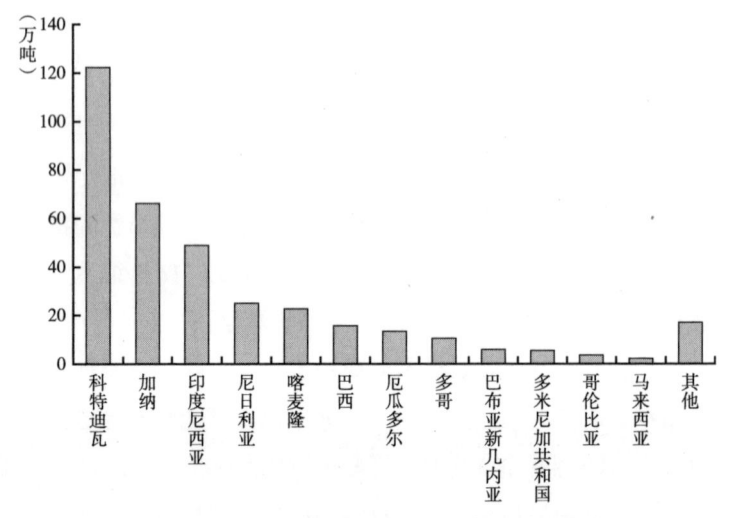

图10　2008~2009年全球可可总产量
资料来源：可可生豆贸易公司协会，www.kakaoverein.de。

产于亚洲。（见图10）科特迪瓦是最大的可可生产国，其以122.32万吨的产量遥遥领先于其他国家；其次是加纳，产量为66.24万吨；再次为印度尼西亚，产量为49万吨。[13] 由于非洲在过去的三十年里一直大力推广可可种植，目前其已成为全球最主要的可可供应大洲。在西非，可可仅是小农农场的间作作物之一，50万户家庭在约700万公顷的土地上种植可可。而且这些地方，比如加纳，其种植的可可树龄通常相当高，一半的树龄在三十年以上。[14] 这样的树龄意味着一段时间后种植者的利润恐将大幅下降。长期以来，西非和中非的可可贸易一直由所谓的"营销委员会（Marketing Board）"组织。目前，这类控制可可行业的机构除了加纳可可委员会（Ghana Cocoa Board）外均已解散。该地区的可可行业结构由此变得较为松散，但国家的监管依然存在。加纳可可委员会成立于1947年，负责监管该国中间商所有可可产品的采购行为。¹⁵ 他们是"生产者价格（Produzentenpreis）"的制定者，其过去的定价通常只有国际市场价格的40%~50%。在这一价格下，种植者的收入仅够勉强维持家计。而今他们能得到的价格约为国际市场价格的70%。¹⁶ 这种政策致使许多加纳种植者向多哥或科特迪瓦走私，在那里他们的可可豆可以售卖得贵一些。经常有人呼吁应当将加纳可可委员会私有化，但该国至今尚未能将该议题提上讨论日程。加纳政府认为，可可产业这一最为主要的外汇来源必须保持在国家的控制之下。

在控制价格的同时，加纳可可委员会还控制着可可豆的出口和苗木销售。当然，其也负责监督产品质量、供应杀虫剂与真菌灭杀剂、优化配置种植范围、向种植者提供贷款以及进行抗病虫害领域的相关研究。每年有30%~40%的植株将遭受"可可肿枝病毒（Cacao swollen shoot virus）"①和"可可黑果病（Schwarzfäule）"②的侵害。¹⁷ 加纳可可委员会会支持种植者应对植株病害并负责更换受害植株。此外，该组织还制定了某些明确的质量标准，因此加纳生产的商业可可一贯保有可靠的质量水平。其种植的可可以亚马孙河下游佛拉斯特罗种，即所谓的"阿梅罗纳多可可（Amelonado-Kakao）"为主。可可豆在加纳会经历漫长的发酵，然

---

① 一种花椰菜病毒科下的植物致病病毒，主要感染可可树。它在感染的第一年会降低可可的产量，并且通常会在几年内使感染植株因根茎肿胀而枯死。其于1936年在加纳被首次发现，直到1960年代末1970年代初，有效的管理方法才得以实现。截至2010年，该病毒已导致逾2亿棵可可植株死亡，占全球可可作物总损失的约15%。

② 一种几乎发生在所有可可生产国的真菌病害，能引发荚果腐烂、枝条枯死、茎干溃疡。每年，其可导致高达三分之一的产量损失与约10%的植株死亡。

后被铺在草垫上置于阳光下晒干,其以温和且略带花香的气味著称,颇受许多巧克力制造商的青睐。因此,加纳可可豆经常在味道测试中被作为比较的标准,同时也是制作"全牛奶巧克力(Vollmilchschokolade)"的最昂贵的商业可可。

20世纪七八十年代,美洲大陆曾是世界第二大可可种植区,后来这一地位逐渐被亚洲大陆所取代。国际可可价格在1970年代达到历史高峰,亚洲国家就是从那时开始大规模投资可可种植的,这一势头至今仍未衰减。

第一批可可植株很早便登陆了亚洲的土地。17世纪,可可植株首先在菲律宾被西班牙人成功种植,随后又由此传播到了马来西亚和印度尼西亚。在尔后的几个世纪里,可可种植在印度尼西亚一直未能普及,及至1950年代至1970年代,该国的可可产量仍只有约区区1000吨。但这一状况在1970年代末突然发生了改变。印尼1980年的可可收获量达10000吨,而这一数字在1990年更是达到了150000吨。[18] 可可的种植面积大幅扩张,产量迅速增加。种植规模极大曾是印度尼西亚和马来西亚可可种植区的一个特征,当时260~430公顷的种植园在两国并不罕见。但印度尼西亚目前只有约18%的可可是从这样的大型种植园收获的,马来西亚的这一比例也仅为34%。[19] 在这段时间内,以小农为单位的生产结构被逐步建立起来,其优势是成本较低且受病虫害影响较小。近年来,印尼的可可种植业陷入了与害虫的大规模对抗窘境,一种学名为"可可荚螟(Conopomorpha cramerella / Cocoa Pod Borer)"的可可细蛾不断蔓延,于2000~2004年间的损害较从前扩大了10%,大量农作物因此遭殃。印度尼西亚政府正试图通过改进种植方式和应用更具抗性的植株品种来阻止这种飞蛾的蔓延。然而这些措施对许多可可种植者来说仍遥不可及,其费用也因过于高昂而使他们难以负担。印度尼西亚种植的可可主要是亚马孙河上游佛拉斯特罗种和特立尼达种,但克里奥罗种也有少量种植,基本上全部局限在爪哇岛内。

在亚洲可可产量爆发增长的同时,美洲可可产量开始急遽下降,主要原因是其最大的生产国巴西的收获量锐减。如此大规模的产量下降缘于真菌病害"女巫扫帚(Hexenbesen / Witches' Broom)"的暴发。[20] 1980年代末,这种真菌首次在巴西出现;1990年代时,因该国广泛采取单一种植方法且检疫措施疏漏,"女巫扫帚"得以毁灭性地传播开来。在接下来的数年里,巴西农作物的歉收率高达70%。目前,这种真菌仍在巴西99%的可耕种面积中出现,但其近年来的可可收成似乎恢复了稳定,这主要归功于抗真菌可可品种的栽种。最先主要种植亚马孙河下游阿梅罗纳多可可的就是巴西,该品种后来又从该国被输往西非。与此同时,"特立尼达杂交种(Trinitario-Hybride)"在巴西也得到了普遍种植。

全球所有可可种植地区具有一个共同特点,即本地可可的加工量和消费量都很低。但我们目前已可以在巴西、哥伦比亚、厄瓜多尔、印度尼西亚、加纳及科特迪瓦等地发现一些例外,很大一部分"可可生豆(Rohkakao)"开始在这些地方被加工成"可可液块(Kakaomasse)"、"可可脂(Kakaobutter)"和"可可粉(Kakaopulver)",预计未来几年内这一比例还将继续上涨。[21]

可可,天生的卫士?
混农林业系统与单一种植的比照

高低错落的各种遮阴木混杂生长,藤本植物匍匐地面或缠绕其间——这里就那些为可可树等植物传粉的昆虫而言是理想的栖息地。所以我认为可可是一种为其他生命慷慨奉献的植物，更何况其还能够带来巧克力为我们提供饮食之乐。可可是天生的环境卫士。[22]

目前，世界范围内有两种栽培可可的种植体系，一是小农农场，二是规模庞大的种植园。

全球约 80% 的可可是由小农生产的。这样的农场主要散布于西非，同时其在中美洲、南美洲和巴布亚新几内亚也可以看到。小农农场的种植面积多为 0.5~10 公顷，通常采取间作的种植方式，即里面会同时种植可可与其他作物以供种植者自用或销售。农场的结构基于雨林的层次（见图 11），人们可以此构建出一个运转自如的生态系统，既避免了土地枯竭，又能使可可树在大型树木的遮蔽下免受风吹日晒。研究者认为，这样的混农林业系统还能为众多昆虫提供食物与栖身处，而它们便包括可可花授粉所必需的种类。此外，该系统还能更为有效地抵御传染病的侵扰，落叶等植物物质也能为土壤提供养分来源。小农农场间的单位面积产量差异很大。影响产量的因素非常复杂，除气候条件外，可可的品种、病害与树龄均发挥着至关重要的作用。

大型可可种植园主要坐落于马来西亚和印度尼西亚，此外在巴西、特立尼达和厄瓜多尔也有少量分布。大型种植园的面积一般为 10~430 公顷，大都采取单一种植的栽培方法。在某些较极端的情况下，种植园内的植株密度可达每公顷上万株（见图 12）；而在大多数可可树与遮阴木交错种植的种植园内，每公顷的平均数量为 1000~2000 株。[23] 可可树需要非常细致的照顾，否则收获量会大幅降低。人们必须经常浇灌植株，施加肥料，还要使用杀虫剂和农药。当农场或种植园中的可可树龄约有 25 年时，种植者

图 11

哥斯达黎加混农林业系统中的可可栽培,可可生长于高大的遮阴木下,可免受风吹日晒。

便会更植更加年轻的植株。

大型种植园的产出要高于小农农场。种植园中的一名成年工作者每天可以打开 1500~2000 颗可可果并剥出其中的可可豆;经过后续的生产环节,每 20 颗可可果中的内容物将产出约 1 公斤可供出口的可可豆。而在一些规模较小的农场中,整个田野的可可果都达不到 1500~2000 颗,因而其可可豆总产量较前者自然要低很多。不仅如此,二者的每公顷产量也相差悬殊:高效率的大型种植园每公顷产量可达 3000 公斤,而小农农场的每公顷产量仅约 200 公斤。[24] 在大型种植园中,总有大量足够成熟的果实挂在树上,人们可以平均每周进行一次采收。这些可可果的成熟度相差很小,因而在进一步的加工过程中不易损失品质。而在小农农场中,通常每 2~4 周才会收获一次。而且为了凑够发酵所需的数量,小农

图 12

位于厄瓜多尔马纳维省的一处规模相对较小的种植园,该种植园采取单一种植方法。在规模较大的单一种植条件下,每公顷土地可种植 10000 株可可树。这些植株需要不断被灌溉,对其施用杀虫剂和人造肥更是一种常态。

有时会将不同成熟度的果实一并采收。于是在接续的生产步骤中，可可的香气可能无法得到充分发挥，其产出的可可豆品质也会相对较低。

但大型种植园也存在必须要面对的问题。首先，开辟一座大型种植园需要清除大片雨林，这种对自然生态条件的粗暴干预会对世界气候产生灾难性的影响。其次，如果在种植园进行单一种植，土壤中的养分将无法得到自然补充，进而会出现"淋溶作用（Auslaugen）"①。如此一来，为了使可可树保持高产，人们就必须不断给土地施肥。再次，大型种植园的地表往往非常荒芜，其中很难找到哪怕一株别的植物。这种状况将进一步促使"土壤侵蚀（Bodenerosion）"加剧，风和水会带走富含养分的土壤。最后，大型种植园还经常苦于迅速传播的病害与虫害，为了解决这一问题，人们只能使用杀虫剂和农药。种植园的确可以实现生产的高效与高产，但与此同时，化肥、杀虫剂和农药的大量施用也使这种生产方式的成本变得非常高昂。

陷于危害的可可树

可可种植园中不但有数不清的疾病，还有不断侵扰的昆虫与真菌所致的严重危害。据人们推测，每年有30%~40%的收获会毁于流行病虫害。[25] 在世界上的一些地区，甚至全部收成都会因之毁于一旦。为了抵御病害的侵染，可可农必须格外精心地照料种植园内的植株。在许多可可种植区，人们都会举办研讨班，以便

---

① 系土壤中的物质以溶液态、悬浮态由土体上层移动到下层和侧向移动的过程。一般来说，这是湿润、半湿润地区或人工灌溉的农田中比较普通的成土过程。

农户能够尽早识别侵染迹象并防止其蔓延。在大型种植地和种植园，人们会采取另一方式解决这种问题，即使用杀虫剂与真菌灭杀剂。此外，事实证明，同时种植多个品种的可可树可有效扼制病害与虫害的传播，然而这也使得现在的种植园中少有纯种的可可树了。

病虫害是除气候条件外对可可种植影响最为深远的因素，人们曾开展了大量研究以应对这一重要问题。首批研究中心成立于20世纪初，比如目前隶属于特立尼达西印度群岛大学的帝国热带农学院（Imperial College of Tropical Agriculture）就是其中之一。人们尝试追寻新的可可品种并将它们与老式种植园中的可可树进行营养（无性）繁殖，从而培育出对病害侵染具有抗性的品种。1930年代末，帝国热带农学院的遗传学家 F. J. 庞德（F. J. Pound）进行了他的首次佛拉斯特罗野生品种采集之旅，这次采集的目的地包括亚马孙河西岸及某条支流流域，该支流源自安第斯山脉（Anden）的秘鲁与厄瓜多尔地区。他希望在这次旅程中找到新的可可品种以提升易受病害影响的可可树种的抗病害能力。帝国热带农学院的学者用了数十年时间在实验农场中培育选定的可可植株；然后再选取其中最有前景的样本相互，或与岛上高质量的原生特立尼达种群进行克隆与杂交；最终再从中选择最适宜的品种用于商业种植。于是，产量极高且对病虫害具有抗性的品种就这样诞生了。[26] 然而事实证明，上述育种与克隆计划带来的影响并非完全积极，广泛种植佛拉斯特罗种的副作用之一就是克里奥罗种渐趋消亡。此外需要提及的是：在那些集中种植少数几种特定抗病害克隆品种的种植园中，可可树经几代繁衍后就会变得极易受某些新病害的影响。

涉猎可可病害这一广阔领域研究的不仅有研究机构与大学。

目前，许多大型巧克力公司也启动了自己的研究项目，比如美国玛氏公司（Mars Inc.）。随着印度尼西亚的蛾害与日俱增，一些可可种植者的作物损失已超一半。2006年，美国玛氏公司与本地及海外学者和地方政府机构共同建立了"可可可持续发展伙伴关系组织（Cocoa Sustainability Partnership）"，旨在维护印度尼西亚可可种植业的长期性和可持续性，并致力于改善可可的贸易渠道。为向可可农推广更为高效的新型种植方式，该组织开展了一系列调查研究，其中就包括如何应对可可蛾害，例如研发新的无害杀虫剂，还有解析"生物过程（biologisches Verfahren）"[①]，并以之为基研发气味灭蛾陷阱或培育更具抵抗力的可可品种。玛氏公司的努力在2010年取得了令人瞩目的成果，其与美国农业部及国际商业机器公司（International Business Machines Corporation，IBM）联合宣称：它们已经完成了对可可基因组的初步解析。不仅如此，它们还决定不将这项重大研究成果商业化，而是通过"可可基因数据库（Cacao Genome Database）"向公众永久开放。这意味着全世界的科学家不仅可以获得相关数据，更可以无需任何专利声明而使用它们，并最终使全球的可可种植者受益。凭借这些数据，人们现已开始自然培育抗干旱、抗病虫害及强健且丰产的可可植株了。

可可农与科学家长年在与那些最严重的病虫害进行斗争。首先是真菌感染造成的病害，如"女巫扫帚"、"可可黑果病"和

---

① 也称"生命现象"，指生物体维持自身功能完整性和与环境因素相互作用的动态过程，由一系列化学反应或其他与生命形式的持久性和转化有关的事件组成。该过程塑造着有机体与环境相互作用的能力，代谢、适应、繁殖、变态和光合作用等均属于这一过程。

"荚腐病（Monilia / Frosty Pod）"①；其次是"可可肿枝病毒"引起的病毒性病害；再次是昆虫或非昆虫动物对可可作物造成的严重损害；最后是可可植株的营养缺乏症和重金属污染问题。原则上，人们面对所有流行病虫害时均需细心维护他们的农场或种植园，以避免疾病或虫害进一步散播。所以定期修剪可可植株以及去除"下木（Unterholz）"②至关重要。此外，还应注意每周至少收获一次果实，并施鸡粪等肥料。

"女巫扫帚"是最具侵略性的真菌病害之一，其由真菌"有害丛梗霉皮伞（Moniliophthora perniciosa）"（旧称"Crinipellis perniciosa"）所致。1895年，这种病害在苏里南的种植园中被首次报告；仅仅数年后，苏里南和圭亚那的可可树就被摧毁殆尽了。[27] 它因会感染可可树干上开花的凸起处并导致扫帚状增生而得名。被感染的可可果，尤其是里面的可可豆将停止发育。这种真菌对幼小可可树的伤害尤为严重，很可能致其死亡，而树龄较大的可可树也将在感染后变得严重衰弱。这种病害一旦暴发，人们唯一能做的就是竭尽全力阻止其继续蔓延，为此必须尽早去除并焚毁已被真菌感染的树枝和果实。某些地区会使用真菌灭杀剂，但这种药剂往往十分昂贵，对很多可可农来说，这么做并不值

---

① 一种由"可可链疫孢荚腐病菌（Moniliophthora roreri）"引起的病害，系拉丁美洲可可生产最为严重的问题之一。其孢子干燥呈粉状，很容易通过水、风或荚的运动传播。2001年，受该病害影响，秘鲁有16500公顷可可田被遗弃，最终导致该国由巧克力出口国变为净进口国。

② 系森林中林冠层以下的灌木与在本地条件下生长达不到乔木层的低矮乔木的总称。其不仅可以庇护林地、抑制杂草生长，还可以改良土壤、保持水土，进而增强森林的防护作用；有些下木还具有较高的经济价值，人们可适当加以保护利用。

得。F. J. 庞德虽早在1937年就曾针对巴西"阿里巴可可（Arriba-Kakao）"的脆弱性提出过警告，但巴伊亚州的种植园现今却濒临毁灭的边缘。截至目前，有害丛梗霉皮伞仅在中美洲和南美洲被发现。

另一种到目前为止仅在中美洲和南美洲蔓延的真菌病害是"荚腐病"，其由"可可链疫孢荚腐病菌（Moniliophthora roreri）"所致，同样也是一种最具侵略性的真菌病害。1914年，它在厄瓜多尔首次出现。该真菌会攻击可可果，令其膨胀并在表面产生褶皱。侵染发生仅仅12天后，真菌的孢子就会蔓延到水果表面并继续传播。暴发这种真菌感染的种植园有可能出现绝收。厄瓜多尔种植园20世纪初的收获统计已清晰表明了这种病害的攻击性：其在1918年共收获可可豆35.5吨；1919年，真菌开始侵袭并继而蔓延，收成大幅下降至11吨；1920年，产量仅为1.8吨；1921年，侵染遍布整个种植园，该收获年度颗粒无收。[28]

还有一种遍及各大洲的真菌病害叫"黑果病"（也称"黑豆荚病"）。与"荚腐病"及"女巫扫帚"一样，"黑果病"也是最早被发现的真菌病害之一，其在1920年代已为人所知。它在全球每年可造成20%~30%的农作物损失。[29] 可可果会遭到"疫霉属（Phytophthora）"下七种不同真菌的侵害，而且这些侵害可能发生在果实生长周期的任一阶段。被侵染的可可果会出现黑斑并开始腐烂，里面的可可豆也将随之败落。这些真菌的传播速度快到难以置信，它们尤其喜爱湿度较高且温度较低的时节。果实一旦患病，就必须将其迅速去除，以免真菌侵染其他果实甚或侵袭树干进而摧毁整株可可树。

除了真菌感染，病毒性病害也是可可农需要面对的一大难题。最广为人知的病毒性可可病害当数"可可肿枝病毒"，迄今为止其仅在西非传播。1920年代，人们在黄金海岸（今加纳）初次观察到这种病害，二十年后它在加纳的暴发传播导致了毁灭性的歉收。据说在1939~1945年间，每年约有500万株可可树毁于这种病毒。[30] 引发这种病害的病毒属于花椰菜"花叶病毒科（Caulimoviridae）"，其会趁"粉蚧科（Pseudococcidae）"昆虫吸食植物汁液时侵染植株。人们可以通过树枝、嫩芽和树干的肿胀来识别被该病毒感染的可可植株，而应对这种能杀死可可树病害的最佳手段就是清除已被感染的植株，并更植更具抵抗力的品种。

大型种植园遭到的大部分破坏都与动物有关。人们目前已然发现了1500多种以可可树的树叶、花朵或果实为食的昆虫，[31] 它们会以各种各样的方式对可可树造成危害：有些会传播真菌或病毒性病害，另一些则会直接对可可树造成不逊于病害的伤害。后者中最臭名昭著的当数可可豆荚螟。这是一种会在可可果上产卵的蛾，其幼虫孵化后会钻入果实，使可可豆无法继续成长。这种昆虫目前仅在东南亚被发现，1841年其首次被列为重大流行病虫害，并从那时起不断给农作物带来巨大的损失。2000年，印度尼西亚的60000公顷农田便遭到这种可可细蛾的侵袭，损失高达4000万美元。人们通常会使用杀虫剂抑制虫害，这种方式必须按一定周期规律使用才能达到较好的效果。但使用杀虫剂也会带来许多问题：首先，其不仅能消灭害虫，也能消灭对可可种植有益的虫类，如那些会为可可授粉的昆虫；其次，一些杀虫剂对人类具有毒性，另一些则必须在使用时采取防护措施以免危害人类的健康。例如常用于农业的"拟除虫菊酯（Pyrethroide）"，传统上它被认为对人类仅有轻微毒性。但人们后来发现，其功效成分会积聚在牛奶和母乳中，进而导致人体荷尔蒙失调并产生疫性疾病。[32]

除昆虫以外,一些动物也会危害可可树,比如猴、松鼠和鸟。据称多米尼加共和国在1956年便发生过这样的案例。当时,该国的啄木鸟掌握了一项独特的技术:它们会在可可果上敲击出一些洞孔然后离开,留下果实挂在原处;一段时间后,它们会找回自己的洞孔,啄食聚集其中的生物。[33] 近年来,另一种有害动物也在不断造成损失,它就是"褐云玛瑙螺(Achatina fulica / Große Achatschnecke)",又名"非洲大蜗牛(Afrikanische Riesenschnecke)"。它的确名副其实,因为这种蜗牛完全长成后的外壳长度可达20厘米,体长更是达到30厘米,是现今体形最大的陆地蜗牛之一。褐云玛瑙螺原产于东非,现已生活于全球的大部分地区。它繁殖迅速,对可可种植园也是一种有害动物。而且一旦某地成为它的家园,就几乎不再可能摆脱了。它的食物包括500多种农作物,可可果实和可可苗木便在其中。[34] 为了抑制危害,非洲人正在采取一种非常直接的方式予以应对,即许多种植园中的可可农开始食用褐云玛瑙螺。

长期以来,一种现象一直备受人们关注,并被广泛视为一种新的流行病害,它被称作"可可枯萎病(Kakaowelke / Cherelle Wilt)"。这种现象出现在未长成的果实上,它们初始会变黄,然后变黑直至腐烂。腐烂变黑的果实通常不会从树上掉下来,而是挂在原处逐渐失水,最后往往成为真菌病害的温床。这种现象一旦发生很容易便会遍及整个种植园,所以人们认为它是一种流行病。但事实上这种病症可能来自两种截然不同的原因:一种可能性是一株树上成熟了过多的果实,这就会触发可可树天然的自我保护机制,令一部分果实枯萎;另一种可能性则是患了营养缺乏症,导致该症的原因多种多样,比如缺乏矿物质、碳水化合物或水。植株体内硼的缺乏虽是一种普遍存在的现象，但其在近些年却愈演愈烈。因为一些可可种植园，尤其是坐落于西非或亚洲的大规模种植园已被人们密集种植了数十年，土壤中某些可可植株需要的物质已被消耗殆尽。当缺乏这些物质时，可可树就会停止结实，并通过不断使其腐烂的方式保护自己。

以上所有可可病害和营养缺乏症皆不会影响人类的健康，但某些品种的可可中镉含量过高的问题就并非如此了。除了镉，可可豆中还含有砷、铅、铜、镍、硒和锌等重金属。德国联邦消费者保护和食品安全局（Das Bundesministerium für Verbraucherschutz und Lebensmittel）最近一次检测"黑巧克力（Bitterschokolade）"中上述元素的含量是在2006年，结论是"除镉之外的其他重金属污染程度都较低"。[35] 某些可可品种更容易遭到镉污染的影响。它们在镉含量相对较高的火山土中会生长得格外茂盛，这样一来，它们便会通过根从土壤中吸收更多的镉进而积累在植株内。因此，这类可可豆中的镉含量也就可能达到更高的水平，从而致使生产出来的巧克力含有较多的镉。但不同可可种植区受到这类影响的程度不尽相同——鉴于土壤条件，比起西非，南美洲的此类污染要更为严重。此外，黑巧克力中的可可含量比"牛奶巧克力（Milchschokolade）"高，所以重金属含量通常也会高一些。那些富含优质可可的巧克力排块受害尤深，因为制作它们的可可豆多半便采自生长于火山土上的植株。

那么镉元素进入人体后会带来什么危害呢？高浓度的镉会引起头晕，毒害肾脏，伤害骨骼并损害神经系统，其已被国际癌症研究机构（Internationale Agentur für Krebsforschung）列为对人体的致癌物质。[36]

目前，尚无针对巧克力中镉含量的限值。德国联邦风险评估研究所（Bundesinstitut für Risikobewertung）建议每千克黑巧克力（指可可含量超过60%的巧克力）中的镉含量应低于0.3毫克。[37]如果一位成年人每周食用150克含有最高建议含量镉（即0.3毫克）的黑巧克力，那么进入其体内的镉约为其周可耐受摄入量的10%。[38]然而在同等条件下，就儿童而言，这意味着其摄入量已达其周可耐受摄入量的约50%。德国联邦环境、自然保护、核安全和消费者保护部（Bundesministerium für Umwelt, Naturschutz, nukleare Sicherheit und Verbraucherschutz, BMU）的相关解释也认为食用巧克力会显著增加人体内的镉含量。因此，制定巧克力中镉含量的限值早已迫在眉睫。然而这里隐含着一个重大的矛盾：如果在全球范围内推行此类限制，某些地区将无法再进行可可种植，某些可可品种也将不复存在——"德国联邦环境、自然保护、核安全和消费者保护部关于可可及可可制品中镉含量最高限值的监管建议不仅遭到了全世界的拒绝，也遭到了欧洲行业委员会的否决。其原因并非巧克力中的镉毒性较小，而是镉含量最高值限制将导致国际贸易政策面临重重难题。"[39]

2009年1月，欧洲食品安全局（Europäische Behörde für Lebensmittelsicherheit）朝着正确的方向迈出了一大步，欧洲食品安全局食物链污染物专家组（EFSA Panel on Contaminants in the Food Chain, CONTAM Panel）重新制定了食品中镉的周可耐受摄入量，其提出每千克体重每周摄入镉不应超过2.5微克。目前，一位成年人的周平均镉实际摄入量在每千克体重2.3~3微克之间，但儿童、素食者和吸烟者等高危人群的每千克体重镉摄入量可能是普通成年人的2倍。

一些可可生产国正在努力解决这一问题，即停止在镉含量较高的土壤中种植可可。然而，只有当可可农能够获得恰当的替代方案时，这种努力才会真正生效。

可可树的幼儿园

051　　全世界所有的可可种植区种植、收获和照护植株的方式都很类似，即均需要集约化的劳动、旷日持久的生产过程以及大量的专业知识。在一些种植史已超 2000 年的传统可可种植区，相关知识代代相传。人们只有格外谨慎周到地照护可可树才能获得高额的产量并长期保持下去。植株尚未种下，照护即已开始——种植者必须提前为可可苗木整备整个种植场地。一些农地会利用既有的森林为可可树遮阴，但如若没有现成的遮阴植株，就必须合理规划并依循不同的生长节点为可可树准备适当的遮阴木。在可可植株生长的最初阶段，可可农为保护幼树免受过度的阳光照射，一般会选用一些叶片茂密的矮小树木，如咖啡和小果野蕉或香蕉的植株来遮阴；他们有时也会搭建棚屋结构（见图 13）以达到相同的目的。此外需要注意的是，可可树生长得非常快，而且能长得很高，并将在结果后达到最大高度。不同
052　地区的遮阴木各不相同，比如东南亚常使用椰子树，非洲常使用可乐树（Kolanussbaum）和芒果树，而中美洲则喜用桃花心木（Mahagonibaum）。在被种下四五个月后，可可幼树的成长将进入下一阶段。为避免过于拥挤，它们会被从苗圃中移植出来，并以横竖间距皆约 3 米的密度种植。此时可可植株的高度约在半米。

　　种植可可树的方式多种多样。最经典的当数用可可豆种植。这是最廉价且最易实施的方式，但同时也是最耗时的。可可农需要将完全成熟的健康可可豆种入盛满土壤的碗状器具或袋子中，

图 13
加纳小农可可农场中的可可幼树防晒措施。

然后充分浇灌并保护其免遭阳光直射。可可豆在约两周后便会发芽,再过两三周,幼苗便会吐出首片叶片。与此时仍非常幼细的茎相比,这些叶片显得异常巨大,看起来就像挂在茎上的长长的红绿色翅膀。由此开始,种植者就可以静静等待其长到足以迁植到农田的程度了。

如果农田里尚有其他树龄较大的植株,可可农也会尝试进行嫁接种植。所谓"嫁接",即指将植物的一部分由亲本植株移植至其他根桩生长。由于新的植株在这种方式下将完全复制亲本的遗传特性,因而也可以说这是一种传统的克隆形式。所以,如果种植者想保留亲本的某些特性,如病害抗性或可可豆的某种特殊风味,也可选择嫁接作为种植的方式。

其他繁殖方式还有"压条(Markottierung)"和"扦插(Steckling)"。使用压条法时需截断一条可可树枝,将截面以湿润的苔藓或纤维包裹并持续数周。不久后断枝上会长出根须,然后就可被分植到农田里去了。

扦插是指将可可植株的嫩枝插入土壤,进而使其生根成长为新的独立植株的繁殖方式。近年来,世界各地的种植园愈发频繁地使用嫁接、压条和扦插法,它们比起传统的繁殖方式不但更加节省时间,也更能抵御病虫害,而且收获量也更为稳定。此外,经这些处置后的可可树干会在距离地面较近处就开始分枝,而自可可豆开始成长的可可树则会一直长到其自身最高高度才开始分枝,故而前者的树体可结实面积会更大。

为了迎来第一朵花和第一颗果实,可可农要持之以恒地照料可可树。首先,必须确保随时去除新的枝芽,否则它们将不断分走植株的力量。这样的修剪还可使树体的形状更加紧凑,以便未来的花朵和果实能够集中生长在树干和主要的分枝上。与此同时,人们也要不断搜寻病害感染或昆虫侵扰造成的痕迹,并且要一直清除地面上的杂草。所有这些工作都要贯彻全年,如果对待某一棵树稍有疏忽,其收成就会立竿见影地下降。

一些刚刚引进可可种植 30~50 年的种植园因缺乏种植与收获方法的知识传承，故而收成会逐年降低，只留下未来一片黯淡的贫困家庭。目前，许多种植区都在致力于改善这种状况，例如推行"扶持计划（Förderprogramme）"。在此类计划下，种植者可以通过参加有针对性的研讨班学习所欠缺的可可照护知识以及具替代性的种植方法。"种植园主可以在所谓的'农民田野学校（Farmer Field School）'——一种农业学校——获得所需的知识。比如伊尔万先生（Pak Irwan），他是一位来自苏拉威西岛奥第村（Dorf Oti，Sulawesi）的学员。因产量连年下滑，他曾想将自己 5 公顷土地上的所有可可树全部伐尽。但后来他在美国国际开发署（United States Agency for International Development）主办的培训项目中学会了照料之法。仅仅六个月后，伊尔万的种植园的可可豆收获量就由此前的每公顷 300 公斤增长到了每公顷 1.5 吨。自 2002 年以来，美国国际开发署已培训了 65000 名可可农。"[40]

研讨班的另一项宗旨是向人们宣传采取混农林业系统耕作方式的必要性与保护热带雨林的重要性。在混农林业系统中，多年生木本植物，如各种灌木、乔木或棕榈树，与一年生植物都将被栽植于同一区域。在保持自然界物种多样性的同时，农作物也应被整合到这一系统内。推行这些扶持计划的目的是长远地提高可可农的生活质量，当然也是为了稳定可可的产量。

绿色黄金热带森林基金会（OroVerde – Die Tropenwaldstiftung）在委内瑞拉北部的帕里亚半岛（Halbinsel Paria）推进的项目"塞瓦塔纳山脉（Serranía de la Cerbatana）"——位于山地云雾林——是发展混农林业系统的一个优秀案例。这片热带雨林地区的生物多样性正面临着种种威胁，其中尤以小农焚林开垦的农业活动最为严重。该基金会与地方合作伙伴托马斯梅尔莱基金会（Thomas

Merle Stiftung）共同支持该项目以保护环境及推进可持续发展。为实现目标，它们既进行理论启蒙，也通过具体的环境干预行为进行教育；并主张除了本地既有的农业作物，还应为农民构建具替代性和可持续性的新收入来源，其中就包括可可种植。目前，该地区虽已在种植可可植株，但具体方式的可持续性仍欠佳。在可预见的未来，现状应可通过混农林业系统的引入得到改善。

为使当地民众理解上述观念，2005年"森林避难所（El Refugio del Bosque）"环境中心成立。该中心融入了该地区及委内瑞拉的信息网络，并以此得到了地方居民、中小学和大学以及市政机构的鼎力支持。在定期举办的参观活动中，本地中小学的学生通过在大自然中的体验进一步了解了森林完整性对人们生活的巨大影响，进而理解了可持续发展和雨林保护的重要性。该中心还推进了建立树木苗圃等项目，并通过生物法污水处理、垃圾分类与堆肥化等流程建立了本地的可循环回收体系。所有这些举措都是为了保护热带森林。因为热带森林得到保护便意味着人们可以保障并形塑自己的未来。[41]

从可可果到香醇可可豆的漫漫长路

奥维迪亚（Ovidia）早上5点就要起床为丈夫奥维斯波（Ovispo）和他们的五个外孙准备早餐。奥维迪亚的女儿不在村子里工作，无法照顾孩子，所以要由外祖母照看五个外孙。奥维斯波在享用了由橙子、芒果和咖啡等食物组成的丰盛早餐后便要出发赶往自己的可可田；而奥维迪亚则留在家里负责整理家务。到了中午，她还要步行半小时前往田地为丈夫送去野餐——通常是豆子、米饭或意大利面，偶尔会有一些肉。午餐后，二人继续照料可可树。他们要修剪树体、与病害斗争、种植新的树木，此外每月还要收获两次。等到夫妻二人晚上回到家，外孙们已经饥饿难耐、嗷嗷待哺了。这位年逾七十的老妇很少有休息的时间，唯一的爱好是沉浸于肥皂剧，即巴西的一种经典电视节目中。[42]

整个收获过程的每个环节都要求采收者具有丰富的经验，这不仅关系到可可豆的品质，也与尔后产出的巧克力的质量息息相关。把握收获可可豆的时机至关重要：如果可可豆还未成熟就被过早采收，它便无法充分展现自身的典型香气，而且此时果浆中的含糖量还不足以支持正常的发酵过程；如果采收得太晚，果实中的豆子就会开始发芽，可可的典型香气就被破坏了，而且此时的可可豆非常脆弱，常常无法耐受进一步的加工。

只有当可可果成熟得恰到好处时，人们才可以用砍刀或接在长杆上的小刀小心地将它们割取下来。(见图14)采收者必须谨慎地确保可可果和可可树均未遭到损坏：因为果实如果受损便会腐烂；可可树的伤处则不会再长出花朵，并且昆虫、真菌或病害也极易从受损处侵入树体。被取下的果实会被收入篮子，然后或被当场打开或被送往较大的收集场所。种植园中的小路很少有骡马，采收者通常会徒步穿行，那些沉重的篮子则被他们顶在头上或背在背上。

从采收到打开果实的时间不应超过一周，因为豆子在已摘下的果实中仍旧可以发芽。在一些地区，如马来西亚，人们发现收获后将果实放置几天再打开可以改善可可的香气，还能降低可可豆的酸度。[43]采收后首先要进行拣选，挑出染病的果实、未成熟

图 14
从树干上采收可可果；果实长熟需要五六个月的时间。

的果实和过于成熟的果实。然后是用砍刀、劈开的原木或石头打开可可果实。（见图 15）这项作业需要很高的技巧，因为有些果壳非常坚硬以致很难打开，而为了预防昆虫和真菌侵入可可豆，打开果壳时又绝不能损坏豆子的外皮。随后，人们会将果浆（见图 16）和此时尚呈白色的可可豆取出，再装入桶、袋子或衬有树叶的篮子中。

虽然许多小农农场会以家庭为单位自行加工可可豆，但如果他们是某个合作社的成员，则通常会卖掉新鲜的豆子。[44] 这些通过合作社收购的可可豆会被集中到一起进行处理，其优势是人们在后续的工序中可以统一加工和持续监控豆子。果实一旦被打开，就开始发酵，或者说腐烂或分解也就随即开始了。可可的发酵过

图 15

可可果的外皮非常坚硬,人们通常需要一把砍刀将其劈开。而可可豆的外皮则绝不能破损,否则便会给虫害可乘之机。

程有以下几个目标:

① 将果肉与可可豆分离。
② 扼杀种子的发芽能力,进而使其可长时间储存。
③ 形成香气物质或其前体①。

---

① "Präkursor"系生物学和化学中的一种物质和概念,指物质已生成但尚不具备活力的状态,经蛋白质的后修饰,前体结构产生变化而具备功能才是成熟体。此概念常指某一代谢中间体的前一阶段的物质,比如葡萄糖是糖原或乳酸的前体,原叶绿素是叶绿素的前体,维生素原是维生素的前体。按惯例,极简单的原料物质不属于前体。

图 16
打开外皮后,果浆与白色的可可豆便会立即从果实中掉出来。

④使可可豆呈现棕色。

完成发酵工序的方式有很多,所需的时长主要取决于可可豆的种类。例如克里奥罗种的发酵过程只需 2 天,而其他种类则需要 6~10 天。由于这道工序对可可香气的形成至关重要,因此必须全程监控。如果发酵得太久,可可的典型香气就会遭到破坏;如果发酵时间过短,豆子的味道就会变得非常苦。"当巴伊亚可可豆的发酵状况良好并通过日晒干燥时,它们会具有一种均衡的香气。然而如果用机器进行干燥,它们的酸度跨度就会非常大,可能如'卡梅里尼亚鸡尾酒(Caipirinha)'①中新鲜的青柠般刺激醒脑,也

① 又译"乡村姑娘",是一种以"卡沙索(Cachaça)"即巴西甘蔗酒为基酒的鸡尾酒。其不仅在巴西有着国民鸡尾酒的地位,也是国际调酒师协会(International Bartenders Association)正式收录的鸡尾酒之一。

可能酸得像放多了醋的沙拉。多米尼加可可豆未经发酵时闻起来就像烧焦的橡胶，但一旦经过良好的发酵，其便可与科特迪瓦出产的一些质量稳健的可可豆相媲美。"[45] 当一座种植园同时种植不同品种的可可且它们将在同一时间被收获时，人们必须精确控制发酵的过程。例如阿里巴可可的最佳发酵时间不到 24 小时，如果不慎将其与其他佛拉斯特罗种混杂并进行了较长时间的发酵，其典型的花香就会遭到完全破坏。

那么可可在发酵过程中究竟经历了什么？首先，必须将可可豆与可可果浆堆放在一起并加以覆盖。下面以西非小农农场的"堆法（Haufenmethode）"发酵为例。可可豆在当地会带着果浆被堆放在香蕉或小果野蕉的叶片上，然后再被遮盖起来。（见图 17）这就如同为可可豆搭建了一个汗蒸箱。接着，堆内即将发生一系列化学反应，果浆在酵母和细菌的作用下最终会分解。堆内的温度将高达 45~52 摄氏度，果浆在这一条件下的高含糖量会导致发酵立即发生。糖通过酵母在酒精发酵的过程中产生乙醇，这一过程会耗尽氧气，接下来细菌便会将乙醇和剩余的糖转化为乙酸。发酵时必须使用成熟的可可果，因为只有足够的含糖量才能支持上述过程的正常进行。产生的乙酸在渗入可可豆后会使其膨胀并杀死其中的幼芽。与此同时，果浆会液化然后流出。在某些种植区，人们会将流出的果浆收集起来，要么即刻直接饮用，要么加工成果酱、糖果或酒精饮料等食品。

在整个发酵过程中，人们必须一次又一次地不断翻动可可豆并保持空气流通。这既是为了确保发酵过程平稳均匀，也能避免豆子发霉。要确认豆子的发酵程度则需要将其切开，如果子叶发生了褶皱，说明发酵程度已恰到好处。

前已述及的"堆法"非常适合发酵少量或中量的可可豆，具

图 17

加纳的"堆法"会将可可豆堆放在香蕉叶上包裹起来进行发酵。酵母和细菌会确保果浆分解,可可豆由此可产生其典型的香气和棕黄的色泽。

体而言其可用于发酵 25~2500 公斤的可可豆。[46] 当豆子的总量约为 70 公斤时,该方法可达到最佳效果。全世界几乎只有西非会使用这种方法。针对总量低于 25 公斤的极少量可可豆,一些种植区研发了其他方式:比如将豆子和果浆放入土地上的洞中并用树叶覆盖;或是将它们置于有盖的篮子或容器中;又如生活在多米尼加共和国、苏拉威西岛以及拉丁美洲部分地区的人们则会直接将从可可果中取出的带有果浆的豆子在阳光下晒干,但经这样处理的可可豆仅会部分发酵以致仍带有苦味。

如果想发酵特别大量的可可豆,目前可使用的技术有二,即"箱法(Boxmethode)"与"盘法(Traymethode)"。这两种发酵方式主要见于巴西、特立尼达、厄瓜多尔、马来西亚、印度尼西亚和巴布亚新几内亚。"箱法"采用的箱子非常大，每个最多可容纳2000公斤可可豆。这些箱子在传统上会被排成一列，现在有时也会被叠加在一起逐层堆放。箱底和箱侧开有小孔，用于通风和排出流溢的果浆。豆子和果浆会被从一个箱子倒入另一个箱子，当它们抵达排箱中的最后一个或层叠箱中的最后一层时，发酵也就完成了。箱子的尺寸和数量则取决于要发酵的可可豆的数量。

所谓"盘法"，即使用装有板条底的薄盒子，人们会在每个盒中都盛满约10厘米厚的豆子和果浆，再将它们堆叠在一起。（见图18）一般来说，这些盒子会被堆成12~14层高的一摞。盒子堆放的层数与其尺寸（约90厘米×60厘米×13厘米）对发酵的效果并没有太过深远的影响，之所以依照该标准制作，只是因为由两名工人制作这样尺寸的盒子非常顺手。堆放在最下面的盒子底部是封死的，其被留空用于收集溢出的果浆。在整个发酵过程中，人们无需对叠放的盒子进行任何移动或作业。这种发酵方式耗时最短，但得到的豆子质量也最没有保障。

发酵是决定可可豆未来香气的最重要因素，因此也是人们研究工作的重点。除了种植园的经营者，巧克力公司及中间商也在致力研究这一化学过程。人们正在不断尝试寻找新的工艺——最好是某种产出量丰沃的工艺，其或要能够缩短发酵的时间，或要能够通过压榨果浆实现特定的口味和品质标准。[47]

然而发酵后的豆子非常难以储存和运输，因此需要对其进行干燥。干燥的方法有很多种，但最终目的都是要将可可豆的含水量从超过60%降至约6%，还要增加豆子的香气从而体现品种的特性。豆子经过这一生产步骤会减轻约5%的重量。

大多数种植区的可可农都会利用太阳能干燥可可豆。他们会

图 18

使用"盘法"(堆叠的盒子)发酵可可豆。从节约时间的角度来看,这是最佳的发酵方式,但从可可豆质量的角度来看却并非如此。

图 19
只有经过干燥的棕色可可豆才适于被储存和运输。可可豆的干燥通常采取日光晾晒的方式,该过程可能需要几天乃至几周的时间。

将豆子曝露室外,置于地板、垫子或桌子上(见图19),曝晒的环境温度要低于50摄氏度。人们要不时用耙子或木锹翻动豆子以避免发霉,并同时手工分拣出掺杂其中的杂物和腐烂的豆子。当

图 20

在规模较大的设施里,人们为了防雨会将可可豆铺入屋顶下的可移动晒架中进行干燥。

黄昏降临或阵雨来袭时,他们会将豆子移入室内或用塑料布覆盖。规模较大的种植园还会使用可移动的屋顶或晒架避免可可豆受潮。(见图20)干燥的过程通常需要数天,但在雨期则可能需要三周。一些种植区,特别是在雨季,也会采用各种形式的非自然干燥方式,比如电力干燥装置、燃气烤炉或烧木柴的烤炉等。非自然干燥具有不受天气影响、流程速度快且节约人力的优点。[48]然而其缺点也很明显:首先,非自然干燥不容易培养出豆子圆润的香气;其次,如果选用木柴干燥,木材燃烧的味道会引发可可豆的味道发生改变。"例如,印度尼西亚爪哇岛的可可农通常会用燃烧的木材熏干,如此可可豆便会有一种能使大多数人联想起烟熏火腿的味道……"[49]

总而言之,进行非自然干燥时一定要注意避免使豆子干燥得太快，也不能令其温度过高，否则便会产生苦涩的异味。非自然干燥的环境温度往往会超过 60 摄氏度，这对可可豆来说有些过热了。此外，这种干燥方式的耗时为 1~2 周。

在世界上的一些地区，如特立尼达，人们还会对干燥后的可可豆进行抛光。目前，这道工序主要靠机器完成，其会使可可豆变得更为美观，据说还能减少害虫对豆子的伤害。人们曾经为了完成这道工序会使用一种非常奇特的技术，即所谓的"干舞（Trockentanzen）"。他们会将干燥过的可可豆铺在地上，然后赤脚走进豆场跳舞，直到它们焕发出美丽的光泽。[50] 不论会否经历"干舞"，此时的可可豆——其状态已可被称为"可可生豆"——已作好踏上走向巧克力工厂漫长之旅的准备了。

第3章 与可可树一起生活

可可农的日常生计

一块100克重的巧克力排块在2009年的平均售价为69欧分。这69欧分的售价里包括哪些成本？可可农又能从中获得多少呢？其中占比最大的18欧分是购买原材料，即被用于购买可可豆、糖、奶粉、奶油粉、香料和卵磷脂的成本；另外8欧分被用于广告和市场营销；还有每块排块6欧分的生产成本和4欧分的包装成本；最后，在这69欧分中留给可可农的只有3欧分。[1] 原材料生产成本在售价中的占比照见着一种贫困的生活状态。

目前，全世界的可可农有500万～600万人，但实际以可可种植业为生的人比这要高得多，据估计在4000万～5000万人之间。[2] 可可农的生活状况和劳动条件依其所在国与地区而异，他们对可可生产的依赖程度也不尽相同。但研究表明，总之种植可可是大多数农民最为重要的现金收入来源。[3] 由于存在小农农场和大型种植园两种种植形式，故而我们应当思考一个问题：是否某一种植形式相对另一形式可为可可农带来更好的收入。

大型种植园通常会以极低的工资雇佣劳动者，他们的收入实际依赖奖金制，比如巴西的情况就是如此。那里的大型种植园建立了所谓的"田界制度（Arista-System）"：劳动者根据合同规定负责特定范围内的种植地，面积通常为3～10公顷。这种劳动者的收

图21

在生产可可出口他国的同时，农民也生产自用的粮食供全家糊口。图中展示的是"促进与第三世界伙伴关系公司"公平贸易项目框架下的女人们。

入相较计件合同工高出约10%，但从种植到收获的全部工序都要由他亲自负责。于是，该制度下的合同劳动者如果想获得尽可能高的报酬，其全部家庭成员就都要参加到劳动中。[4] 而且童工已然成为一种常态。人们的工作条件往往非常恶劣，还要经常在没有任何防护的状态下使用杀虫剂和农药。

与此相反，独立的小农农场中不但要种植用于出口的可可，还要种植可可农日常所需的作物。如此一来，至少可以保证农民的基本粮食来源，尽管工作依然很辛苦，收入也颇低。（见图21）

可可农面临的另一主要问题是可可价格非常剧烈的波动。这令他们很难对自己进行长期的生活规划。产量增加并不意味着收入也会增加，因为如果国际市场过于饱和，可可售价就会下跌。

因此，可可的种植量与日俱增最终却导致了种植区的贫困。这一过程一般被称为"贫困化增长（Verelendungswachstum）"①。[5] 2001年的一个案例充分展示了农民为对抗这一趋势所作的努力：当时，可可价格因生产过剩而大幅下跌。于是非洲四大可可生产国科特迪瓦、加纳、尼日利亚和喀麦隆联手干预售价。它们焚烧了25万吨可可豆，终于再次抬高了售价。[6]

一般而言，那些种植和收获可可的人并不能享受到这一产业的最终产品，即巧克力排块。据调查，大多数可可种植者与他们的家人从来都没有吃过它，其中的许多人甚至不知道他们种出的可可到底是用来做什么的。

在大多数发展可可种植业的国家，可可农、可可种植园的工人及其家人都是国内最为贫困的群体。他们的住处非常简陋，没有自来水、卫浴装置和电力，其灾难性的卫生条件时而会引发疾病。然而他们前往救助站和卫生站的路程通常很远，以致一些简单的疾病也会带来严重的后果。同时，当地的交通状况也很糟糕，即便是现有道路一年中也会有好几个月无法通行。随之而来的是困难的受教育问题，许多儿童从来没有机会上学。个中原因除了路途遥远、交通不便，还有家庭环境的影响，这些家庭经常需要孩子参与劳动以保证一家人的生存。

---

① 系某些特定发展中国家发生的情况。当一国由于某种原因，一般总是单一要素供给的极大增长使传统出口商品的出口规模极大增长，却没有带来该国出口收入和福利水平的提高，而是降低。最终致使该国的贸易条件严重恶化，国民福利水平绝对下降。

童工：可可种植业的阴暗面

在小农农场中，帮助劳动的孩子随处可见。通常来说，这是必要的，尤其是在西非，因为许多可可种植者在经济上都仰赖子女的帮助。国际劳工组织（Internationale Arbeitsorganisation）是联合国的一个专门机构，其任务是制定并推行"国际劳工和社会标准"。该机构针对童工问题提出的明确规定曾在可可业内引起轩然大波，引起争议的是"核心劳工标准"中的两条：

① 1973 年制定的《准予就业最低年龄公约》（第 138 号公约）；② 1999 年制定的《禁止和立即行动消除最恶劣形式的童工劳动公约》（第 182 号公约）。

第 138 号公约规定劳工的最低就业年龄不得低于义务教育年龄，且在任何条件下不得低于 15 岁。而后者在经济及基础教育设施不够发达的国家允许出现例外，在这些国家无条件最低就业年龄可降至 14 岁。此外，各国可通过立法允许国内 13~15 岁——在经济发展较迟滞的国家为 12~14 岁——的青少年从事轻度劳动或对其健康、发育不会产生损害且对其学业没有妨害的工作。[7]

第 182 号公约则呼吁当前应把最优先的目标设为消除最恶劣形式的童工劳动。在此语境下，所有 18 岁以下的人都应被视为儿童。"最恶劣形式的童工"包含一切形式的奴役及所有类似于奴役的行为：如买卖和贩运儿童、债役及农奴制度——既包括强制劳动和强迫劳动，也包括强制或强迫征募儿童参与武装冲突；组织或提供儿童进行卖淫、制作色情作品或进行色情表演；招募儿童参与非法活动（特别是萃取和贩运毒品）及有害儿童健康、安全和有违道德的工作。[8]

2000年，一篇关于西非可可农场奴隶儿童的冲击性报道被公开。德国、英国和美国的全国性日报均刊载了相关文章，各大电视台也播放了那些令人战栗的画面。国际劳工组织就绑架与强迫儿童劳动的指控在西非——喀麦隆、科特迪瓦、加纳和尼日利亚——展开了大规模调查。该调查针对最恶劣形式的童工行为，包括强迫劳动和危险工作，如在工作中使用砍刀，搬运装有可可的过重麻袋（见图22）或使用杀虫剂和农药。2002年，根据这次调查进行的研究得到发表。由于许多数据难以获取，相关成果未能得出关于儿童被奴役程度的确切结论，同时也存在一些对这项研究收集数据方式的非难。尽管如此，这次调查所披露的数据仍不言而喻地展示了当地状况：大量儿童在与自身家庭毫无关联的陌生人开设的可可农场工作（仅在科特迪瓦这样的童工就有12000名）；约852000名儿童（喀麦隆148000名、科特迪瓦605000名、加纳80000名、尼日利亚19000名）在与其家庭有关的农场工作；约152700名在喀麦隆、科特迪瓦和尼日利亚工作的儿童在劳动时会接触到有毒杀虫剂和农药。科特迪瓦接受调查的儿童中有29%表示其无法自由地离开工作岗位回到家中。他们每周平均工作六天，每天平均工作六小时，这意味着其工作时长已与成年劳动者相当。但他们的工资要远远低于成年人，成年劳动者的年收入为135美元，而童工只有80美元。该研究还表明，在科特迪瓦进行农场劳作儿童的受教育机会较无需工作的儿童更少。三分之一的受调查儿童从未有过学校教育的经历。[9]

图 22

9 岁的让-巴蒂斯特搬着他收集来的可可果前往父亲位于科特迪瓦边境西尼科松村的可可种植园。他携带的麻袋重约 30 公斤。巴蒂斯特没有上过学,家庭的唯一收入来源就是出售可可豆。他并不知道他们卖出的可可豆会被用来做什么,他对巧克力一无所知。(这幅照片源自国际环保组织"绿色和平"有关可可种植园童工的报道。)[10]

针对童工现象的倡议

基于前述事实,旨在改善可可种植国儿童生存状况的社会活动与项目开始出现。美国国内出现了大规模的抵制活动,针对一些儿童生存条件极为恶劣的国家,美国以进口禁令相威胁。在此背景下,参议员汤姆·哈金(Tom Harkin)与众议员埃利奥特·恩格尔(Eliot Engel)共同草拟了一份议定书,其目的是消除可可种植园中最恶劣形式的童工现象并结束对儿童的奴役。2001 年 9 月,国际巧克力行业、国际劳工组织、相关利益集团、非政府组织和世界可可基金会(World Cocoa

Foundation）①的代表共同签署了这份议定书。¹¹ 该议定书包含"六点计划"，其预定于2005年7月1日前在可可生产国实施巧克力行业无童工认证标准，并于2002年7月1日前建立一个基金会。

国际可可倡议组织（International Cocoa Initiative）就是在这种合作背景下产生的。其于2002年成立于日内瓦，由非政府组织、国际劳工组织、政治家、巧克力行业及可可贸易代表组成。该组织的目标是消除可可种植国的童工现象，尤其是强迫童工劳动现象。其方针的基础是国际劳工组织《禁止和立即行动消除最恶劣形式的童工劳动公约》（第182号公约）和《强迫或强制劳动公约》（第29号公约）。¹² 他们将最初的工作重点放在了西非的小农农场中，因为那里种植着全世界超过70%的可可。2004年，第一个试点项目在加纳和科特迪瓦启动，主要目标包括：减少童工繁重的体力劳动；为他们配备防护服和鞋；调整童工的劳动岗位以便其不必再使用砍刀、杀虫剂和农药；为儿童创造上学的可能。除此之外，他们还在社区推广倡议以拓宽教育途径，培训从国家到社区的各级地方合作伙伴——这至关重要——并帮助管理部门使被买卖的儿童受害者回家。

① 系非营利性会员组织，目前拥有90多家会员公司，如雀巢、玛氏、好时、星巴克等。该基金会起源于巧克力制造商协会 [Chocolate Manufacturers Association，2008年解散，后成为美国全国糖果商协会（National Confectioners Association）] 于1995年发起的一项倡议，起初称为"国际可可研究与教育基金会（International Cocoa Research and Education Foundation）"，之后于2000年改为现用名。其虽致力于使可可供应链更具可持续性，但也因会员公司在消除童工、砍伐森林和极端贫困方面做得太少而遭到批评，甚至其相关努力屡被斥为"漂绿"和"显著的失败"。

《哈金－恩格尔议定书》（Harkin-Engel-Protokoll）的签署与国际可可倡议组织的成立是重要且大有可为的一步，其正是对抗严重剥削童工现象的起点。许多人都寄希望于人们的想法从这一刻开始会有所改变。然而不幸的是，各种挫败接踵而来：2005年7月1日，预定中的巧克力行业无童工认证标准未能如期而至，而是被推迟到了2008年；接着这一期限在2008年又被拖延至2010年底；到了2010年，倡议目标被调整为在2020年前使在最恶劣条件下工作的儿童人数减少70%。至此，最初订立的标准被一再降低，认证计划似乎也已不了了之。[13]

美国新奥尔良杜兰大学佩森国际发展与技术转让中心（Payson Center for International Development and Technology Transfer, Tulane University）于2006年10月启动了一项为期四年半的项目，其目标是考察《哈金－恩格尔议定书》在科特迪瓦和加纳的效果。研究发现，该议定书在两国的实施确实取得了一定进展，但为了成功实现目标，人们必须投入更多的财政资源，并建立具有法律效力的协议和具有约束力的标准。[14]

2009年，美国劳工部关于童工的报告也同样显示即时局面仍不容乐观。这份报告指出：加纳尚有160万名儿童在可可农场工作，其中一些年仅5岁。许多儿童的工作环境危机四伏，他们需要担负重物、喷洒杀虫剂，还要用砍刀清除地面的杂草以及剖砍可可果。科特迪瓦的情况也不遑多让，据估计，该国的可可行业有136万名儿童在工作，他们的工作条件同样充满危险。科特迪瓦的许多童工并非生在本地而是来自邻国，出生于布基纳法索的儿童尤为常见。最后，科特迪瓦的童工有49%没有接受过学校教育。[15]

相较而言，《哈金－恩格尔议定书》的起草者汤姆·哈金的报告却与美国劳工部的报告异调。他于2008年1月访问了加纳与科特迪瓦并留下了深刻的印象。他在那里看到了很多进步，也与许多参与国际可可倡议组织项目的孩子进行了交谈。项目取得的进展令哈金感到雀跃，但他同样表示该做的工作仍有很多。[16]

为改善种植国可可农的处境，促进可可经济稳定和可持续发展，世界可可基金会于2000年成立。[17]该组织是由政府、可可加工行业、贸易组织和非政府组织组成的合作伙伴关系组织。近70家公司、机构和组织加入了世界可可基金会，并为其提供资金和技术支持，其中包括阿彻丹尼尔斯米德兰公司（Archer Daniels Midland Company，ADM Cocoa）、百乐嘉利宝公司（Barry Callebaut AG）、嘉吉公司（Cargill，Inc.）、费列罗国际股份公司（Ferrero International S.A.）、好时公司（The Hershey Company）、卡夫食品公司（Kraft Foods Inc.）、巧克力工厂瑞士莲史宾利股份公司（Chocoladefabriken Lindt & Sprüngli AG）、玛氏公司（Mars Inc.）和雀巢公司（Firma Nestlé）等。此外，世界可可基金会还与加拿大国际开发署（Canadian International Development Agency）及美国国际开发署合作启动了一项旨在提高喀麦隆、加纳、科特迪瓦、利比里亚和尼日利亚可可种植者收入的项目。该项目是"可持续木本作物计划（Sustainable Tree Crops Program）"的一部分，其以合作社的形式对可可农作出支持。世界可可基金会会帮助他们设计融资计划、营销方案及同时向多个买家销售可可的售卖方式，以便可可种植者能以尽可能高的价格售卖。

另一相关项目被称为"回声联盟（ECHOES-Allianz）"，意指为种植可可的家庭提供机遇与教育解决方案。"回声联盟"系世界可可基金会与美国国际开发署的成员公司、非洲教育倡议组织（Africa Education Initiative）、加纳政府及科特迪瓦政府的合作项目，目标是改善两国成千上万儿童的受教育机会。（见图23）该

图 23

科特迪瓦阿贝克罗的乡村学校。其为"促进与第三世界伙伴关系公司"公平贸易项目的一部分,旨在确保本地儿童的基础学校教育。

项目的具体内容包括再培训教师、课程开发、传授农业知识,还有针对艾滋病与疟疾等健康威胁的启蒙教育。

此外,世界可可基金会还在扩展其可可农培训项目,以期使他们能更安全、更负责任地种植可可。该项目立基于"健康社区倡议(Healthy Communities Initiative)",旨在帮助西非可可农场的儿童减少在工作环境中面临的潜在危险。2009 年,世界可可基金会又启动了"可可生计项目(Cocoa Livelihoods Programm)"。比尔及梅琳达盖茨基金会(Bill & Melinda Gates Foundation)为该项目提供了 4000 万美元资金,其中 2300 万美元来自该基金会,1700 万美元来自 14 家巧克力公司。这一项目的目标是改善科特迪瓦、加纳、尼日利亚、喀麦隆和利比里亚 20 万可可农的生计状况,并指导农民采用经过改进的新型种植方式、构建混农林业系统、改善最终可可产品的质量，以及帮助他们掌握更好的生产流程并获得商业知识。

德国联邦政府也在尽力帮助解决买卖儿童与童工问题。2002 年，德国技术合作协会［Deutsche Gesellschaft für technische Zusammenarbeit，自 2011 年起更名为"德国国际合作协会（Deutsche Gesellschaft für Internationale Zusammenarbeit）"］①代表联邦政府在科特迪瓦启动了一项打击买卖儿童与最恶劣形式的童工现象的项目。对于科特迪瓦超过 60 万的家庭农场来说，可可攸关生计。该项目的委托人是德国联邦经济合作与发展部（Bundesministerium für wirtschaftliche Zusammenarbeit und Entwicklung），期限为 2002 年 8 月至 2011 年 3 月。[18]

在"公共私营合作制（Öffentlich-private Partnerschaft）"的理念下，另一项目于 2007~2013 年在德国联邦政府与科特迪瓦私人资本的合作下运行。在可可种植领域，该项目的目标是直接建立与地方可可种植者的合作关系。这既是为了确保可可产品质量的良好与稳定，也是为了确保可可生产的各环节始终符合生态与社会准则，例如避免童工劳动和建立公正的可可价格。该项目始终处于"国际互世认证（UTZ Certified）"②、"雨林联盟（Rainforest

---

① 系一家代表德国各部委开展国际活动的发展合作组织，由德国技术合作协会、德国国际继续教育和发展协会（Internationale Weiterbildung und Entwicklung）和德国发展援助署（Deutscher Entwicklungsdienst）合并而成。

② 系一家于 1997 年成立的总部位于荷兰阿姆斯特丹的非营利性组织。该组织颁布的咖啡认证一度成为世界上规模最大的咖啡认证体系，其同时也对茶、榛子和可可进行认证。后来，其于 2018 年正式与雨林联盟合并，相关认证标志也逐渐被雨林联盟认证标志所取代。

Alliance)"① 与 "公平贸易（Fair Trade）"② 等认证的检验之下。[19] 从 2010 年 3 月开始，德国技术合作协会还开始对加纳、尼日利亚与科特迪瓦的小农进行培训，以帮助他们理解各种认证体系的标准与要求。在此之前，他们通常并不了解要获得这些认证标签需要做到和考虑什么。

科特迪瓦对来自马里、布基纳法索等相对贫困的邻国的求职者来说是一个热门的移民国家，目前其流动人口占比已超过 30%。研究表明，该国买卖儿童和剥削童工的现象十分普遍，来自邻国和本国农村地区的儿童通过就业机构被贩卖给各行各业的雇主。据联合国儿童基金会（Kinderhilfswerk der Vereinten Nationen）估

---

① 系一家于 1987 年成立的总部位于美国纽约的非营利性组织。根据其官方解释，雨林联盟认证旨在通过制定社会、经济和生态标准，以促进世界各地的企业改进生产和贸易方式，逐步实现可持续的农业和林业发展。

② 国际公平贸易标签组织（Fairtrade Labelling Organizations International）创立于 1997 年，是一个以产品为导向的具非营利性的伞形多利益相关者组织。其旨在通过贸易改善并促进农民和工人的生活，即在公平贸易工作以全球战略为指导的前提下确保所有农民都能获得生活收入，所有农业工人都能获得生活工资。自 2004 年 1 月起，国际公平贸易标签组织已分离为"国际公平贸易标签组织（FLO International）"和"公平贸易认证组织（FLO-CERT）"。截至 2025 年 5 月，全世界共有 26 个国家或地区的公平贸易组织/公平贸易营销组织（National Fairtrade Organization / Fairtrade Marketing Organization）和 3 个生产者网络（Producer Networks）参与其中——所推广的产品主要包括咖啡、茶叶、可可、香蕉、鲜花以及糖等——它们负责在本国、本地区和所掌控的销售领域内推广"国际公平贸易认证标章"，组织订定和审查公平贸易认证标准，以及协助生产者在市场上获利并维护认证标章的权利。

计：在西非与中非，每年约有20万名儿童在贩运行为中受害。一个由掮客、走私犯、腐败边境官员与腐败警察组成的组织严密的贩运网络业已成形。男孩通常会被贩至可可种植园，女孩则会被卖给城市家庭。这些孩子中的绝大多数没有任何保护，等待他们的只有身体虐待（有时包括性虐待）和微薄的工资（如果有工资的话）。除去身心受到的伤害，失去上学机会也影响着他们的未来发展前景，而且一般而言，他们毫无摆脱这种处境的方法。

为改善儿童的生活状况，德国技术合作协会的项目为国家层面、民间社会与私人领域参与者构建了相互联系的桥梁。应使民众中及商业领域与行政部门的决策者都能了解贩运儿童和童工现象内存在的侵犯人权行为，这是确保儿童受保护的权利得以实现的重要先决条件。基于此，人们在该项目的框架下成立了所谓的"警戒委员会"以同童工现象展开对抗，其由德国可可与巧克力行业基金会（Stiftung der Deutschen Kakao- und Schokoladenwirtschaft）提供财政支持，并与德国技术合作协会共同实施行动。截至2009年初，已有约9000人在360个警戒委员会上课。主办方为此特别编写了一本手册，以便人们识别某一工作是社会性的还是剥削性的。目前，此类警戒委员会活跃在超过40%的可可种植区。[20]

人们在该项目与地方政府的共同支持下采取措施对抗着隐藏于可可种植区约半数村庄中的童工现象。200多个新成立的各级反童工委员会正在各地引导本地人提高对童工现象的认识及敏感度，并不断倡导儿童权利。国际刑警组织（Internationale kriminalpolizeiliche Organisation – Interpol）区域办事处也在这一领域为科特迪瓦的执法力量（警察、海关和林业警察等）提供支持。

该项目还强化了非政府组织的力量以便为相关儿童提供服务，如心理照护、启蒙教育、技能培训以及随后在人际与经济上重新融入社会等。仅在2006~2007年就有近1000名儿童得到了相关照顾，数百名儿童完成了启蒙教育并在委员会的行政帮助下摆脱了剥削性的工作环境，其中一些已经回归家庭。与此同时，那些应为买卖与剥削儿童负责的人也遭到了起诉和法律的惩处。

此外，还有一项围绕可可的研究在德国联邦经济合作与发展部的资助下展开，"南风协会（Südwind e.V.）"① 负责对该项目进行监督，杜伊斯堡-埃森大学发展与和平研究所（Institut für Entwicklung und Frieden, Universität Duisburg-Essen）则负责实施。其工作重点是调查评估大型企业是否为遵守可可行业的人权标准作出了贡献。2010年8月，该研究发表了令人警醒的结论："可可与巧克力行业的发展现状清晰地揭示了在自愿的前提下推进人权标准这一方式所具有的局限性，事实是：其推进非常缓慢且进程非常有限。"[21]

小项目，大作用

除了这些政府大型项目以外，近年来还浮现了许多私人的小型项目，其中一些现已在可可行业中占有一席之地。下面略举三例以示此类项目的风貌。

---

① 系一家于1991年成立的总部位于德国波恩的非营利性组织。该组织致力于推动全球社会正义、经济公平和人权保障，尤其是关注南方国家的劳动条件、贸易问题及可持续发展议题。

加纳的卓越可可农联盟

1990年代初以前,加纳的可可营销完全掌握在国家手中。1992年,可可行业结构开始自由化,私营公司获准进入。同年4月,纳纳·弗林蓬·阿贝布雷斯(Nana Frimpong Abebrese)领导的可可农群体在库马西(Kumasi)创立了"卓越可可种植者合作社(Kooperative Kuapa Kokoo)"。[22] 该组织的宗旨是令种植者得以掌控可可的销售,从而改善自身的生活条件。"Kuapa Kokoo"系当地契维语(Twi),意为"卓越的可可农"。

"卓越可可农联盟(Kuapa Kokoo Union in Ghana)"从最开始就得到了荷兰和英国非政府组织在专业和财政上的支持,这一支持如今仍在延续。1995年,该合作社第一次获得了"公平贸易认证(Fairtrade-Zertifikat)";同年,他们生产的可可开始以公平贸易的形式交付欧洲。

虽然生产者自己的贸易公司卓越可可农贸易有限公司(Handelsfirma Kuapa Kokoo Ltd.)已经出现,但大部分加纳农民还是会通过国有可可营销公司出口可可。目前,卓越可可农联盟有近50000名农民会员,在2008年他们生产了35000吨可可,占加纳可可产量的5%。可可种植是加纳家庭最主要的收入来源,占家庭总收入的95%。(见图24)人们除可可外还会种植其他作物,如香蕉、木薯、山药、玉米以及水果和棕榈科植物,它们主要被用于自给自足以及在地方市场销售。卓越可可农联盟还主导着另一项目,该项目旨在帮助女性赚取属于自己的收入。其中,她们会用可可豆壳制作肥皂并在本地市场销售。此外,卓越可可农联盟不仅为公平贸易提供可可,还持有英国巧克力制造商帝斐酩巧克力有限公司(Divine Chocolate Ltd.)的股份。[23]

图 24
一位在加纳公平贸易项目下工作的农民正在采收成熟的可可果。

多米尼加共和国的农业合作公司

农业合作社"农业合作公司（Cooproagro, Cooperativa de Productores Agropecuarios）"成立于1984年，既是多米尼加共和国的一家可可种植者协会，[24] 也是该国可可农联盟组织多米尼加可可种植者全国联合会（Confederación nacional de cacaocultores dominicanos, CONACADO）的创始成员。农业合作公司的农民一直在联合会销售自己种植的有机可可，直到2007年中，他们终于建立了自己的组织。该组织包括15个子合作社，聚集了1400名可可农。一部分可可农会在收获后自行发酵可可，另外约25%的农民则会将未发酵的可可直接出售给合作社，再由后者进一步加工。随后向港口运输及出口的工作则全由合作社负责。目前，农业合作公司每年可生产920吨可可。

在公平贸易项目下销售可可获得的额外收入主要被用于投资

合作社的基础设施建设和改善可可质量，例如修路、架桥、给合作社成员家庭通电、修缮协会建筑、兴建学校食堂和翻修学校等。

除了种植用于出口的商业可可，农民还会种植香蕉、柑橘属水果、土豆和蔬菜等作物以供生活所需。该地区从前曾大量种植咖啡，但因价格一度陷入低谷而逐渐被可可种植所取代。

厄瓜多尔的卡拉里合作社

"卡拉里合作社（Kallari-Kooperative）"位于厄瓜多尔的亚马孙河低地流域，这里一位农民的经历充分展示了可可农生活质量的改善过程。杂志《地理报告》(*GEO-Reportage*)的一篇报道讲述了53岁的克丘亚印第安人（Kischwa-Indianer）塞萨尔·达华（Cesar Dahua）加入可可合作社后的生活变化："他拥有的财产包括一条独木舟、一间高脚屋、一个在厨房里被用作橱柜的废弃电炉以及纳波河（Río Napo）中一座小岛上的一块100米×200米土地——他的父母曾在那里耕作。在这块种满香蕉、番石榴、木瓜和木薯的森林中矗立着达华最有价值的财产：200株一人来高、长满树节、挂着绯红色果实的树木。'我把这棵树献给我的母亲，'达华指着一棵4米多高的可可树说，'是她种下了它。'每年的2~5月，达华的父母都会在这里收获果实，小心翼翼地从乳白色的果肉中剥出约三打可可豆再将它们带去市场。本地中间商收购可可的价格很低，达华仅凭可可种植很难养活全家。所以他为一家石油企业驾了三十年船，即依靠为种植园、妇女和孩子摆渡五小时的航程赚钱维生。"

但2004年前后，一切都发生了改变。塞萨尔·达华就是在那时加入卡拉里合作社的。对身为"可可种植者（Cacaotero）"的他来说，位于小镇特纳（Tena）的合作社办公室既是交流大厅，又是外贸代理人，还是他与国际市场产生直接联系的窗口。比如克里斯蒂安·阿施万登（Christian Aschwanden）麾下的麦克斯妃亭股份公司（Max Felchlin AG）就与卡拉里合作社签订了长期的独占合同。这家来自瑞士的巧克力制造商给付合作社成员的收购价格超过当地一般价格的2倍，这对种植者来说无疑是一笔丰厚的收入。塞萨尔·达华从此不再将可可豆交给中间商，而代之以将它们送去桑迪亚村（Dörfchen Shandia）的卡拉里合作社货物收集点。"[25]

以上三例说明可可农的生活状况确实可以借由合理的举措与全新的合作形式得到改善，即便是很小的变化往往也能带来明显的帮助。全球专家一致认为：只有为其家庭提供新的生计模式才有可能解决童工问题，因为童工现象在很大程度上由贫困所致。所以，该问题的解决仰赖具备可持续性的经济增长带来的社会进步，而尤为重要的是缓解贫困状况与普及基础教育。[26]

巧克力行业：新路线的先行者

尽管批评人士近年来针对可可种植国状况的指摘从未停息，但巧克力行业的大企业其实已在推进新型方案了。自2009年7月起，吉百利股份有限公司（Cadbury Plc）已在英格兰和爱尔兰使用公平贸易框架下的巧克力制造其"牛奶巧克力（Dairy Milk）"系列巧克力棒。雀巢公司紧随其后，宣布自2010年1月起也将在这两个国家使用公平贸易巧克力制造"奇巧（KitKat）"巧克力棒。

其他一些巧克力企业也依循具可持续性的新方向建立自己的项目。2005年9月，瑞士的百乐嘉利宝公司与其位于科特迪瓦的子公司一起发起了一项惠及47个农民合作社的长期计划。这项名为"品质合作伙伴（Partenaire de Qualité）"的项目旨在提高可可农场与可可豆的品质并改善可可农与其家庭的总体生活条件。[27] 除该项目以外，该公司还拥有一系列相关项目。本地合作社则开展了一些旨在使童工问题为更多人关注的项目。2008年4月，百乐嘉利宝公司收购了坦桑尼亚有机大地国际有限公司（Biolands International Ltd.）49%的股份，后者是非洲最大的有机可可出口商之一。

百乐嘉利宝公司在种植国还有另外一个项目，即用可可豆壳来发电。目前，科特迪瓦、加纳、喀麦隆和巴西有五家这样的发电厂，它们发电所用的蒸汽有60%~100%是由燃烧可可豆壳所提供。[28]

此外，自2011年1月起，该品牌销售的经典四款"比利时臻选巧克力（feinste belgische Schokolade）"也贴上了"国际公平贸易认证标章（Fair-Trade-Siegel）"①。这些可可液块通常会被糕点师或巧克力制造商进一步加工成各种产品。

---

① 该标章是一个独立的认证标章，只有经公平贸易认证组织认证与监督的生产者才可将标章使用在自己的产品上。经标章认证的产品表明相关发展中国家的生产者受到了较为公正的对待，在该标章产品上拥有相对较好的交易条件，并且该标章产品在种植与收获上均已符合国际公平贸易标签组织所规范的公平贸易认证标准，同时，相应供应链也已受到公平贸易认证组织的监督，以确保产品的完整性。目前，有超过50个国家在使用该认证标章。

而卡夫食品公司则从2005年开始便一直与雨林联盟、德国和美国的政府发展援助组织（德国国际合作协会和美国国际开发署）以及可可贸易商"阿马扎罗（Armajaro）"展开合作，致力于促进科特迪瓦的可持续可可种植。2010年，首批采用雨林联盟认证巧克力制成的克特多金象（Côte d'Or）和马瑞宝（Marabou）牌巧克力出厂；至2012年，卡夫食品公司承诺，这两个品牌下全部系列的产品所用可可豆均需产自经雨林联盟认证的生产过程。[29]

雨林联盟成立于1987年，是一个国际非营利性环保组织。[30]该组织的目标是在保护生物多样性的同时发展可持续性经济形式，进而改善种植区人们的生活并抑止童工现象。一旦行为主体达到既定标准——虽然人们对这一标准有所争议——雨林联盟便会授予他们认证标签。但也有批评指出，该组织提出的标准既没能为农民确保可可豆的最低收购价格，也没能保证最低工资；另外，只要某一产品有30%的成分来自经认证的生产过程，其便可以获发认证标识。[31]

不来梅哈骑仕巧克力有限两合公司（Bremer HACHEZ Chocolade GmbH & Co. KG）的"亚马孙野生可可（Wild Cocoa de Amazonas）"系列产品拥有一条具可持续性的产品线。从野生可可品种被发现以来，该公司一直在与雨林研究所（Regenwaldinstitut）进行合作，后者负责验证野生可可的使用状况。此外，它还与德国国际合作协会在巴西共同筹建了用于收获和加工可可的基础设施。[32]

巧克力工厂瑞士莲史宾利股份公司于2008年与加纳可可委员会及另一当地组织合作启动了"加纳可追溯（Ghana Traceable）"项目。该项目采取了所谓的"内部采购模式"，其可以确保可可豆的可追溯性并控制供应链，进而使童工等弊端无所遁形。

在该项目的保障下,加纳每个收获年度的可可定价水平均要高于其他西非国家。额外支付的部分则会直接流入地方基金会或被用于投资教育、健康保障、卫生机构以及农民培训等项目。[33]

2009年,玛氏公司承诺其将在2020年之前仅采用以可持续方式加工的可可。为实现这一目标,玛氏公司与雨林联盟及国际互世认证建立了合作伙伴关系。[34]于是自2011年6月,"Balisto"谷物巧克力棒①开始采用国际互世认证的巧克力进行生产。

国际互世的可可认证项目启动于2007年。2011年,首批由国际互世认证的巧克力产品出现在了德国市场。产品贴有该标签即意味着其可可原材的种植过程可被追溯且生产过程符合可持续标准,也意味着生产该产品的行为主体应践行良好的农业和商业行为,同时遵守社会准则与生态标准。[35]

自1990年以来,阿尔弗雷德里特尔有限两合公司(Alfred Ritter GmbH & Co. KG)一直在支持尼加拉瓜的个人开发项目"可可尼加(Cacaonica)"。该项目的具体运营由波恩(Bonn)的发展援助组织"为全世界人类协会(Pro Mundo Humano e.V.)"负责。2000年,该项目下的可可农首次获得了欧盟有机农业认证;2002~2004年,在公共私营合作制的框架下,该项目得到了德国技术合作协会的配合与支持;2007年,德国发展服务总会(Deutscher Entwicklungsdienst)也开始支持这一项目。此外,公共农业多样化与发展协会(Associación para la Diversificación y Desarrollo Agrícola Communal)也为种植有机可可的农民提供了

---

① "Balisto"系德文"Ballaststoff"的变形,后者意为"高膳食纤维食品/粗粮"。

各种帮助与建议。2002年,第一批来自尼加拉瓜的有机可可抵达了阿尔弗雷德里特尔有限两合公司位于瓦尔登布赫(Waldenbuch)的所在地。基于该公司为有机可可支付的公正价格,目前,"可可尼加"项目下的五个合作社每年为该公司提供250吨有机可可。以这种可可制作的首款"瑞特滋(Ritter Sport)"有机巧克力已于2008年春季上市。[36]

奥地利巧克力制造商约瑟夫·措特(Josef Zotter)的珍得巧克力工厂有限公司(Zotter Schokoladen Manufaktur GmbH)自2004年以来一直是奥地利公平贸易组织牢靠的认证伙伴。该公司在公平贸易框架下采购可可和甘蔗糖等有机基本原料,其手作工厂的所有产品均由公平贸易巧克力制成。[37]

尽管人们已付出了诸多努力,但要做的工作仍有很多,从各种报道来看,买卖儿童现象和童工现象依然猖獗。这些报道或其他媒体文章在细节上虽有争议,但已然足够清晰地表明:可可种植国的总体情况尚未得到根本改善。然而仅靠巧克力行业的努力并不足以改变现状,消费者也应在其中承担一份责任。因为每位消费者都可以选择所品尝的巧克力排块的品类,还可以去探寻最喜爱的巧克力品类是由哪里生产的可可制成的,甚至进一步探究当地可可种植者的生活境况。如果消费者对有机、可持续生产且关注社会责任的商品的需求不断增长,那么这种增长所带来的附加价值将给可可种植区的农民家庭带来更多受益的机会。

ic # 第 4 章　世界性贸易品

贵重的货物：前路宽广的可可豆

虽然每年全球产出的可可豆中有超过三分之二都来自西非，可是加工可可豆及消费巧克力的主要地区仍是欧洲和北美。近年来，少数可可生产国得以建立了本国的可可加工设施和巧克力制造设施，但其中绝大多数都是在大型跨国集团的指导下完成的。比如瑞士的百乐嘉利宝公司就在巴西圣保罗（São Paulo）附近建造了一座巧克力工厂。这种境况在未来的几年乃至几十年间能否得到改变还有待观察，可以肯定的是，可可的大部分价值截至目前仍是在西方工业化国家中被开发出来的。

尽管如此，我们在一些例子中仍可以看到来自可可种植国的本地公司在种植可可时也承揽了与可可豆加工和巧克力制造相关的业务。这样的公司通常规模较小，采取合作社的组织形式，生产所面对的往往也是一些简单清晰的市场。其中最具代表性的著名案例当数玻利维亚的可可合作社"鸡冠刺桐（El Ceibo）"。该合作社的成立可以追溯到1960年代，玻利维亚政府当时对亚马孙地区高地的农民与矿工作了重新安置，并为他们提供了用于可可种植的土地、工具和种子。但因农民缺乏可可种植相关的知识和经验，这一尝试最初并未取得太大的成功。直到1977年合作社成立，情况才有所改变，他们购置了运输车辆，建立了自己的可可加工厂，[1] 并开始自行生产巧克力。合作社的工厂拥有两条产品线，分别是黑巧克力和固体饮品巧克力，后者以压制的巧克力块的形式售卖，必须溶入热水才能饮用。他们会将大部分巧克力产品出口海外，但每年仍有约三分之一的销售额来自国内市场。

"鸡冠刺桐"的例子清晰地展示了可可种植和营销过程中存在的困境与机遇，同时也展示了可可种植业的特殊性，即它与咖啡或茶等其他经济作物种植业的显著区别。可可的种植形式以小农农业为主，通常来说，一户小农的可可年产量只有几百公斤。（见图25）可可是他们的重要收入来源之一，其日常生活采购非常依赖这些资金。此外，他们还会种植其他作物以充作家庭的口粮。

小规模的种植形式与大体量的国际可可贸易组织间的不匹配给可可业的所有参与者带来了各种各样的困难。从可可收获完毕准备进入初加工阶段的那一刻开始，这种困难就出现了：人们如何将可可豆从分散的小农农场运送到中间商与出口商的货物收集点？可可必须先抵达收集点才能被运往该国最近的出海港口，然后才能被运往位于北半球的可可加工国。所有相关人员均面临着通向收集点的道路上所充塞的物流问题，即运输工具不足、路况艰难、气候条件恶劣和路途遥远，这一切常常致使可可难以被完好无损地运抵目的地。

生产商与中间商会将收获来的可可豆运至出口商处，其通常位于连接外海的大型港口，再由出口商负责将它们装船运往欧洲或北美。如前所述，小农高度依赖种植可可带来的收入，这常常是他们的唯一家庭收入，而可可豆的价格则取决于其会被运抵何处。如果一个农民只有一艘小船、一辆自行车（见图26）或一头驮畜，他就只能将可可卖给附近的中间商。这意味着他必须接受中间商提出的价格。通常来说，小农并不知道可可还有除此以外的其他价格，因为他们几乎没有任何获取信息的途径。非洲各国

图 25

人们在对可可进行称重,它们即将踏上通往西方工业国的长路,那里有无数加工商与消费者正在等待。(这幅照片源自加纳卓越可可农联盟,该合作社约有 45000 名小农在公平贸易项目框架下受益。)

图 26

可可农正骑在赶往附近中间商收集点的路上;从分散的小农农场前往中间商或出口商处的道路往往既漫长又艰难。

政府均曾在国内制定过统一的可可收购价;但时过境迁,小农目前必须自行从报纸或广播中获取有关可可价格的信息。然而这往往是不现实的,因为他们中的许多人既不识字也没有收音机。

为了摆脱劣势，许多地方的小农会联合起来组成合作社以便购买汽车和挂车，这将显著提高他们在可可贸易中的地位。比如科特迪瓦的"达洛亚卡沃基瓦农业合作社（Coopérative agricole Kavokiva de Daloa）"，其在1999年成立后便开始不断购入挂车与平板卡车，并致力于修缮路况较差的道路——它们是分散的小农可可农场连接外界的唯一途径。如今，这些合作社的车辆不仅被用于运输可可豆，内部还设有运送旅客的座位，而且在需要时也能运送病人。[2] 这表明一个成功的合作社通常会惠及整个地区，因其带来的财政盈余可使人们有能力对道路、学校和医院进行投资。

在西非，常有中间商亲自前往可可农场收购可可。直到今天，来自叙利亚和黎巴嫩的商人仍在这种中间贸易中发挥着重要作用。许多叙利亚和黎巴嫩商人在1920年代来到西非，然后成为西非经济生活中显要的一部分。1950年代，加纳约40%的可可出口都由叙利亚公司包办。[3]

当可可生豆被卖给中间商或出口商后，他们便会将其转向出口可可加工国。可可生豆的海外运输长年由一些专门从事易腐货物运输的特定企业经办，可可液块或可可脂等半成品以及可可豆同样也由这些企业负责运输。可可在热带地区的高湿度下腐败速度相对较快，因而人们必须不遗余力地避免其在潮湿的气候中被长期储存。基于此，可可豆通常在收获后不久便会被运走。可可豆在运输前必须先进行干燥，因为如果其含水量超过6%便会发霉。即便可可豆已踏上旅途，人们也必须时刻保护它们免受温度与湿度剧烈波动的影响，并且必须时刻注意将它们置于凉爽、干燥、通风良好的环境中。尤其要注意的是冬季的"冷凝现象（Kondensationswasser）"，即所谓的"集装箱出汗"或"结露"——

图 27
较大的昼夜温差常常导致运输集装箱内发生冷凝现象（集装箱出汗）。敏感的可可豆经常会在运输途中遭到损害，尤其在包含冬季的下半年更是如此。

可可豆特别容易受到损伤。（见图 27）这一现象是由昼夜温差过大所致，当夜晚到来气温大幅下降时，集装箱内的暖空气便会凝结成水滴浸湿可可豆并使其变质。为预防冷凝，集装箱在装载前必须保证彻底的清洁和干燥。集装箱内通常还会衬有纸或防凝结膜以吸收水分从而保护敏感的可可豆。此外，将豆子装入透气的集装箱中是一种很好的运输解决方案，但因成本高昂，这种方式并不普及。

除了潮湿，烟草粉斑螟［Ephestia elutella，俗称"可可蛾（Kakao-motte）"］、地中海粉螟（Ephestia kuehniella / Mehlmotte）、蚂蚁和蟑螂等害虫的侵扰也是运输中遇到的一个严重问题。为了控制虫害，人们会对已被侵染的货物进行熏烤。而在熏烤的过程中不仅要用到瓦斯，还会用到烟草片剂。于是，这些物质的灰尘便会沉积在包装可可的袋子上，它们对人体当然是有害的。影响可可质量的另外一个因素是霉菌感染，有些霉菌甚至会产生强力毒素。[4]

可可豆在运输过程中可能会自然产生"后发酵（Nach-fermentation）"①，这对运船与港口的工人来说是一种威胁。因为后发酵会导致集装箱中产生大量的二氧化碳，其在最坏的情况下会使工人们面临窒息的危险。为预防这种情况，人们在进入货舱前都会进行气体检测，但除了二氧化碳，里面还有另一种危险：在特定的外部条件下，如高温或缺氧，可可豆会发生自燃从而引起火灾。由此可见，可可豆前往消费国的漫漫路途有多么艰难。其间常会发生因可可质量显著下降，接收方从而强硬地重新议价。在最坏的情况下，可可在海运过程中会部分乃至全部损坏。

为了尽可能提高海上运输效率，一种名为"BaCo-liner"的特殊运输船已被人们使用了几十年。它是专门为解决西非港口装卸货物时间过长而研发的。"BaCo-liner"长逾 200 米，船体内部最多可容纳 12 艘非机动驳船。（见图 28）每艘驳船长 24 米，最多可装载 800 吨可可。作为母船的载驳船的船头可以打开供驳船出入，船体内部则注满海水。每当一艘驳船被固定在母船的船体中，相应的海水会被排出，然后旅程就可以开始了。"BaCo-liner"的使用显著缩短了船舶在港口停留装载可可的时间。每艘母船配有三组驳船，一组留在港口装货，一组留在母船上，一组在港口卸货。当"BaCo-liner"抵达港口时，驳船会被单独拖至

---

① 也称"追加发酵"，指可可、茶、咖啡等的生产过程中，在前发酵（初步发酵）完成后，为了改善风味、香气、质地或化学成分，经人工控温而进行的进一步发酵。

图28

除了一般的集装箱船，人们还会用一种名叫"BaCo-Liner"的特殊船舶运输可可。这种船的内部可以容纳最多12艘装有货物的驳船。这种设计不仅缩短了装卸时间，还令船舶不必进入常常十分拥挤的港口就可以工作。

码头卸货，每艘驳船的卸货工作只需10~15名工人便可完成。第一组驳船正在卸货时，母船不必等待，其可以搭载第二组驳船再次起航。这种驳船脱离母船单独装卸货物的方式有效规避了西非港口因过度拥挤带来的工作拖沓问题。此外，使用"BaCo-liner"还可以在港口之外，比如在港口前方的海面或河口上装卸货物。与所有其他运输船一样，"BaCo-liner"的旅程始终参照精确的时间表进行，它从西非输出可可的港口行驶至汉堡平均需要约十天。[5] 尽管"BaCo-liner"在处理西非可可运输上独具优势，但迄今其仍是一种小众的选择，每年通过这种方式运输的可可只占国际货运总量的一小部分，绝大多数可可还是要通过集装箱船来运输。也就是说，可可与大多数世界性商品的运输并无

图 29
可可豆在传统上是用麻袋进行运输的。

不同。

可可装载上船的方式有很多。传统上可可豆是被装入麻袋进行运输的。（见图 29）麻袋由黄麻（Jute）或剑麻（Sisal）制成，每只可以容纳 60~70 公斤可可豆。这种方式消耗的成本较高，因为人们既要将可可豆装入麻袋，又要从中将其取出。这些作业除了需要大量的工人参与，还需要很长的时间。相较而言，"散装运输（Bulk）"是一种操作更简单且耗时更短的装载方式，近年来已被应用得越来越多。"Bulk"一词来自英文，指不加包装的大宗商品。（见图 30）可可豆可以散装在集装箱内或直接散装在船上进行运输，这样便无需耗费时间打包、拆包，从而节约了大量的时间和成本。然而在这种运输方式下，可可豆却也更容易发生损耗。比如前已述及的湿度造成的损耗就非常容易发生，因为散装运输较难为可可豆创造良好的通风环境。

图 30
近年来，出于成本考虑，省略包装的散装大宗运输已愈发流行。

卸载与储存：可可豆抵达

汉堡港是仅次于阿姆斯特丹的欧洲第二大可可转运站，在德国国内则是迄今为止毫无争议的第一名。2010 年，约 21.2 万吨可可通过汉堡进入德国，占德国当年可可总进口量的约三分之二。而德国其他通向海外的港口在这方面几乎没有发挥任何作用，比如不来梅在同年仅处理了 4000 吨可可进口业务。[6] 鉴于如此低的进口量，人们不禁疑惑：为什么仍有可可在这座港口吞吐？这是因为在过去的 150 年中，这座城市及周边地区建立了许多巧克力工厂，比如由约瑟夫·埃米尔·哈什（Joseph Emil Hachez）和古斯塔夫·林德（Gustav Linde）于 1890 年创立的"哈骑仕"。哈骑仕等巧克力公司的需求确保了在未来的一段时间内仍会有可可通过不来梅进入德国。

可可豆抵达位于欧洲的目的港后，首先要进行的是检查和仓储。人们会对可可豆进行取样以检查质量在运输过程中是否受到了影响。其中一项重要的标准是可可豆的含水量，豆子抵达卸货港时的含水量应略高于6%，这样才能避免其在之后的储存过程中发生损耗。由于可可豆可能还要经历更长时间的再次运输，因此在目的港储存可可的环境需要尽可能的阴凉干燥。此外，虫害也是储存期间的潜在风险之一。

汉堡港负责卸载、仓储和运输可可豆的公司被称为"货检公司（Quartiersmannunternehmen）"①。过去的货检员通常在"仓库城（Speicherstadt）"②的仓库中工作，他们在那里需要用滑轮费力地将装满可可的麻袋拉上楼。这项工作有着很高的体力要求，通常由四个人合作完成，这就是"Quartiersmann"一词的来源（"quartus"在拉丁语中意为"四"）。如今，货检员的工作通常在平地上的现代化仓库中进行，相关工具也由滑轮改为起重机、挖掘机和传送带等现代化机械。科特雷有限两合公司（H. D. Cotterell GmbH & Co. KG）是汉堡最为古老的货检公司之一，

---

① "Quartiersmann"在德国为汉堡的独有职业名，其他港口的相同职业通常被称为"Küper"。该职业的由来可追溯至17世纪。货检员除了搬运货物，还要负责检查咖啡、茶、可可和香料等高级贸易品的品质，并代表商家进行分类、贴标签和储存等工作。

② 系位于汉堡港内的"自由区"，转运货物免税。虽始建于1883年，但建造工程持续至1927年才基本确定了今日的规模。2015年，联合国教育、科学及文化组织正式将其列为世界遗产。而为了港口和城市的发展，汉堡已于2013年放弃了自身125年历史的自由港地位，取而代之的是，整个汉堡港适用于欧盟对报关港的一系列规定。

图31

科特雷有限两合公司是汉堡最为古老的货检公司之一,其从1890年起一直在开展可可豆的卸载、仓储和再运输业务。

成立于1890年。(见图31)该公司不仅设有储存可可的专门仓库(见图32),还拥有可可豆专用清洁装置并运营相关业务。此外,自2010年4月起,科特雷有限两合公司还设置了可可液块熔化装置。这一装置可以将可可液块熔化成液状再输送给巧克力产业。这样一来,相关工厂就可以省略可可液块的预处理环节,直接将可可液加工成巧克力或其他含可可的产品了。截至2012年,科特雷有限两合公司拥有约60名员工,每年可以加工数万吨可可。[7]

码头工人运输和搬运可可袋时会使用多种工具,麻袋钩[Sackhaken,在低地德语中被称为"抓器(Griepen)"]是其中最为重要的一种。这种工具的构造是将两个弯曲成爪状的金属钩固定在木制柄上,人们用它可以轻松快捷地钩取可可袋。一般来说,每名码头工人都拥有一柄专属的"抓器"。[8]在汉堡的仓库,可可

图32

可可豆在汉堡港的仓库中会被储存一年甚至更长的时间,以便巧克力制造商在价格和供应波动中取得平衡。

会被储存在由黄麻或剑麻制成的袋子中。这种麻袋非常合适,因为麻纤维会吸收水分从而控制可可豆的湿度。但要格外注意的是,不能使用经矿物油(Mineralöl)处理过的麻袋,虽然这也时有发生,但可想而知,它会致使可可豆的品质下降。除袋装储存外,散装储存也非常普遍,人们会将豆子松散地堆成巨大的一堆。

可可豆经常在仓库里被储存长达一年,因为巧克力制造商要利用这种建立储备的方式平衡价格波动或供应波动可能导致的损失。不过也有传言说,有些豆子已被储存了超过二十年。[9] 虽然长时间的储存是可以实现的,但这会导致可可豆中的挥发性香气物质流失——这在高品质可可上尤为明显。可可豆对储存环境的要求与对运输环境一样苛刻。储存空间不仅必须保持干燥,还必须远离其他具有强烈气味的货物,比如胡椒和棕榈仁,因为可可豆往往会吸收这些味道。

可可贸易公司、货检公司和其他所有参与贸易活动的公司都是可可生豆贸易公司协会（Verein der am Rohkakaohandel beteiligten Firmen e.V.）的一分子。该组织成立于1911年，初用名为"可可贸易商协会（Verein der Cacaohändler）"。可可贸易商试图通过这种方式巩固自己在巧克力行业中较为强大的地位。可可生豆贸易公司协会目前有32家成员公司，除了典型的可可贸易公司外，其还包括在可可行业中提供其他服务的公司，比如运输和保险公司。该组织有一项特别的活动"可可晚宴（Cocoa-Dinner）"，自1952年以来每四年举办一次；一般来说，来自商界、政界和行政部门的约250名代表会齐聚一堂。这一定期聚会的宗旨是信息交换与经验交流，同时也是建立和巩固相关方相互关系的一个好机会。[10]

检测台上：优质的可可生豆

从种植园到巧克力工厂，可可在旅程的各个环节都会经历反复的质量检查。完成发酵和干燥后不久，可可豆就会在种植国接受初步检查；转售的中间商也会检查豆子的质量；而就终端客户而言，确认豆子的实际品质与采购合同中约定的质量是否一致更是重中之重——要达成这种一致，它们必须完美地完成发酵、干燥和运输环节。

在汉堡港，人们会从各可可袋中随机抽取可可豆样本进行检查。这项工作需要使用采样器，即一种可以插入可可袋的尖锐金属管。其会在可可袋上形成一个开口，可可豆便会顺着开口流入采样器。拔出采样器后，可可袋上的开口会自行闭合。工作人员在质量检查的过程中会对可可豆的内部特性和外部特征进行评估，并确认豆子的重量和尺寸，如有必要还会进行化学分析。实际上，仅观察外部特征即可对豆子的质量进行初步评估，颜色在这里非常重要，因为豆子的颜色决定了巧克力或其他含可可产品的外观。当然，加工过程也可以影响豆子的颜色，但总体而言这种方式更加复杂也更加昂贵。举例来说，喀麦隆的可可豆颜色偏红，东南亚的可可豆则偏橙。除颜色以外，可可豆的尺寸也很重要，如果一批豆子的大小比较均一，后续的机械加工就会相对较为容易。接着要通过切割检测检查可可豆的内部状况。（见图33）这一步骤需要使用特殊的切割装置。从内部颜色——石板色、紫罗兰色、紫褐色和褐色——不同的豆子占比可以分析出一批可可豆的发酵程度与产地来源。如果石板色和紫罗兰色的豆子占比过高就说明发酵不足，采购方据此可以拒绝收货或协议降价。通常来说，可可豆的含水量也是需要测定的，数值如果太高的话，质量也不合格。[11]

对巧克力制造商来说，每年获得品质尽可能高的可可豆至关重要。但即便是同一生产国生产的可可，不同收获年之间的品质差异也可能非常大。最常见的问题是因干燥环节被过早地执行或执行不当而致使霉菌生长加快。未经发酵或者发酵不充分也会对豆子的质量产生负面影响。此外，国际市场的价格波动或生产国的政治变化也可能导致可可的品质下降。实际上，来自发生危机地区的低质量可可豆被运往其他国家，进而混入那里的优质可可豆一同售卖的情况时有发生。[12] 其结果可能使得某一种植区内的商品整体质量显著恶化。通常来说，在低品质的可可批次中，未经发酵的石板色可可豆和发酵不足的紫罗兰色可可豆的比例相对较高。但某些巧克力制造商对这些豆子却

图 33

加纳卓越可可农联盟以切割检测的方式进行质量检查，从可可豆内部的颜色可以看出其产地来源和发酵程度。

格外感兴趣，因为在未经发酵或发酵不足的可可豆中，"多酚（Polyphenol）"的占比会更高，其对生产功能性巧克力产品是理想的原材料。据说这些特殊产品中额外富含对人体健康有益的物质。[13]

依据可可豆在后续工序中用途的需要，人们还可能对其作各种各样进一步的检测，如检测脂肪含量、脂肪硬度、游离脂肪酸含量或脂肪的熔点等。根据游离脂肪酸含量和脂肪的熔点，人们可以推测出有关可可豆生长的气候环境方面的信息。此外，如果曾被病害、害虫或霉菌影响，可可豆在发酵后会拥有较健康可可豆更高的游离脂肪酸含量。[14]

除一般要求外，不同巧克力制造商对可可豆的具体质量要求往往有着很大差异。可能一家制造商会接受未发酵的苦味浓厚的可可,但另一家则不会。此外,不同制造商对可可生豆潜藏的香气所作的评价也大为不同。一般来说,巧克力制造商都会研发自己独创的"香气风味轮(Aroma-Test-Panel)"。比如厄瓜多尔的阿里巴可可的香气一般会被评价为花香和果香,而"爪哇可可(Java-Kakao)"则具有更温和且略带坚果味的香气。但香气评价所针对的更多是成品或半成品的可可生豆,因为只有经过烘焙,可可的香气才能充分发挥,其根源是可可豆在干燥和发酵过程中产生的香气前体。截至目前,已知的可可香气有400余种且不断有新的香味被发现。然而就大部分巧克力产品而言,香气并没有那么重要,巧克力行业普遍认为产品只要拥有水准线以上的香气就足够了。通常而言,只有制作精品巧克力才会去追求特殊的香气,而这部分产品的市场份额虽然在近年已有较明显的增长,但总体占比仍旧很低。

小农户与大集团:国际可可市场

全球可可产量自1960年代以来几乎一直在持续增长,并在2007年8月的收获季创下了374万吨的新纪录,相较2006年上涨了超过9%。而且由于当年被加工的可可比可可产量还要高,人们不得不消耗前一年的全球可可库存以填补空缺。到了2008年底,加工可可的产出约为156万吨。[15] 因国际金融和经济危机,可可产量在2008年9月的收获季第一次出现了小幅下滑,该季全球可可产量共360.4万吨。[16] 然而可以想见,这种下滑趋势很快就会被逆转。

近几十年,大部分的可可收获都来自西非。目前,该地区的产量约占全球总产量的70%。这使得非洲在国际市场中占据的份额得以保持在较高水平，直到1990年代，其占比仍保持在54%左右；相应的，亚洲及大洋洲可可产区的国际市场份额略有下降，即时占比约为16.5%；拉丁美洲的可可占比则约为13.5%。[17]就非洲国家而言，可可豆出口是极为重要的财政来源，尤其在1960年代至1980年代更是如此。但可可的重要性也是从那时开始逐渐下降的，其受依赖程度部分地被石油等其他原材料所取代。尽管如此，可可仍是一些西非国家出口经济的重要支柱。比如科特迪瓦，其2003年的可可销售收入仍占总收入的15%左右，并且约有70万人受雇于可可种植业。[18]

在过往的岁月里，可可一次又一次以一种极为消极的方式证明了其作为财政来源的重要作用。联合国临时委员会在2005年11月披露，科特迪瓦约20%的军事预算是由该国的可可出口提供的，而相关部门则长年向农民索取约20%的可可销售收入。此外，农民还必须缴纳额外的税款以及关税甚至是民兵部队的路障设置费。

2009年的一份联合国研究报告还指出，可可贸易的大部分收入都被政府和叛乱者滥用于己方的"非公开目的"，而被用于公共事业预算的只有收入中的很小一部分。[19]此外，由于加纳可可的质量更好且价格更高，以科特迪瓦可可冒充前者进行销售的现象也一再发生。从科特迪瓦最近的冲突①来看，可可收入显然对于军事冲突具有重要的资助作用。2011年1月，在国际上被广

---

① 2002~2004年的科特迪瓦革命战争结束以后，经过六次延期，该国终于举行了新一届的总统选举。时任总统洛朗·巴博（Laurent Gbagbo）和前总理阿拉萨内·瓦塔拉（Alassane Ouattara）各自坚持自己胜选，分别宣誓就任总统，使科特迪瓦发生持续四个多月的大规模武装冲突，导致约3000人死亡，超过100万人流离失所。

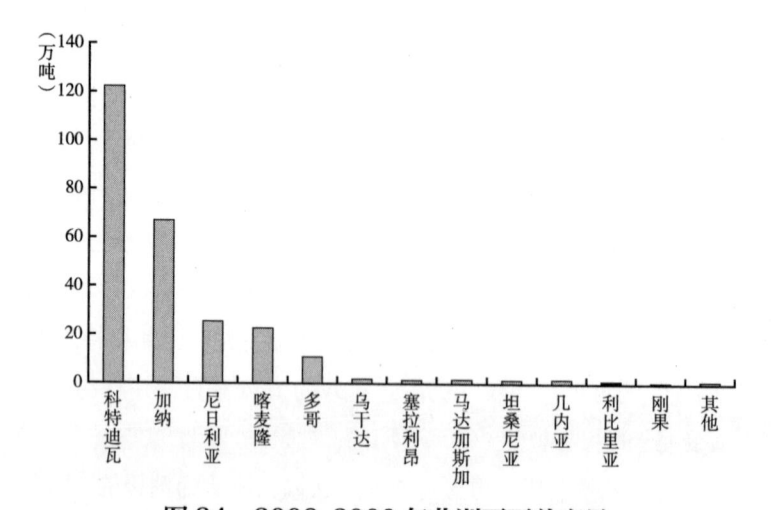

图 34　2008~2009 年非洲可可总产量
资料来源：可可生豆贸易公司协会，www.kakaoverein.de。

泛认可的科特迪瓦总统阿拉萨内·德拉马内·瓦塔拉（Alassane Dramane Ouattara）颁布了可可出口禁令，试图以此切断竞争对手洛朗·巴博（Laurent Gbagbo）的这项重要收入来源。[20]

三十多年来，科特迪瓦一直是世界上最大的可可生产国，[21] 2008 年 9 月收获季的可可产量超过了 122.3 万吨。（见图 34）其与加纳的产量之和占全球可可总产量的一半以上。印度尼西亚是亚洲最为重要的可可生产国，其年产量为 49 万吨，在全球位居第三。排名第六的是巴西，其为拉丁美洲最大的可可生产国，产量为 15.7 万吨。

每年，全球收获的大部分可可均被销往了西方工业国。由于巧克力消费年年增长，可可的消费量也在节节攀升。同可可的生产与出口集中于数个国家一样，可可的加工和进口也集中在少数几个加工国内。荷兰、美国和德国是传统上世界上最大的几个可可加工国。（见图 35）有趣的是，各发展中国家和新兴国家近年

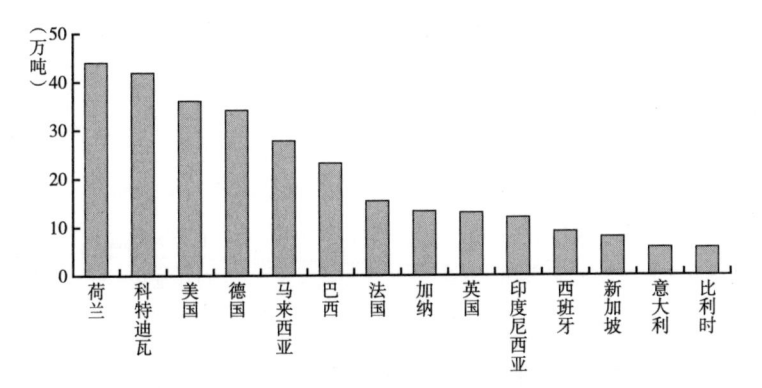

图35　2008~2009年全球主要可可加工国年产量
资料来源：可可生豆贸易公司协会，www.kakaoverein.de。

来也开始建立起本国的可可加工业。比如科特迪瓦可可加工业的年产量就从1992~1993年度的9.5万吨增长到了2008~2009年度的41.9万吨。于是该国超越美国和德国，成为仅次于荷兰的世界第二大可可加工国。未来几年可以预见的是，生产国加工的可可在全球占据的份额将继续增加。推动这一变化的原因主要包括：西方工业国针对半成品可可产品的关税壁垒降低、加工生产成本降低以及亚洲与拉丁美洲市场对巧克力需求的不断增加。在这一背景下，对从事加工业的大型集团来说，直接在可可生产国进行投资显然是值得的。还有更多的新厂房即将在不久的将来建成。上述种种似乎意味着僵化的世界贸易体系有所放松——至少对科特迪瓦来说是这样的。于是，传统生产国科特迪瓦将不再局限于生产原材料，而是进一步试图在半成品市场中分一杯羹。其他生产国是否也会采取类似的举措呢？这固然令人兴奋，但我们也不应忘记，巧克力制造业仍被牢牢掌握在西方工业国手中。

如前所述，全球每年产出的可可大部分是由小农种植的。然而，小农很难直接出现在国际市场上，因为他们的收获都卖给了中间商。在这一点上，可可不同于其他许多在大型种植园中种植的热带作物，如甘蔗、咖啡或茶。在西非，种植可可的大型种植园一直是种异类。即便它们曾经存在过，但也在第二次世界大战后消失殆尽了。另外，可可的营销早已被数家大型贸易公司掌控，这就意味着小农始终很难从它们那里争取到自己的利益。于是，他们开始尝试一些新的可能性，即组建合作社型采购组织或在消费国建立直销业务。接着，冲突不断爆发，贸易公司的商业行为也遭到了抵制。冲突的高潮于1930年代在西非的可可生产国中发生。[22]

二战结束以后，加纳和尼日利亚等西非国家成立了所谓的"营销委员会"。他们收购小农的收成，设定价格和出口额，并通过提供技术咨询、杀虫剂和杀菌剂以及发放贷款等方式支持可可种植者。尽管营销委员会的确为可可种植者提供了一些帮助，但其最为显著的特点还是管理不善和腐败。后来，世界银行等组织向这些国家施压，迫使其可可营销复归自由化。[23]但营销委员会被取消后，两个核心问题又浮现出来：一是可可农必须自行与可可贸易商议定售价，但他们无法获得伦敦或纽约可可交易所的价格信息；二是可可农失去了用于购买农药的补贴，于是所有的可可作物现在都将面临比以前更为严重的歉收风险。[24]

可可贸易变化万端，而且有很多不同身份和不同职能的参与者。（见图36）国际可可市场上最为重要的参与者当数可可生产者。生产者包括全家投入可可行业的小农和有能力雇佣佃农与计酬劳工的中大型农业加工厂，以及分布于各个种植区的大型种植园。这些形形色色的生产者各自携带着或多或少的可可参与到国际市场的贸易活动中来。对巧克力制造商来说，最简单的方式是直接从可可农手里购买可可豆。但这往往只有大型巧克力制造

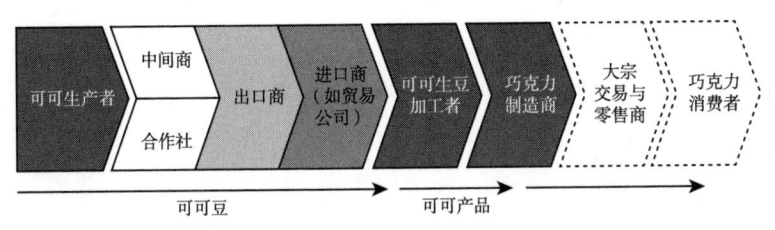

图 36　从小农到消费者：全球可可供应链中的潜在参与者

商与可可加工商能够做到。比如美国的阿彻丹尼尔斯米德兰公司就是后者中的一员，该公司与其他七家公司包揽了全球每年可可产出三分之二的加工工作。[25] 除了这些大型企业，各中小型巧克力制造商也会从产地的生产者手中直接购买可可。奥地利的珍得巧克力工厂有限公司就是其中之一，他们使用的部分可可豆就是从尼加拉瓜的可可农手里直接采购的。但一般来说，可可还是要经由一系列贸易商、投机商和经纪人才能从生产者流向巧克力制造商。

　　可可市场中的采购与销售通常有两种模式。最简便的交易方式是现金交易，即一方交付一定数量的可可，另一方立即支付约定的金额。较为复杂的是在商品期货交易市场结算的期货交易。人们在该模式下不仅交易当前已收获的可可，还会交易第二年和第三年将要收获的可可，[26] 这其中可能蕴含着很高的风险。就可可贸易的每位参与者而言，可可都是一件棘手的商品，其供货量会受到许多因素的影响。其中最为重要的因素是气候波动、可可病害以及难以确定的政治环境。特别是全球最大的可可生产国科特迪瓦的政治局势的任何风吹草动都会对可可价格产生巨大的冲击。该国 2002 年 9 月的政变在很短的时间内便将可可价格推到了 17 年来的最高点。其在 2010 年爆发并延续至今的冲突也带来了一系列的后果。鉴于政局持续动荡，可可行业内加工与出口商领军者阿彻丹尼尔斯米德兰公司于2011年春关闭了其位于科特迪瓦的可可加工设施，而因出口禁令无法交付的可可则多达47.5万吨。[27]原则上，其他原材料的价格也会受到政治局势的影响，但一般来说，可可价格的波动要剧烈得多。

刺激的游戏：期货交易中的可可豆

农产品的生产受不利天气条件或病虫害的影响很大，所以其价格总会发生较大的波动，这种波动依赖于供求关系。如果总体收成较好，供应量增大，作物的价格便有可能大幅下降，那么农民便会感到自己的付出没有得到等价的回报。为了防范农产品特有的价格风险，人们早在中世纪便开始针对此类商品签订期货合约。买家在收获前很久便会承诺以一定的价格采购一定数量的产品。这意味着双方接下来会以一个提前估算的价格成交。卖方既不会再因可能的价格下跌蒙受损失，也不再能从可能的价格上涨中受益。商品期货交易市场出现后，人们便开始在固定的地点进行期货交易。第一家此类交易所是1570年于伦敦成立的王家交易所（Royal Exchange），人们会在所内交易金属、木材和谷物。随着1848年芝加哥期货交易所（Chicago Board of Trade）的成立，商品期货交易市场已变得愈发重要。目前，该交易所是世界上成交量最高的商品期货交易市场。

德国的商品期货交易市场也在19世纪的汉堡、马格德堡（Magdeburg）和柏林兴起。然而因过度投机现象和大量欺诈行为频发，这些市场被1896年颁布的《证券交易所法》禁止并逐渐遭到解散。直到二战结束，德国才又一次试图建立新的商品期货交易市场，然而这次尝试也以失败告终。最后一家新成立的商品期货交易市场于1971年关闭。经过很长一段时间的讨论，汉诺威（Hannover）于1996年再次成立了商品期货交易市场，这是德国现存的唯一一家此类交易市场。

伦敦和纽约各坐落着一家可可商品期货交易市场。可可的买卖双方会在其中见面商谈。如果交易达成，卖方便会承诺在未来的某一天以一定价格向买方交付一定数量的可可。这意味着买卖双方可以提前计划，约定好一个合理的价格；考虑到可可市场的不稳定性，这在最初是一种颇具优势的交易方式。但这种情况目前发生了改变。如果可可的价格下跌，卖家便做成了一笔好生意，因为其可以高于市场价的价格售出。反之，如果可可的价格上涨，买家就进行了一笔划算的交易，其可以低于市场价的价格购得可可。然而事实上商品期货交易市场的运作方式比这要复杂得多。一宗商品在其中可被多次售出并转手。于是，令人印象深刻的现象便发生了：可可的成交量会比其实际数量高出许多倍。

近几十年来，可可市场的主要特点是短期价格波动大，长期价格逐步下跌。自1978~1979收获年度至1999~2000收获年度，可可价格下跌了约75%。然而这一形势在最近发生了变化，可可价格伴随仍时有发生的剧烈波动逐渐上涨。2002年，可可的吨价升至超过1800美元，然后于次年下跌超过40%并维持在了这一水平。2007年底，可可价格再次开始上涨，尽管其于2009年出现了一段时间的疲软，但这一涨势一直维持至今，吨价一时超过了3500美元。（见图37、图38）这一增长的主要原因是大型机构投资者为改善收益而将资金从股票债券转移至原材料市场。2008年，可可市场总体受国际金融危机和投机相关原材料的严重影响，不

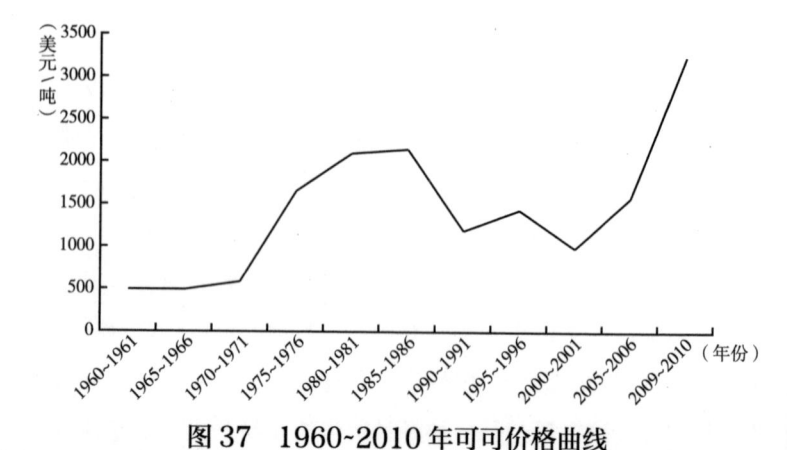

图 37 1960~2010 年可可价格曲线

资料来源：国际可可组织（International Cocoa Oganization）[①]。

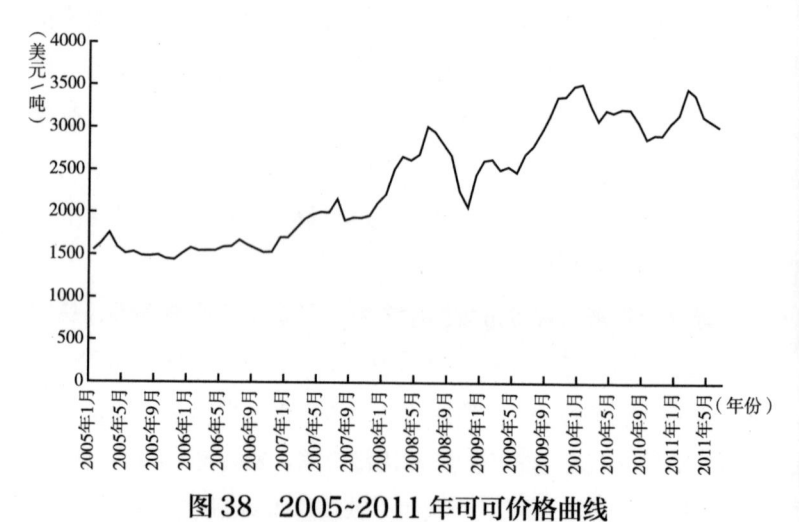

图 38 2005~2011 年可可价格曲线

资料来源：国际可可组织（International Cocoa Oganization）。

---

① 系一家于 1973 年成立的总部位于伦敦的由可可生产国和消费国组成的国际性政府间组织。该组织的最高管理机构是国际可可组织理事会（United Nations International Cocoa Conference），每个成员国派出一位代表在理事会中占据一个席位。

仅价格高企，波动也很剧烈。美国第五大投行贝尔斯登公司（The Bear Stern Company, Inc.）的紧急抛售引发了金融市场的恐慌和原材料市场的获利了结。其结果是可可生豆的价格在四天内下跌了15%，[28] 但随之而来的各生产国收获季的亏损及所致的供应紧张又引起了价格上涨。

基于这些情况，我们还应注意交易市场的可可价格是一个平均价格，在交易中实际支付的价格有时可能会高于或低于该价格。此前，可可尤其是精品可可品种的实际成交价经常明显高于市场交易价。比如伦敦可可市场的交易价格一度高至每吨1000英镑，但当时交易来自加纳的可可豆则需额外支付约100英镑的附加费，而厄瓜多尔可可的成交附加费更是曾高达数百英镑。在某些情况下，买家为可可支付的价格甚至能达到交易市场报价的2~3倍。这种现象说明，目前使用精品可可制作巧克力的趋势已愈演愈烈，这些可可通常来自委内瑞拉和厄瓜多尔等国。尽管近年来可可的产量经常超过其销量，但因需求的急剧增加，在精品可可领域仍会偶尔出现供应瓶颈。

最近，国际可可市场的环境非常严峻，其特点是充斥着投机现象且可可价格相对较高。2010年夏，伦敦交易市场的可可价格升至每吨2720英镑，达到了三十多年以来的最高水平。接着，可可贸易商和加工商集体向交易市场委员会投诉，抱怨交易不透明及"各种异常现象"。他们特别抨击了所谓的"股票囤积（Cornering）"，即投机型投资者在市场中买空以期推高价格的做法。比如对冲基金阿马扎罗在伦敦交易市场买入24万吨可可便是其中一例。事实上，多年来一直有人抱怨可可市场不断增加的投机活动，这种现象在伦敦可可商品期货交易市场尤为明显。相较伦敦，影响力次之的纽约原材料期货交易市场针对可可交易具有更为严格的规定。该交易市场的监管机构每周都会公布个体市场的头寸报告,这揭示了被分配给个体交易者的合约数量。贸易商与加工商向伦敦证券交易所(London Börse)提出了类似的要求。当然,这并不妨碍大型可可贸易商在实物可可交易中获得信息优势,而这种优势使他们得以在为可可定价时占尽先机。比如嘉吉公司在科特迪瓦阿比让(Abidjan)的每座仓库都安插了一名雇员,其专门负责向总公司报告可可入库储存与出库交付的情况。有的公司还会计算竞争对手集装箱挂车的出入次数,并以此为据估算其原材料的供应量。阿马扎罗则经营着自己的气象站,以便更好地评估作物的生长状况。[29]

缓慢发展的公平贸易

1960年代,可可出口国与进口国首次严肃考虑在彼此间建立关于可可事务的国际协定。其动因是当时可可价格频发较强的波动,以及许多非洲国家对可可的严重依赖。西非的加纳便是其中一例。

在英国的殖民统治下,加纳以牺牲其他农产品的生产为代价大肆扩张了可可种植面积。1960年代,该国的可可产量已增至超过56万吨,是全球当时最大的可可生产国。虽然越来越多的加纳小农开始种植可可,但因其他西非国家的产量也在增长,可可的价格相应开始下降。为应对这种变化,所有可可生产国的政府都或多或少地开始支持可可生产,希望通过增加产量来弥补价格下跌带来的损失。于是,这些国家的人们对可可的依赖日渐加深。1980年代中期,加纳外汇收入的约七成都来自可可出口。但最严重的问题仍是价格在短期内的快速波动所致的收入不确定性与波动性。1960年，加纳从可可出口中获得了约1.86亿美元的收入；1980年，这一数字为约7亿美元；1985年为约3.66亿美元；最后，1987年为约4.17亿美元。在收入如此不稳定的情况下，政府想进行实在有效的预算规划显然是不可能的。[30]

这种情况不仅在加纳发生，其原则上也适用于所有可可生产国。面对如此困难的局面，首份《国际可可协定》（Internationales Kakaoabkommen）于1972年缔结。除美国与科特迪瓦外的大部分生产国与消费国都加入了这项协定。该协定的核心是建立"出口配额体系（Exportquotensystem）"和"缓冲库存（Ausgleichslager）"，该库存在可可价格偏离一定范围时应起到补偿支付购买量或销售量的作用。这两项措施理论上可以保持可可价格的相对稳定。1972年，可可价格大幅上涨，但当时缓冲库存尚未存够余量，因而未能充分发挥应有的作用。由于该协定在签订之初就未能顺利生效，于是1975年各国又签署了第二份《国际可可协定》，其中放宽了触发缓冲库存机制的可可价格区间。尔后，又有多份协定被签署，但它们均未能实际生效。2010年6月，第七份也是最后一份《国际可可协定》获得通过，其已于2012年正式生效，约定的最初有效期为十年。相关内容则参照了之前的两份协定，仅包含推动国际合作或普遍促进成员国发展可可产业等一般性措施。该协定的主要目的是支持小农农业并提高可可的总体质量。

为了尽量减少可可价格的波动并确保最低价格，除国家层面进行的监管贸易的尝试，私人层面也推动了相应的举措。"公平贸易倡议"活动源于荷兰。1969年发展合作基金会（Stichting Ontwikkelingssamenwerking, S.O.S）在荷兰成立，该组织会帮助发展中国家出口商品到荷兰，以便其商品能够卖出更好的价格。世界银行于1969年发布了一份关于"发展援助（Entwicklungshilfe）"造成影响的《皮尔逊报告》（Der Pearson-Bericht）[1]——这在德国，尤其是在德国天主教组织内部引起了广泛的讨论。接着一些委员会在德国成立，它们通过与荷兰的发展合作基金会接触，从而打开了"第三世界商店（Dritte-Welt-Laden）"的窗口，使第三世界国家可以直接在德国销售商品。

这些委员会后来与发展合作基金会出现了分歧，于是1970年代初处理相关事务的独立组织便在德国出现了，如"促进与第三世界伙伴关系公司（Gesellschaft zur Förderung der Partnerschaft mit der Dritten Welt mbH / GEPA – The Fair Trade Company）"[2]就是

---

[1] 1969年，世界银行邀请诺贝尔奖和平奖获得者暨加拿大前总理莱斯特·鲍尔斯·"迈克"·皮尔逊（Lester Bowles "Mike" Pearson）针对截至1968年的二十年内的世界银行发展援助政策效果进行调查。"发展援助"指以促进发展中国家发展为目的的国际实物资源或资金转移，一般由发达国家提供。《皮尔逊报告》评估了近二十年间发展援助政策的成果，并针对进一步的发展援助提出了建议。报告称，发达国家进行发展援助主要是为了追求其自身在国外的政治与经济利益，所以发展援助事实上是掌握在给予国手中的工具。这份报告引发了世界范围内的广泛讨论，对1970年后发展援助政策的变化产生了重大影响。

[2] 系欧洲最大的另类贸易组织。该组织表示希望通过推进公平贸易，尤其是与南方国家的公平贸易来改善在国际贸易中处于不利地位人们的生活条件，而这种不利地位往往由其所在国的经济社会结构或世界经济区域性结构所致。其所谓的"公平贸易关系"包括但不限于：开展与贸易目标的对话；为贸易支付更为公平的价格；根据目标的要求提供预先融资，如用于购买种子；维系长期贸易关系；提供产品研发与出口加工咨询；推广有机农业。

其中之一。该组织于1975年成立，是目前欧洲最大的公平贸易组织。[31] 其现由多个教会组织运营，旨在通过公平贸易支持南方国家处于弱势的生产者，不仅帮助他们将产品的售价卖得更高，还要帮助他们建立长期稳定的贸易关系。与许多公平贸易组织一样，其运营的第一项产品也是咖啡，目前已有很多产品被纳入该组织公平贸易的范围。如今其与来自非洲、拉丁美洲、亚洲及欧洲约40个国家的170家合作社、营销组织或热心奉献的私营公司建立了合作关系。购自这些组织的各式原材料被运往德国并最终被加工成成品；间或也会有一些商品运抵德国时就是成品，比如香蕉或足球。

在"促进与第三世界伙伴关系公司"框架下生产可可和巧克力所需的原材料来自各个合作社：可可豆来自科特迪瓦的达洛亚卡沃基瓦农业合作社和多米尼加共和国的农业合作公司；制作巧克力的所有甘蔗糖都来自菲律宾的合作社"另类贸易（Altertrade）"。巧克力的制作地点则是在德国。目前，该组织能够提供的可可和巧克力品类丰富，所有巧克力产品均未添加大豆卵磷脂，因为其原材料大豆存在被转基因的可能。在制作巧克力的过程中，人们需要添加卵磷脂充当乳化剂，以便巧克力中的脂肪和水分能更易于相互融合。此外，尽管欧盟允许在巧克力中使用更为廉价的代可可脂，但"促进与第三世界伙伴关系公司"的巧克力仅使用天然可可脂。

在过去几年，该组织成果斐然。这主要是因消费者对食品生产背景的认识在不断增强。2009~2010财年，其销售额超过5400万欧元。目前来看，该组织的甜食部门非常成功，在刚刚结束的2010~2011财年，其巧克力排块生意的销售额增长超过了24%。这一成绩主要应归功于所推出的新巧克力系列产品以及圣诞节限定产品"巧克力主教（Schokoladenbischöfe）"①的成功。尽管如此，"促进与第三世界伙伴关系公司"目前仍陷于咖啡豆原材料价格飙升所带来的影响中，不得不通过提价、关闭工厂和裁员来应对这一问题。毕竟，不论巧克力业务如何增长，咖啡的销售额仍占其总销售的50%左右。除了这些短期内的经营状况变化，虽然德国在公平贸易领域取得了巨大成功，但长远来看，其水平较英国或荷兰等欧洲国家还相去甚远。在英国，2009年3月巧克力制造商吉百利股份有限公司甚至宣布在十年内其会将所有巧克力生产所用的可可原材料替换成公平贸易可可。这是国际大型巧克力公司首次承诺全面转化其巧克力生产模式并以之促进可持续的可可种植业。[32]

奥地利的珍得巧克力工厂有限公司也是一家公平贸易巧克力制造商，尽管其生产规模远远不及吉百利，但多年来其在德国市场也取得了优异的成绩。约瑟夫·措特于1999年创立了这家公司。自创业之初，他就专注于钻研与众不同且极具异域风情的巧克力品类。[33] 这里的巧克力主要依靠手工，即采取所谓的"手作工艺（Handschöpfungsverfahren）"。制作者不会如普通做法一般将巧克力浆倒入模具成型，而是会将其层层堆积再分成小份。叠层的过程全部采用手工浇淋。（见图39）该公司位于里格斯贝格（Riegersburg）的巧克力工厂拥有100名员工，他们每年可生产约460吨巧克力。珍得目前有180种不同的巧克力品类。约瑟夫·措特只使用来自厄瓜多尔、秘鲁、多米尼加共和国和尼加拉瓜的优

---

① 系一种以基督教圣徒圣尼古拉（Saint Nicholas）的形象为样本制造的造型巧克力，是德国由来已久的传统糖果样式。相传圣尼古拉乐善好施，经常赠予他人礼物，后来成为圣诞老人的原型之一。

图39

珍得公司所有人约瑟夫·措特正在浇淋可可。这家奥地利巧克力制造商仅使用经有机种植的公平贸易原材料。

质可可制作巧克力，其可可与糖100%使用公平贸易原材料，并且全部原材料均经有机农业方式种植。

1992年，非营利性组织"公平交易——促进与'第三世界'公平贸易协会（TransFair – Verein zur Förderung des Fairen Handels mit der »Dritten Welt« e.V.）"成立。该协会的宗旨是支持非洲、亚洲和拉丁美洲处于弱势的生产者家庭，并通过公平贸易改善他们的工作和生活条件。其目前得到了36个成员组织的支持，这些组织涉及发展援助、教会、环境保护、社会福利工作、消费者保护、合作社和教育等领域。

公平贸易认证标准

以下标准适用于合作社或种植园，符合标准者可被纳入公平贸易生产者名录并获得"国际公平贸易认证标章"。

1. 合作社

①独立且接受民主监督。公平贸易额外收益的目标

和用途由其成员共同决定。

②管理与行政透明。

③受雇佣的劳动者必须能够分享公平贸易带来的收益，并且其境遇必须符合最低社会标准。

2. 种植园

①独立且具有独立的农业劳动者代表，并且该代表可作为公平贸易总会、国际公平贸易标签组织的持久联系人。

②所有成员均有权组织工会并就工资、福利和工作条件进行集体谈判。

③如何使用参与公平贸易的额外收益及与之相关的额外收益，应由工会或工人组织决定。

3. 最低社会标准

①废除强迫劳动与剥削性童工（未满14岁的工人）。

②有权享有安全且不危害健康的工作条件。

③同工同酬。

④不存在基于性别、种族、宗教或政治立场的歧视。

4. 最低生态标准

①作物间种（混合种植）。

②保护高生态价值的生态系统。

③担负责任防止水土流失与土壤侵蚀。

④以生物性植物保护手段与有机肥料逐步替代农药与矿物肥。

⑤持续推行生态保护培训。

可可贸易商与巧克力制造商若希望其产品获得"国际公平贸易认证标章",则相关产品必须满足以下标准。

1. 进口商与经销商

①从经认证的生产者团体处直接购买可可与糖。

②每吨可可的最低收购价为2000美元,收购参与社会项目的可可需在该基础上提高200美元,收购有机认证可可则需在该基础上提高300美元。

③为收获提供预融资。

④建立长期的供应关系。

2. 巧克力制造商

对于国际公平贸易标签组织认证的产品,其所有原材料均必须100%来自公平贸易。这些原材料在产品重量中的占比必须超过51%。

与之前提到的其他组织不同,"公平交易——促进与'第三世界'公平贸易协会"本身不生产包括巧克力在内的任何商品。其只负责向遵守公平贸易认证标准的生产者、进口商、加工商、贸易商或巧克力制造商授予所谓的"国际公平贸易人证标章"。其宗旨是帮助消费者在购买时识别公平贸易产品。前述两家巧克力制造商承诺遵守相关标准,因而获得了"国际公平贸易认证标章"。该协会则会定期检查其是否仍然符合标准。

公平贸易提出的认证标准特别规定了承诺最低收购价、提供收获前预融资以及建立长期供应关系等内容。收购在可供监督的有机种植条件下收获的可可则需要额外支付附加费。国际公平贸易标签组织试图通过制定标准、授予认证标章及开展具针对性公共关系的工作等方式，使发展中国家的生产者进入西方工业国家的市场，进而帮助他们规避所处的严重劣势地位——因为这一地位是当今世界市场的结构导致的。

尽管公平贸易认证标准为可可种植者提供了机会与收益，但其中仍存在一些引发批评的问题。例如，人们普遍认为该组织在将农民引入其标准体系和在日后进行审查工作时均没有充分考虑到农民生活状况的一些重要方面——许多可可种植者仍是文盲，让他们把控多达 200 个关键点以遵守公平贸易认证标准是非常困难的。此外，公平贸易项目只与合作社展开合作，而许多西非的可可种植者并没有组建或参与合作社组织。这对公平贸易认证标准的广泛应用造成了阻碍。最后，纳入该标准的相关成本是由可可种植者承担的，于是他们需要独自承担随之而来的全部风险。只要公平贸易可可的价格明显高于传统可可，那么这一切都不是问题。然而，两种可可目前的价格已趋持平。[34]

2011 年，参与可可贸易的生产者、贸易商、制造商和国际公平贸易的代理人正在就公平贸易认证标准的进一步修订进行谈判。谈判的核心问题是最低收购价和附加费的标准。而要确定这些价格标准，首先要确定可可的生产成本。这一谈判的结果将在 2011 年内公布。

目前得到"公平交易——促进与'第三世界'公平贸易协会"授权的合作商有 150 多家，它们提供了约 1000 种产品，从咖啡、茶和巧克力到香蕉和果汁，再到球类运动用品和玫瑰。这些产品被销往6000个团体、800家"世界商店（Weltladen）"①和30000家超市。2009年是该协会历史上最为成功的一年，其产品的年销售额高达2.67亿欧元，比上年增长26%。其中销售额最高的产品类别是咖啡、鲜花和热带水果。一段时间以来，生态认证产品的重要性日渐突显，目前其在"公平交易——促进与'第三世界'公平贸易协会"全部品类中的占比已近70%。[35]

---

① 1973年，德国开设了第一家公平贸易商店"Dritte-Welt-Laden"（第三世界商店）。自1990年代起，德国广泛使用"世界商店"的称呼来统一全国范围内的类似机构名称。这类机构的宗旨是促进南方与北方国家间的公平贸易关系，业务内容则包括通过实体店铺及线上方式销售公平贸易产品、参与政治运动以及提供与公平贸易相关的信息和教育。目前，其已成为德语区国家公平贸易运动的象征。而世界上首家公平贸易商店则要追溯至1969年荷兰布雷达（Breda）的"紧急公平贸易（S.O.S. Wereldhandel）"。

第 5 章　从可可到巧克力

珍贵的甜品原料

春天的复活节兔子、冬天的圣诞老人、春冬间怪怪的巧克力排块，还有时不时就冒出来的"帕林内（Praline）"①——平均每个德国人每年要吃掉超过 9 公斤的巧克力和巧克力制品。于是，德国的人均巧克力消费量达到了世界第五——瑞士则以人均 11 公斤的消费量稳居第一。（见图 40）近年来，德国市场新出现的巧克力产品种类超过了历史上的任何一段时期。制造商不断以新鲜的点子和离奇的创意相互竞争。但其结果往往令消费者感到困惑：几年前超市还只供应 4 种品类，现在的货架上却摆着 90 多种不同类型的巧克力。当消费者在巧克力排块的包装上看到"种植园巧克力（Plantagenschokolade）"或"手作巧克力（handgeschöpfte Schokolade）"等字样时，要理解它们需要具备大量的专业知识。在更加详细地讨论这些术语前，笔者想先谈谈巧克力制造的基础知识。

在德国，巧克力的成分、生产和销售均受到各种法律和法规的明确监管。其中最为重要的是《可可和巧克力产品条例》（Verordnung über Kakao- und Schokoladenerzeugnisse），即所谓的《可可条例》（Kakaoverordnung）"[1]，其当前版本的签署日期是

---

① 也称"果仁糖"，是一种装饰精美的含焦糖坚果馅的夹心巧克力。其内馅形式众多，如酒心、坚果酱、牛轧糖及水果软糖等。其中最为重要的要属甘纳许，即任何液体，如淡奶油、果茸或牛奶等与巧克力融合而成的质地丝滑的浆体。

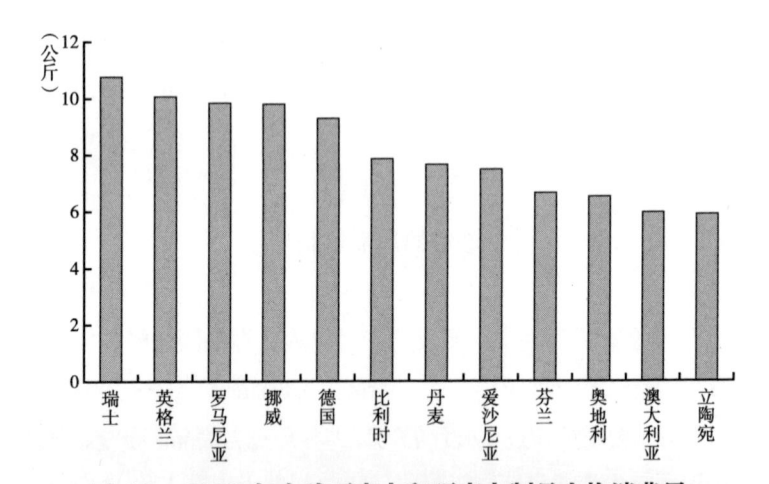

图 40　2008 年全球巧克力和巧克力制品人均消费量

资料来源：德国糖果工业联邦协会（Bundesverband der Deutschen Süßwarenindustrie，BDSI）。

2003 年 12 月 15 日。这份条例规定了"巧克力（Schokolade）"一词的含义、不同类型的巧克力必须含有哪些成分以及这些成分的最低含量。一件产品要被称作巧克力，有两种必需成分，即可可与糖。只要在一家品类丰富的糖果店中仔细观察货架，人们便会发现：实际上有的巧克力"仅"含有这两种被作为最基本成分要求的物质。在一些比较极端的例子中，还可以看到由 99% 的可可和 1% 的糖组成的巧克力。尽管对大多数人来说，这种产品不那么容易适应，但它仍然拥有自己的拥趸。相应包装上则会印有制造商的警示语：如果您不习惯该产品，一次咬得太大口可能导致恶心。[2] 除对巧克力的含义作了定义，《可可条例》还列出了各种除非在非常具体的例外情况下，否则禁止添加的原材料物质。例如被磨碎的谷物，它曾是非常常见的添加物，可以增加巧克力的体积并减少昂贵的可可的使用量。根据《可可条例》，任何模拟巧克力或牛奶口味的人造香料也是被禁止的。那么，一块巧克力排块都含有哪些成分呢?

制作巧克力最重要的成分是可可,笔者在第4章中已明确指出了要获得一份优秀的可可所面临的困难。如果运输不当或储存不当,其品质可能会受到很大的影响,这当然也将进一步影响到最终产品。不同可可豆的味道和品质差异显著。巧克力制造商经常将几种不同品种的可可混合起来,从而调配出其巧克力产品所需要的味道或某种典型的香气。在巧克力行业中,依据品种可以将可可分为"精品可可"和"商业可可"。具体到哪些品种可被称为"精品可可",在由生产国与消费国签署的《国际可可协定》中有着明确的规定。[3] 当一块巧克力中含有至少40%的精品可可,它就会被称为"精品巧克力"。当然,这并不在法律的约束范围内,但其在德国巧克力行业内已被默认为一种普遍做法。[4]

严格来说,可可豆制造出来的并不是巧克力,而是可可液块,即可可豆经过烘焙、去皮和研磨之后的产物。研磨过程中产生的热量会将可可豆变成浓稠的深棕色液块。这就是制作巧克力的前置步骤。然而许多巧克力制造商并不愿生产可可液块,而是会选择从半成品生产商那里直接购买。于是,他们便会逐渐丧失自行生产可可液块的能力,进而完全依赖半成品生产商。精品巧克力的制造商总喜欢强调自己会使用可可豆生产巧克力,这就是指他们会自行生产可可液块。巧克力制造商和消费者都会将这种特质视为重要的品质象征。

制作巧克力时除了可可液块,制造商通常还会添加可可脂。虽然可可液块中也含有这种物质,但额外添加一些会使巧克力中奶油般的口感更加浓厚。可可脂是可可豆中的脂肪物质。许多巧克力品类中都含有它,但其就"白巧克力(Weiße Schokolade)"而言则是主要成分。本章稍后会进一步讨论这一问题。眼下要指出的是可可脂不仅会被用于制作巧克力,还会被当作化妆品中的增稠剂,尤其是制造乳霜和肥皂时常会添加这种物质。可可脂的许多特质都很适合这一用途:比如它能在体温下融化,因此容易被皮肤吸收;还有其不易腐坏,因而不会引起皮肤过敏。长期以来,可可脂除了可以制造化妆品,还常被用于制造栓剂或药物赋形剂。但如今这种用途已较为罕见,人们已开始改用一些成本更低的替代材料。

巧克力中第二重要的成分通常是糖。18世纪以前,巧克力制造仅使用甘蔗糖,直到1747年分析化学的先驱安德烈亚斯·西吉斯蒙德·马格拉夫(Andreas Sigismund Marggraf, 1709~1782)发现了甜菜根的高含糖量,这种情况才发生了改变。目前,人们几乎只会使用甜菜糖制造巧克力,只有少数制造商仍坚持使用甘蔗糖。后者主要包括公平贸易框架下的公司。一是因为这些公司总是试图从发展中国家获取原材料,从而促进它们的经济发展;二是因为"促进与第三世界伙伴关系公司"等巧克力制造商一直强调以甘蔗糖——尤其是以全甘蔗糖——制造的巧克力在口味上会具有优势。它们声称甘蔗糖除了具有甜度,还含有大量的"单糖(Einfachzucker)"① 及各种有机成分,所以其味道会更加浓郁。[5]但也正是这种特殊的味道使各种巧克力排块在产品服务检测基金会(Stiftung Warentest)② 进行评测时遭到了批评,评测报告称这种

① 指不能再被简单水解成更小糖类分子的糖。自然界中含量最丰富的单糖是五碳糖(核糖、木糖等)和六碳糖(葡萄糖、果糖等)。
② 系一家于1964年成立的总部位于德国柏林的非营利性消费者组织。该基金会致力于以公正的方式调查和比较产品和服务,并就实用性、功能性和环境影响等方面作出比较,以对消费者进行教育。因知名度较高,对德国消费者来说,该基金会的评价具有很强的引导作用。

图 41

巧克力的成分：可可豆、可可液块、可可脂、糖、奶粉、巧克力液块。（从左到右）

味道不够干净，具有"明显的异质感"。通过这个案例，我们可以看出人们在品尝味道时的观点差异究竟有多大。[6]

依品类和制造商的不同，除可可和糖以外，巧克力还可能含有其他成分。（见图 41）比如全牛奶巧克力中会含有奶粉，而黑巧克力中则不含。几十年来，人们在巧克力中添加的乳制品仅限牛奶，但最近已有人开始尝试使用其他种类的奶，比如马奶或羊奶来制造全奶巧克力了。该领域的最新创作之一是由骆驼奶制成的巧克力，产于迪拜，在七星级的阿拉伯塔酒店（Burj Al Arab，迪拜帆船酒店）的豪华套房中可以吃到。迪拜的统治家族持有一定股份的迪拜巧克力公司（The Dubai Chocolate Company）希望以后能将这种巧克力出口到欧洲，但其特殊性是有代价的，即 70 克骆驼奶巧克力的售价约为 5 欧元。[7] 相较之下，阿尔卑斯全牛奶巧克力就没有那么引人注目了。与"普通"全牛奶巧克力不同，这种全牛奶巧克力只使用来自阿尔卑斯山（Alpen）或阿尔卑斯山麓地区的牛奶制造。[8] 不论奶源如何，人们制造巧克力时都不会使用液态奶——尽管电视广告似乎并非这样宣传的——因为用液态奶制造的巧克力直到最后也不会凝固。所以巧克力制造商通常会使用奶粉。生产奶粉的工艺多种多样。比如使用"喷雾干燥法（Sprühtrocknung）"时，牛奶会在热气流中雾化，其中的水分便会瞬间蒸发；而使用"滚筒干燥法（Walzentrocknung）"时，则会由高温滚筒逐渐剥离水分。除了奶粉，奶油粉也可被用于制造全牛奶巧克力。提取奶油粉的工艺与提取奶粉类似，只是提取对象换成了奶油。奶油是奶中富含脂肪的部分，即奶液静置时聚集在液面的那些物质。

香草是一种非常受欢迎的巧克力配料，在德国更是如此。（见图42）但巧克力中香草的添加量一般都非常少，以至人们很难将其香气单独识别出来。香草的作用是衬托可可的香气并稍微冲淡其中的苦味。除了真正的香草，人们还常常会在巧克力中添加人工制造的"香兰素（Vanillin）"，这种利用生物科技生产的物质非常廉价。但香兰素所含的香气物质不如天然香草那么丰富，并不能完全替代它。所以制作精品巧克力还是会用到天然香料。在别的国家，人们也喜好用其他成分来替代香草，从这一点也可以看出欧洲不同国家的口味偏好。比如在英国，薄荷和生姜长久以来一直是人们非常偏爱的巧克力配料。但德国人在传统上并不将它们用于巧克力，只是到了近一段时期才有人开始这么做。[9]

卵磷脂是一种与巧克力口味完全无关的配料。它是存在于脂肪和油中的天然成分，尤其是在蛋黄和植物油中的含量特别高。工业用的卵磷脂一般是从大豆中提取的，其他用途的卵磷脂

图 42

香草是一种重要的巧克力配料，其冲淡了可可香气中的苦味；人工生产的香兰素是常见的香草替代品。

则会从油菜籽、玉米、葵花籽或花生中提取。卵磷脂在制造巧克力中的作用是充当乳化剂，即起到使巧克力中的水性成分与油性成分相融合的作用。它还可以增强巧克力的黏稠度，这在制造夹心巧克力时尤为重要，因为如此一来便可改善巧克力的"流变性（Fließeigenschaft）"[①]，进而确保巧克力的外壳薄厚均匀。如果制造某款巧克力产品时使用了大豆卵磷脂，则必须在包装上标明使用了"大豆卵磷脂乳化剂（Emulgator Sojalecithin）"。很多大豆都是转基因产品，所以一些审慎的消费者或许会想知道这是否也适用

---

① 系物质在外力作用下发生变形与流动的性质，主要指工业加工过程中应力、形变、形变速率与黏度之间的联系。

于他们手中的巧克力排块。《可可条例》中针对巧克力排块中卵磷脂添加的规定是：排块中的转基因成分一旦超过0.9%就必须标明。由于转基因食品在德国的销路很差，德国的巧克力制造商一直都在尽量避免使用此类成分。为此他们会与一些经认证的供应商合作，并严格把控其所用原材料的品质。[10]

正如前已述及，现今的巧克力中会添加一些非同寻常的成分。比如几年前推出的辣椒巧克力就是一种对中美洲传统巧克力的回归。目前，辣味巧克力在市场上已站稳了脚跟。此外，辣椒也被用到其他糖果产品中，比如辣味扁桃仁糖膏（Marzipan）①、辣味波波糖（Bonbon）②或辣味甘草糖（Lakritz）等。辣椒巧克力是第一款真正具备异国风味的巧克力产品，各式各样的追随者尔后才接踵而来，比如生姜、百里香、罗勒和橄榄巧克力，甚至混入"4711古龙水（4711-Kölnisch Wasser）"的巧克力和帕林内。（见图43）

如前所述，《可可条例》规定了巧克力中的各具体成分。首部

---

① 系一种主要由食糖或糖浆和扁桃仁制成的甜品，相关历史可追溯至13~15世纪，曾长期流行于今德国、意大利、西班牙和北欧等地区。除了直接食用，其还经常被用作面包或夹心巧克力的馅料以及奶油蛋糕上的装饰配料。"扁桃仁（Mandel）"因与"杏仁（Aprikosenkern）"在外观上相近而被混淆，所以这种甜品在中文语境下也常被误译为"杏仁膏"或"杏仁糖膏"。而用杏仁（桃仁）和开心果制成的糖膏，则在德语中分别写作"Persipan"和"Pistazienmarzipan"。

② "bon"在法语中意为"好"，叠词用法表现着食客对甜品的喜爱。而波波糖则出现在17世纪末法兰西国王路易十四的宫廷，尤指包裹外壳的硬糖、软糖和夹心糖等。目前，覆有巧克力外壳的波波糖、披覆块等是除帕林内和巧克力松露球以外比较时兴的夹心巧克力品类。

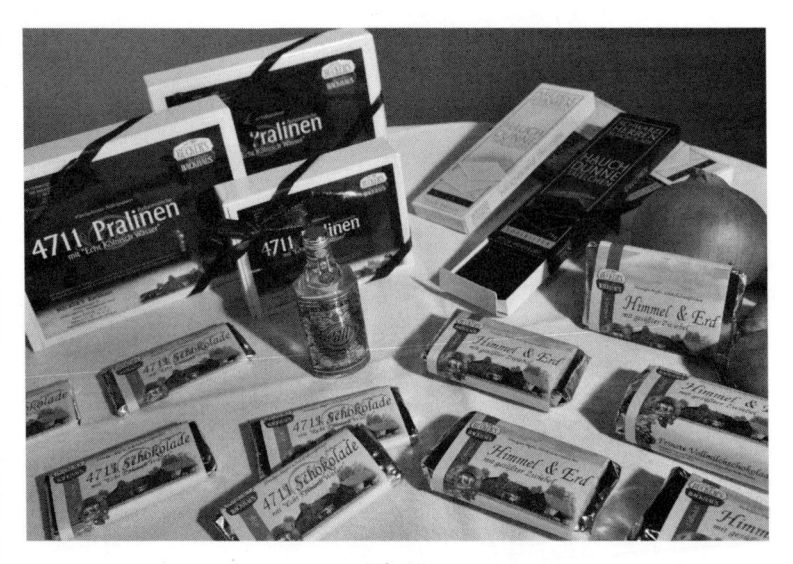

图 43

巧克力的成分已变得愈发非比寻常：照片中的产品系列内含"4711古龙水"口味巧克力以及混合了土豆、苹果与甜洋葱口味的"天堂与大地"①巧克力。

条例于1933年生效，这是人们为制定巧克力生产标准努力了数十年的结果。随着巧克力行业的发展，该条例进行了多次修正。2003年12月15日，现行版本取代了于1975年6月30日生效的旧条例。新条例具有一项重大变化，德国从此开始实施欧盟于2000年提出的指导方针，即允许在巧克力中使用其他种类的脂肪以替代可可脂。目前，德国的巧克力制造商可以用某些植物基代

---

① "Himmel und Erde"系一道传统的德国菜，由土豆泥与炖苹果制成，人们经常佐以血肠和烤洋葱食用。有学者认为，"天堂与大地"的命名可能隐含一种宗教哲理，即从"天"（苹果的甜美）到"地"（土豆的朴实），暗含着人类从天堂堕落至凡间的寓意。但从民俗学和饮食文化的角度看，"Himmel und Erde"系一种生活化的比喻，强调日常生活的食材来源，即树上的果实与地里的块茎。

可可脂（最多5%）替代巧克力中的可可脂。此前，这种做法在德国和一些欧盟国家中是被明令禁止的——尽管丹麦、英国和爱尔兰一直允许这种行为存在。这一变化引发了巧克力行业内的激烈争论，人们担心巧克力的品质会由此下降，还有人推测可可脂使用量的下降有可能导致可可减产20万吨。[11]但事实证明这两种担心均系多余，因为几乎没有任何巧克力制造商会尝试这种新选择。如果您将来打算在德国这么做，请记住您必须在产品包装的正背均标明产品使用了代可可脂。在法国和比利时，巧克力制造商反而会在未使用代可可脂的产品上以多种不同的标识予以强调。[12]德国尚没有这样的标识，但截至2012年，所有的制造商仍只使用可可脂而非去使用其他植物基代脂肪。

立法机关对某种类型的巧克力所应具有的成分和最低用量都作了规定——均在《可可条例》中可以找到。一块巧克力排块必须含有至少35%的可可，其中必须包括至少18%的可可脂和至少14%的脱脂可可粉。《可可条例》还对牛奶巧克力和全牛奶巧克力作了区分。牛奶巧克力仅需可可含量达到25%，乳制品含量达到14%；而全牛奶巧克力中二者的比例都要更高，可可含量必须达到30%，乳制品含量必须达到18%。有趣的是，一种名叫"妙卡阿尔卑斯山牛奶巧克力（Milka Alpenmilchschokolade）"的著名巧克力排块产品，其虽达到了全牛奶巧克力的标准，却仍以"牛奶巧克力"为名。

牛奶巧克力和全牛奶巧克力中的可可含量相对较低，但含糖量通常都很高，其中一些的含糖量能达到50%。相较而言，黑巧克力中的可可含量会比较高。"轻黑巧克力（Zartbitterschokolade）"和"半黑巧克力（Halbbitterschokolade）"中的可可含量至少应达到50%，黑巧克力中的可可含量则至少应达到60%。正如前述，可可含量是不设上限的。在现今的德国，可可含量超过70%的黑巧克力比比皆是，甚至还能买到可可含量为99%的黑巧克力，这在几年以前是完全无法想象的。此外，半黑巧克力与黑巧克力中的可可脂含量至少要达到18%。[13]

搅与压：巧克力的制造

制造巧克力的过程复杂且漫长。由于巧克力的售价通常并不算高，这一点总是容易被人忽视。几乎没有巧克力的消费者会知道制造一块巧克力有时需要三天时间。当然，不同的巧克力制造商在进行某些生产环节时，其加工方式和持续时间也存有较大差异，特别是在烘焙可可豆和巧克力精炼这两道工序上就更是如此了。这主要由各制造商使用的可可品种差异和可可豆品质差异所决定。笔者将在本节对巧克力制造涉及的各环节进行简述，并解释普通商业巧克力和高级精品巧克力间的差异。

制造巧克力排块时通常会将不同品种的可可混在一起，从而形成某种巧克力的典型味道。正如我们起初所谈论的，可可品种繁多，各品种可能存在显著的味道差异。但即便同一品种的可可也可能产生截然不同的香气，这是由土质、降水量和阳光照射量的差异造成的。此外，可可豆的发酵和干燥也对香气的形成具有不可忽视的作用。基于此，我们便可以理解选择可可豆对巧克力制造是多么重要了。于是，制造商对其所选品种及搭配比例讳莫如深也就不足为奇了，因为正是它们塑造了一款巧克力产品的典型独特香气。为了确保可可豆品质的稳定，巧克力制造商会与特定的贸易商或直接与特定的可可生产者签订长期合同。后者将确保每年收获的可可豆在口味和品质上没有太大的波动。如果波动太大，制造商就无法保证旗下某款巧克力产品的口味始终如一。这同时也意味着他们在使用可可豆前要进行详细的检查，以免出现令人不悦的意外状况。[14]

在巧克力工厂中，可可豆首先要经过清洁工序以保证其中不含额外的杂质。为了去除黄麻纤维、金属碎片、石头或小树枝，人们在这道工序中会使用吸尘装置、筛子、刷子或磁体。第一步完成后便会进入整个生产过程中最为重要的一环，即烘焙可可豆。（见图44）这一环节会以约150摄氏度的热空气烘焙干燥置于层层排列的烤网上或大型滚筒中的可可豆。烘焙干燥将可可豆的含水量再次降低，并催生典型的可可香气，同时最终形成可可豆的深棕色泽。烘焙干燥时间依产品所需的程度而定，最多可能需要35分钟。由于不同品种可可的干燥过程有所不同，所以它们只能被分开单独烘焙。为了实现细致且有效的干燥流程，大多数巧克力制造商都会聘请专业的烘焙师负责流程研发和品控工作。

烘焙会使可可豆的外壳与豆仁分离，因此下一步就该使二者彻底分开。首先要将豆子压碎，然后利用筛子或"热风机（Heißgebläse）"去除外壳。这些外壳可被用作动物饲料或肥料。人们过去经常会使用可可豆壳冲泡饮品并以之充当昂贵可可的廉价替代品。即便是今日，我们在药妆店和药房中仍能买到可可豆壳。在各种混合草药茶中，我们也能见到它的身影。由于内含"可可碱（Theobromin）"，可可豆壳具有刺激循环的作用，非常类似咖啡豆中的"咖啡因（Koffein）"。与咖啡因相比，可可碱的效力较弱，但持续时间更长。

压碎后的可可仁会被送入可可研磨机，在旋转的金属盘之间被碾成粉末。在此环节中，摩擦产生的热量会熔化可可豆中

图 44
烘焙经过清洁的可可豆。

所含的油脂和可可脂，并产出色泽深暗、芳香浓郁但味道苦涩的可可液块。现在，我们已经完成了巧克力制造的基础环节。那些不能实现"从可可豆到巧克力（von der Bohne / Bean-to-Bar）"①的制造商会从生产半成品的加工商那里直接购买可可液块。最大的可可加工商是美国的阿彻丹尼尔斯米德兰公司和嘉吉公司，还有瑞士的百乐嘉利宝公司和雀巢公司。这四家公司加工的可可占全球可可年收获量的一半。[15] 除了可可液块，它们也生产可可粉和可可脂，并将所有产品出售给世界各地的巧克力制造商。

可可液块不仅被用于制造巧克力，还会被用来制造可可粉。为此，人们会将含有50%~60%脂肪的可可液块加热至约90摄氏度，然后再放入"可可脂压榨机（Kakaobutterpresse）"中。液压会将压力机冲头推入压力室，从而将可可液块压在带有细腻小孔的不锈钢筛子上。这一过程会产生约900巴（bar）②的压力。通过调整该过程的强度与持续时间，人们可以从可可液块中不同比例地榨取可可脂。压榨后残留在压力室中的物质被称为"可可压饼（Kakaopresskuchen）"，即可可粉的原始材料。然后要将这种压榨残渣碾碎进行再研磨。为了确保由摩擦产生的热量不会将压饼中剩余的可可脂熔化，这一过程始终要处于低温的环境，而且还要有恒定的气流来进行风冷。[16] 在巧克力行业中，人们会将可可粉分为多种不同类型。一般来说，会根据其脂肪含量进行区分，可可脂含量低于20%的被称为"低脂可可粉（stark entöltes

---

① 系常见于精品巧克力品牌的生产流程，强调可追溯性，即从可可豆选择、烘焙、精炼、调温、成型到包装的整个工艺完全由生产者控制，以确保成品巧克力的风味和品质。

② 系压力单位，1巴等于100千帕（kPa）。

Kakaopulver）",超过 20% 的则被称为"高脂可可粉（schwach entöltes Kakaopulver）"。[17]

要制造巧克力,首先要将可可液块与其他配料相混合。这些配料依巧克力品类而有所不同,一般来说,主要是糖、奶粉和香兰素。为了使成品巧克力的质地足够细腻,除可可液块自身含有的可可脂,人们还需将额外的可可脂混入其中。额外的可可脂一般是制造商从某家可可加工商处购买的,运输可可脂通常会使用加热罐车或将其冷却成固体运输。上述成分会通过搅拌机或捏合机进行混合,具体过程大约需要 30 分钟。搅拌时的环境温度要保持在 40~60 摄氏度,如果温度太高则会破坏"巧克力液块（Schokoladenmasse）"① 中的奶粉。[18] 混合后产生的是一种黏稠的面团状物质,这时的质地还很粗糙,吃起来会有一种内含砂粒的粗糙感。为了制出精致、细腻、润滑的巧克力,还需进行滚压作业,即将巧克力团块置入辊磨机,通过金属辊进行滚压作业。当团块的细度达到 25 微米以下时,吃起来就不会有粗糙的口感了。要达到这样的加工精度,当然需要具一定技术标准的设备,但如果少了这一步骤,就只能产出粗糙的砂质巧克力。这些缺乏细腻口感的巧克力通常是比较廉价的商业巧克力。另外,巧克力并非对所有人来说都是越细腻越好。通常来说,儿童比成人更喜欢质地粗糙的巧克力,而这种巧克力在英国和法国等地也更符合大众的口味。滚压后的巧克力团块会变成一层薄薄的巧克力片,然后要用刮刀取下。由于金属辊内部中空且配有水冷装置,巧克力团块很快就会变成细薄的巧克力碎屑,并被送入下一道工序进行精炼。

---

① 即将可可液块与糖和奶粉混合后尚待回火调温的巧克力块。

与烘焙干燥一样，精炼也是巧克力制造过程中至为重要的步骤，其对巧克力的口味和品质具有决定性的影响。巧克力的典型香气和圆润口感都要在这一环节中完成。巧克力液块在精炼工序中会进行机械处理，即以金属搅拌臂不断搅拌（见图45）并被加热到90摄氏度。在这一过程中，液块的含水量会被降低到不足1%，同时多余的香气会从中逸出，所以精炼的全过程都会散发出令人愉快的香气。精炼有时需要72小时，但不同的巧克力制造商间的差异很大。有些制造商的精炼加工时间长达数天，另一些则只需要几个小时。必须指出的是，这在一定程度上取决于可可的品种，精炼的最佳火候是持续到能令可可释放出最佳香气时为止。

顺便一提，这种重要工艺的发明者是伯尔尼的鲁道夫·林特（Rodolphe Lindt，1855~1909）。据巧克力工厂瑞士莲史宾利股份公司的官方说法，他是在偶然之下发现这种技术的。1879年，林特遇到了困难，他的巧克力产品总是出现难看的脂肪纹。为了解决这一问题，他开始在机械驱动的滚筒中加工巧克力液块。他希望通过滚动、搅拌团块以去除多余的水分。据称，林特在某个周五忘了关闭设备，于是滚筒一直运作到了下个周一他回到自己的小巧克力工厂时。事实证明，三天的滚动和搅拌足以产生奇迹，即细腻圆润的巧克力液块。这个过程后来被称为"精炼（Conchieren）"，并成为巧克力制造的固定工序。[19]

但巧克力液块的加工依然没有完成。最后一步是"回火（Temperieren）"。在这道工序中，巧克力液块将按照一定顺序经历温度的变化。首先，它会被加热到约50摄氏度，然后再分两步进行冷却，先冷却至34摄氏度，再冷却至28摄氏度。其次，再将巧克力液块加热回32摄氏度。最后，再降至30摄氏度。[20] 经过

图 45
精炼即对可可液块进行搅拌和滚压。可可液块此时会被加热至90摄氏度。

回火调温的巧克力更耐保存，并且能呈现丝绸般的光泽和脆感。这些都是评估巧克力品质的重要标准。调温之后，巧克力液块的加工流程就宣告完成了，尔后其便可以被用于加工各种产品了。下一节会谈到那些最为重要的巧克力产品。

棕色的品类：最重要的巧克力产品

巧克力排块

在德国，大部分巧克力液块都被加工成了"巧克力排块（Tafelschokolade）"，其至今仍是德国巧克力行业最为畅销的产品。生产巧克力排块时，我们会看到模具在传送带上宽阔的通道中移行，而巧克力液块会被滴注进模具中。填充后的模具会被稍稍摇动，以便液块可以均匀地分布并排净残留的气泡。但也有例外，即所谓的"充气巧克力（Luftschokolade）"。在制造这种巧克力时，人们会在注入模具前先用气体对其进行发泡。据说，充入小气泡会令巧克力的表面积增加，进而在人们口中激发更为浓郁的味觉感受。然而，事实是否如此尚有待商榷。人们有时在注入模具前会将榛子或扁桃仁等块状添加食材置入巧克力液块。但不论制造哪种巧克力产品，填入液块的模具都会马上进入冷却通道。巧克力在其中会被冷却到 6 摄氏度，这会导致巧克力的体积稍微收缩，然后就很容易将它从模具中脱出了。要给巧克力排块脱模必须对其施加额外的机械压力，比如将模具翻转并用大平头锤敲出巧克力。然后排块会被传送带送至包装点，同时模具会转回原来的方向并被引导回装置的起点，随后立即进入下一轮滴注。

制造"注心巧克力排块（gefüllte Tafelschokolade）"的流程会复杂一些。首先，必须区分固体注心和液体注心，虽然后者其实很少出现在巧克力排块中。排块中使用的通常都是固体填充物:首先要将固体填充物压制成块状,然后让巧克力浆流过,再沥干多余的巧克力浆,最后冷却这块混合物,注心巧克力排块就做好了。当注心是液体时,首先要将巧克力浆注入模具,然后将模具翻转以便大部分浆体流出,剩下的则是一层已然冷却又留在模具中的巧克力,接下来液体注心会被注入模具,最后注心上方会被填注一层巧克力浆,以便冷却形成巧克力排块的底部。[21]

近年来,在越来越多的巧克力进入市场后,一些制造商会宣称他们的巧克力是"手作"。这个概念是奥地利巧克力制造商约瑟夫·措特创造的,他从1995年便开始将自己的巧克力称为"手作巧克力"。该名称意味着其工厂的巧克力采取了特殊的生产工艺,其中的大部分工序均采取手工。他借鉴了造纸业的术语,前工业时代的纸张通常都是"handgeschöpft"(手作)的。在手作巧克力取得重大成功以后,许多其他巧克力制造商也开始采用这一术语。目前,这种巧克力在行业中已然确立了稳固的地位。

巧克力棒

1922年,"巧克力棒(Schokoladenriegel)"首次出现,其由玛氏公司制造。巧克力棒的制造通常有三层。第一层是巧克力棒的内部材料,首先用成型鼓将其压成带状;然后将焦糖层填入其中成为第二层。等这两层物质冷却完毕,再将该带状物料用装置切割成单独的细棒。然后它们将进入包裹工序,并在那里被巧克力包裹成巧克力棒。再次冷却后,就可以对巧克力棒进行包装了。[22]

空心造型巧克力

第一块"空心造型巧克力（Hohlfiguren）"[①]诞生于19世纪上半叶。此前，我们只在甜食产业的其他领域见到过大量类似产品，比如糖果生产业。长期以来，模具一直是制造巧克力造型的重大难题。人们使用各种材料进行试验，比如木和铜，其中绝大多数都失败了。只有银制、锡制或镀银、镀锡的铁制模具才能实现这一工艺。如今，人们主要使用聚碳酸酯模具制造空心造型巧克力。[23]

空心造型的模具由两部分组成，通过磁吸等形式相互连接。具体制造时，需要将模具拆开，然后将巧克力浆倒入其中的一部分。接着，两半模具将被重新组合，并在离心机上使其围绕自身轴线长时间旋转。如此一来，巧克力便会均匀分布在模具的内壁上，进而凝固。冷却后，人们便可以从模具中取出巧克力造型了。比较特殊的是双色空心造型。这时就要先在其中的一半模具内涂上第一种巧克力，待其冷却后再倒入第二种巧克力。

空心造型巧克力一般是季节性产品，主要在复活节和圣诞节生产。2010年，复活节兔子巧克力的产量超过了13000吨，即相当于逾1.3亿个。于是，复活节兔子超过了圣尼古拉（Saint Nicholas）和圣诞老人成为最常见的空心造型。它们共同占据了季节性空心造型巧克力总产量的57%。[24]除了复活节与圣诞节，即

[①] 除一般商业售卖的造型巧克力外，起源于19世纪末20世纪初法国甜点装饰艺术的"巧克力艺术展品（Schokoladen-Schaustück）"[也称"Chocolate Showpiece"（巧克力雕塑）]的国际比赛也在20世纪后半叶于全球兴起。这种高端的造型巧克力在本质上是食材与高级甜点艺术的结合，具有复杂的技术与极高的艺术价值。除可装饰宴会、烘托气氛外，它还是甜品师和巧克力师展示创意、技艺与审美的重要载体。

图 46
夹心巧克力必须被做成一口大小，可可含量则至少为 25%。①

时事件或流行趋势也会带来制造空心造型的机会，比如世界杯空心巧克力和恐龙空心巧克力。

帕林内

"帕林内（Praline）"是一种很特别的巧克力产品，它不仅含有巧克力，还可以含有许多不同的原材料。但只有可可含量超过 25% 的才能被称这么称呼。[25] 而且这种巧克力必须是一口大小（见图 46），大于这个尺寸的则被称为"甜品（Konfekt）"。帕林内在

---

① 图中的夹心巧克力即所谓的"巧克力松露球（Schokoladentrüffel）"，是当今常见的一种巧克力糖果。其因与松露菌形似而得名，实则不含任何松露成分。这种糖果一般分为内外两层：外层为巧克力脆壳或再包裹可可粉；内层为甘纳许，其中可能混合了焦糖、果仁或利口酒。

巧克力界扮演着重要的角色，其比通常的巧克力排块显得更加精致奢华。

关于帕林内的起源流传着许多传说，其中最为著名的当然是这一则：人们总觉得其产生于法兰西，其实它真实的故乡是雷根斯堡（Regensburg）。1663年，常设帝国议会（Immerwährender Reichstag）在此召开，法兰西国王路易十四（Ludwig XIV，1638~1715）派出特使普莱西－普拉兰伯爵家族（Geschlecht der Grafen du Plessis-Praslin）的舒瓦瑟尔公爵（Herzog Choiseul）出席会议。据说，人们为了向他致敬而制作了一种含有扁桃仁、椰枣和扁桃仁糖膏的覆有巧克力衣的甜品，并以他的家族名命名为"Praline"（帕林内）。于是这位公爵的家族名在德国流传至今，而其故乡法兰西反倒是早已失传——法国今称这种巧克力为"chocolat"。[26] 但关于"Praline"的起源还有另一套说法。比利时的诺豪斯公司（Entreprise Neuhaus）宣称这种夹心巧克力是由该公司创始人的一位孙辈让·诺豪斯（Jean Neuhaus）于1912年研发的。[27] 但实在很难想象帕林内的问世如此晚近。无论如何，由于资料非常有限，各种说法都只能是一种推测。目前，比利时已然成为帕林内的生产中心。歌帝梵（Godiva）、莱昂尼达斯（Leonidas）、诺豪斯等众多知名帕林内品牌生产商的总部均设于此。

生产帕林内会用到许多制造工艺：空心加工工艺（Hohlkörperverfahren）、涂层工艺（Überziehverfahren）和分层切割工艺（Schicht- und Schneideverfahren）。这种巧克力糖果的味道和稠度都取决于一种由巧克力和奶油制成的基底物质"甘纳许（Ganache）"。制作甘纳许需要可可脂含量至少31%的"考维曲克力（Kuvertüre）"。人们在家庭中制作时也喜欢用一种"原料巧克力块（Blockschokolade）"来代替考维曲巧克力。这种原料巧克力块并没有明确的定义，一般来说，其含糖量会高于50%，可可脂含量则低于25%。[28]

不论哪种巧克力产品，其生产后都要进行包装。目前的现代巧克力工厂，这一工序的大部分工作均由机械完成。需要人工操作的通常只有几个简单的手工动作和步骤。包装的主要目的是保护巧克力免受来自周围环境有害物质的影响。但产品服务检测基金会的各项研究表明，包装本身可能就是一个问题。比如有一种巧克力就沾染上了来自其包装的防腐剂。[29] 除了保护功能，包装还肩负产品宣传及为消费者提供一切重要信息的职责。这些信息的具体内容在德国受到《食品标签条例》（Verordnung über die Kennzeichnung von Lebensmitteln）的制约。[30] 该条例规定：一块巧克力的标签上必须包含其名称、销售说明、重量及价格等信息。2009年，一项针对巧克力产品重量的规定发生了改变。此前长期有效的巧克力产品标准重量——比如100克的标准巧克力排块——已不再适用。现在，制造商可以自由决定其产品的单品重量。批评者担心这项新规将导致隐性价格上涨。除了上述内容，巧克力包装上必须提供的信息还有很多，如保质期、各组成成分以及针对其中所有转基因成分的说明。

除包装以外，储存方式是否正确对巧克力的质量影响也很大。具体的储存条件取决于需要保存的时间。如果只需保存数周，那么提供一般的储存条件即可，即温度在16~18摄氏度，相对湿度在45%~60%。如果储存时间较长，则需要降低气温，但最低不得低于10摄氏度。[31] 通常来说，只有季节性商品，特别是复活节和圣诞节商品的储存时间才会超过3个月，因为生产者必须提前进行生产才能满足需求。由于可可脂具有很强的抗氧化性，因此不含乳制品的巧克力可以储存相当长的时间而不发生明显的质量下降。它们可以存储18~24个月。由于奶粉的保质期相对较短，牛奶巧克力的储存时间往往只有6~12个月。[32]

无论如何，储存不当都会导致巧克力质量的下降。最常出现的问题是产生油霜与糖霜。下一节会继续谈到这一点。与可可豆一样，巧克力在储存过程中始终要面临虫害侵染的风险。最大的危险来自各种各样的蛾。为了对抗它们，巧克力中会加入许多化学物质。[33]

全面的味觉冲击：品尝巧克力

近年来，高品质的精品巧克力行业蒸蒸日上，这表明消费者的质量意识正在显著提高。品尝巧克力再次成为人们的关注焦点。由于这一变化，德国几乎所有的主要城市都举办了巧克力品鉴会。那些将巧克力品鉴和葡萄酒品鉴结合到一起的活动尤其受到欢迎。本节将就品尝巧克力作一些讨论，即享用巧克力应该注意哪些问题。

判断一块巧克力排块的质量需要动用所有感官。当打开一块巧克力排块后，首先发挥作用的是视觉——这是人类最主要的感官。根据可可品种与可可含量的差异，不同的巧克力产品会呈现不同的棕色。我们在此点上可以试着比较下不同的巧克力，很快就会发现各种不同的棕色。然而这些彼此不同的颜色并非可可豆品质的直接体现，即使是专家也很难根据这一特征判断可可豆的来源。优质的可可既可以做出浅棕色的巧克力，也可以做出深棕色的巧克力。但在评估巧克力产品的质量时，观察表面仍极为重要。我们必须确保其表面没有油霜。如果巧克力的所在环境温度变化剧烈就会出现这种状况，这是因可可脂晶体浮到了巧克力表面而形成了油霜。如果储存环境太冷、太潮湿，糖也会发生与可可脂类似的现象，然后沉积在巧克力表面。总之，应仔细观察以确保巧克力的颜色与质地均匀。而且它还应泛起丝绸般的光泽，而非色泽黯淡。

在各种品鉴会上，触感的重要性总会被反复提及。人们绝对应该去触摸感受巧克力排块的表面，即其是否光滑，是否紧实。这都是巧克力品质的重要特征。

鼻子是极其重要的感官，它不仅掌管嗅觉，连味觉也会受其状态的影响。众所周知，感冒或鼻塞时人的味觉也无法正常发挥作用。感受巧克力气味的方式有两种：首先是直接的气味分析，即深深地嗅闻巧克力的气味；其次是间接的气味分析，即将一块巧克力放入口中使它融化，然后通过鼻子呼出口中集聚的香气。这两种方法都可以感受巧克力的香气，例如奶香、焦糖香和香草香。经验丰富者的鼻子还可以通过嗅觉辨别可可豆的质量，它们很快就会捕捉到那些不好的气味。尤其是那些发酵不充分、干燥不当或储存不当产生的难闻味道，其会严重影响巧克力的气味。

评价巧克力品质的最重要标准当然是口感体验。体验巧克力的口感需要让巧克力在口中慢慢融化弥散，以增加其与味蕾的接触。巧克力融化带给人的感受如何？这是巧克力的一项重要质量标准。它的口感是圆润光滑还是粗粝且带有砂感？它会很快融化还是粘在上颚上？一旦这些问题都有了答案，接下来您便可以慢慢去品尝味道本身了。一块好的巧克力的味道必须平衡，不能有任何一种味道，比如酸味或甜味占据主导地位。如果拥有一定的经验和实操经历,您在品尝巧克力味道时可以体会到更多的东西,比如品尝出不同的口味或辨别出巧克力个体间的细微差别。

所有这些感官都有助于帮助您评估巧克力的质量。但归根结底,一切都是口味问题,每个人都可以找到自己最喜欢的巧克力。不论其是高品质的某庄园巧克力还是超市的打折品都无关紧要。但所有巧克力都必须符合一定的质量标准,上述的小提示也许能帮助您评估这一点。

巧克力使人又胖又幸福?

尽管我们可以看到,多年来高品质精品巧克力在德国风生水起,但同时也能不断听到关于巧克力产品导致肥胖的讨论。这一结论有大量研究——尤其是针对儿童和年轻人肥胖问题的研究——可以支持,于是人们不断呼吁政治家采取对策。通过这些讨论,人们提出了各种构想,比如针对高热量食品引入"红绿灯机制(Ampelsystem)"[①],还有禁止在超市结账区摆放甜食并代之以水果和蔬菜等。但食用巧克力究竟会对人的身体和精神健康产生哪些影响?巧克力会让人发胖吗?它有没有其他有害特性?

在各种关于营养如何才能适度的公开讨论中,经常会提到健康均衡的饮食。那么问题很快便出现了:究竟怎样饮食才算健康

---

① 系一种常见的德国标识程度的方式,绿灯通常意味着没有危险,黄灯表示值得警戒,红灯则表明有问题需要解决。比如一些机械上便会设有红黄绿三色灯盏:运行正常时,绿灯亮起;运行状况下降时,黄灯亮起;红灯一旦亮起则表示设备需要维护检修了。

均衡？从营养学的角度来说，当饮食为身体提供的营养量可以在较长时间内维持机能和保持健康，那么该饮食方式就是健康和均衡的。当我们讨论营养物质时，一般指的是糖类（碳水化合物）、蛋白质、脂类（脂肪）、维生素、无机盐（矿物质）和膳食纤维。其人体需求量取决于多种因素，例如年龄、性别或身体活动量等。饮食不均衡或不足会导致营养不良甚至疾病，比如欧洲人在过去几个世纪的航海生涯中最熟悉不过的坏血病就是一种营养缺乏症。坏血病是由人体缺乏维生素C导致的，其伴有牙龈出血、肌肉萎缩和关节炎症等症状，还会引发许多其他问题。如果不及时采取相应措施，最终可能导致死亡。还有一种直至今天仍很常见的营养缺乏症是佝偻病，它是由钙摄入不足导致的。虽然营养不良的现象在发展中国家更为常见，但其对德国某些人群来说也是一个亟待解决的问题。比如，据估计居住在养老院与护理院的人群中大约有三分之二处于营养不良的状态。

然而事实上，目前比较普遍的问题是许多人摄入的营养物质超出了实际需要的水平。一般来说，健康的餐饮应由60%的碳水化合物、30%的脂肪和10%的蛋白质组成。在大多数人的饮食中，脂肪和糖的比例都会偏高，而且食用动物性食品过多，食用水果和蔬菜太少。这种不均衡的饮食往往伴随着运动不足。德国营养学会（Deutsche Gesellschaft für Ernährung）建议成年男性每天摄入的热量最多不应超过2600大卡。一块全牛奶巧克力排块大约可以提供550大卡的热量。所以巧克力是否导致肥胖取决于很多条件，比如吃多少巧克力、其他饮食如何分配以及是否经常活动或参加体育运动。当然，自律是非常重要的，每个人都应确保适当的饮食和充分的锻炼。事实上，甜食在日常饮食中的平均占比仅有约5%，因此它们一般不会成为肥胖的主要原因。对于大多数超重的人来说，过量摄入高脂肪的食物反倒是更为严重的问题。

如前所述，巧克力经常因高糖、高脂肪而遭到诟病。过度摄入脂肪会导致肥胖并增加心脏病发作的风险。这种风险会随着血液中胆固醇水平的提高而增加，胆固醇水平则与饱和脂肪酸的摄入正相关，与不饱和脂肪酸的摄入水平负相关。虽然我们总在谈论脂肪的害处，但我们不能忘记在每天摄入的能量中应有30%是以脂肪的形式摄入的，脂肪是"脂溶性维生素（Fettlösliche Vitamine）"的重要载体。此外每日摄入的脂肪中，饱和脂肪酸、单不饱和脂肪酸和多不饱和脂肪酸应各占三分之一。饱和脂肪酸主要存在于动物性食品中，如肉类、黄油和乳制品。可可脂中含有的"硬脂酸（Stearinsäure）"也是一种饱和脂肪酸。而某些植物油中则含有不饱和脂肪酸。

所以，适量食用巧克力并不会导致肥胖，相反其正是健康均衡的膳食的一大组成部分。然而，巧克力的摄入量是需要控制的，而且其质量也应格外引起人们的关注。可可含量高、含糖量低的高品质巧克力当然比含糖量高于50%的巧克力更加可取。

巧克力中含有许多对膳食均衡与身体健康非常重要的物质。（见图47）除碳水化合物、蛋白质和脂肪外，其还含有各种无机盐和维生素。巧克力可以改善精神状态，其中的糖分可以快速有效地为大脑和神经细胞提供能量。糖是维持每日身体和精神状态良好的必需品。我们的大脑平均每天需要60~80克葡萄糖，而在压力环境下，例如考试期间，该数字可能会显著增加。巧克力还含有两种可以刺激神经系统、减轻疲劳以及提高身体能力的物质，可可碱和咖啡因，后者在巧克力中的含量很低。可可碱是一种生物碱，对人体具有与咖啡因类似的作用，即可以刺激循环并改善

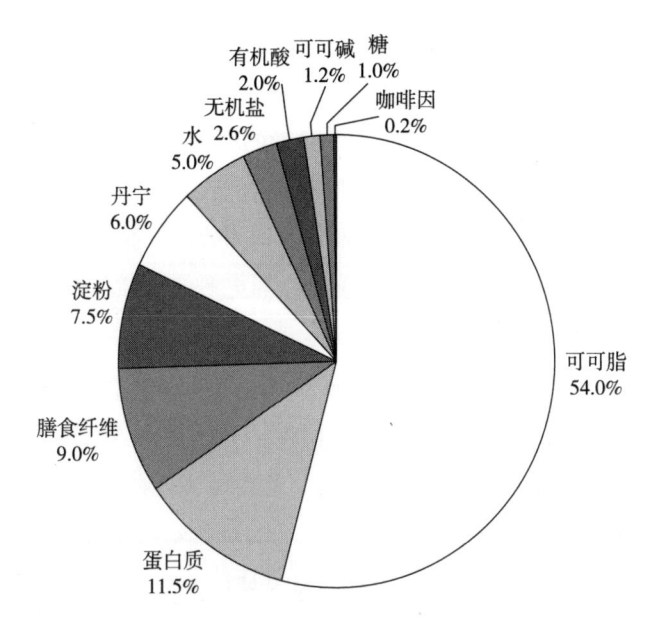

图 47　可可豆的成分

资料来源：可可网站，www.theobroma-cacao.de。

情绪。如果剂量过高，其甚至会导致中毒。虽然可可碱可以激活人体循环，但它对于猫、狗或马来说可能非常危险，因为这些动物体内缺乏分解可可碱所需的酶。在医药行业中，可可碱经常被用于生产血管扩张剂和利尿剂，据说其还具有止咳的作用。

巧克力的特别之处在于其成分中脂肪与糖的高度结合，其他任何食品或嗜好品都没能达到巧克力的程度。人体在分解脂肪和糖的过程中，会在体内释放出某些物质，它们对身体健康具有积极影响。媒体一再声称巧克力可以令人感到快乐，无数的巧克力爱好者一定会赞同这个说法。人们喜欢巧克力，在心情不佳的时刻或黑暗寒冷的冬日更是如此。但巧克力真的会令人感到快乐吗？事实上，食用糖会提高人体内的"血清素（Serotonin）"水平。血清素是一种在人体内能发挥多种功能的激素，比如激活心血管系统。血清素水平的提高会给人带来幸福感，而降低则可能带来沮丧抑郁的情绪。鉴于这一功能，血清素也被称为"幸福激素（Glückshormon）"。但必须明确的是血清素的作用因人而异，虽然有些人会因血清素水平的提高而获得少许幸福感，但对另一些人来说品尝巧克力并达不到这样的效果。通常巧克力所带来的幸福感无法从生理上得到解释，而更多是一种心理作用。许多人会将吃巧克力的感觉与童年美好的回忆联系在一起。巧克力常常可以治愈孩子的一些小小的伤痛，在很多情况下其也曾被当作一种奖励。这些记忆不知不觉刻印在了许多人的脑海深处。巧克力唤醒了这些记忆中的时刻，身体也会因此产生"内啡肽（Endorphine）"从而引发幸福感。

很多科学家都曾证实巧克力对健康的积极作用，其中发挥作用的成分主要是多酚。红葡萄、绿茶和可可豆中均含有这种物质。但加工可可豆的过程会使其中的大部分多酚流失。目前，一些制造商会通过精加工为人们提供多酚含量更高的巧克力，这些巧克力的包装上通常会印有关键词"抗氧化剂（Antioxidans）"。人们用科学的方式研究多酚已有很多年，其目的主要是满足制药业的需求。据说这种物质可以预防心脏疾病与心血管系统疾病，并对人体血管产生有益的影响。各种研究表明，可可和巧克力中的多酚具有降低血压的作用，其可以缓解心血管疾病的致死风险。此外，该物质还可以改善血管功能，在治疗动脉硬化等疾病时发挥功效。未来，多酚可能还会被用于研发治疗其他疾病的药物，比如治疗腹泻。这种疾病对欧洲人来说似乎无足轻重，但据估计，发展中国家每年会有几十万人因腹泻而失去生命。多酚可以从可可中提取，而许多发展中国家正是可可的种植地。这些国家目前常用的腹泻治疗药剂相当昂贵，因此如果将来能研发出以多酚为有效成分的廉价药物，其便可以成为当前药剂的优秀替代品。

关于巧克力与健康的关系，坊间一直流传着一种错误说法，即巧克力会导致糖尿病。这种疾病其实是因胰腺产生胰岛素的功能发生障碍而引起的。糖尿病是一种不能小觑的疾病，因为如果治疗不当其可能导致一系列并发症，比如失明、肾衰竭和截肢等。糖尿病不能通过戒糖来治疗，而是要通过服用胰岛素。同样，糖尿病患者不必戒断巧克力，但要适量食用。巧克力行业中有专为糖尿病人准备的巧克力，其中的"有害"糖被"无害"的果糖（Fruchtzucker）或山梨醇（Sorbit，即葡萄糖醇）、异麦芽糖醇/异麦芽酮糖醇（Isomalt）等"代糖（Süßstoff）"替代。这些代糖能够提供一定的甜味，对巧克力的味道也不会产生不良的影响。然而以现代营养学的观点来看，糖尿病专用巧克力基本上没有存在的必要。该观点认为，只要有恰当的药物治疗，适量摄入巧克力对糖尿病患者的病况没有影响。

过敏是又一个与享用巧克力有关的关键词。首先我们要区分"食物不耐受症（Lebensmittelintoleranz）"与真正的"食物过敏（Lebensmittelallergie）"。食物不耐受症不会引发身体的防御性反应，其是身体缺乏某种特定的消化酶导致的。"乳糖不耐受症（Laktoseunverträglichkeit）"与食用巧克力息息相关。如果一个人的体内缺乏分解乳糖的酶，他最好改食黑巧克力，因为黑巧克力中不含任何乳品成分。除了食物不耐受症，享用巧克力有时也会引发真正的食物过敏。例如由巧克力中的乳制品、大豆或坚果等含有蛋白质的成分引起的过敏。因此，巧克力包装上经常出现"可能含有微量坚果"的字样，其针对的就是那些坚果过敏的消费者。这个问题是由巧克力制造流程的特殊性导致的，当一条生产线由生产含坚果巧克力转为生产全牛奶巧克力时，目前没有任何手段能确保第一批次的全牛奶巧克力不沾染残余在生产线上的坚果物质。

巧克力的世界：越异国的风味就越好？

德国多年以来一直与美国、荷兰一起并称全球最为主要的巧克力生产国。2009 年，德国生产了约 98 万吨巧克力，总价值约 47 亿欧元。但这是自 1999 年以来德国巧克力年产量的首次小幅下降，造成这种现象的主要原因是出口业务有所减少。而其国内业务则表现为连续数年的停滞或仅略有增长，这部分的原因是多方面的。比如近年来，德国国内屡遭酷夏，这会直接导致巧克力的销量减少。根据巧克力行业的预测，未来几年内的产量和销量仍只会有小幅增长。而行业面临的最大问题还是原材料价格的高居不下。[34]

巧克力行业将未来的希望寄托于更遥远的海外——因为一些亚洲国家对巧克力的需求正不断增长。1999~2003 年，印度尼西亚的销量增长了 23%；同期，中国的销量增幅也超过 10%，印度则超过 7%。[35] 但以上这些国家的巧克力销量起点都非常低，所以仍需很长时间才能接近欧洲的水平。另一个问题是，这样的目标是否真的现实，仍有许多亚洲国家的人对巧克力不怎么感兴趣。在日本，巧克力的消费还会受到许多文化因素的制约，比如该国的公共场所是禁止食用巧克力棒的。然而目前，德国生产的巧克力中的很大一部分仍需出口到国外，2009 年该部分的比例是总产量的 40%。而从总产量来看，甜食产业是德国重要的经济部门之一，目前该行业的从业者达 52000 名。[36]

主导德国巧克力市场的是数家大公司，这主要是指费列罗国际股份公司、卡夫食品公司、巧克力工厂瑞士莲史宾利股份公司和阿尔弗雷德里特尔有限两合公司。此外还有许多规模较小的创新型公司，它们主要生产高品质精品巧克力且在该领域取得了很大成功。成立于1993年的"可本诺（Coppeneur）"就是这样一家公司，专司帕林内的生产业务。该公司的发展历程可以作为一个很好的例子，用以展示在饱和且缺乏创新的市场中如何取得成功。经历类似历程的巧克力公司还有很多。这些小公司的成功迫使传统大公司也开始在其标准产品系列，即牛奶巧克力和黑巧克力之外研发其他产品。人们一再指出，这种普遍的创新热情源于许多消费者质量意识的不断提升，而这种变化在很大程度上是由近年的食品丑闻推动的。至于《浓情巧克力》(*Chocolat*)[1]和《查理和巧克力工厂》(*Charlie and the Chocolate Factory*)[2]等电影也引起人们对巧克力和离奇巧克力造物的极大兴趣。另一个重要的相关事件是欧元的投入使用，其使巧克力公司得到了提高自己产品价格的机会。这些公司的财务因而获得了更强的灵活性，并有余力去

---

[1] 系2000年上映的由拉斯·霍尔斯道姆（Lasse Hallström）导演、朱丽叶·比诺什（Juliette Binoche）主演的电影。影片讲述了一位年轻母亲偕女儿在陌生小镇开设巧克力店的故事：女主角制作的巧克力可以凭借香浓的味道打动顾客的内心，发掘他们心中隐藏的渴望。

[2] 系2005年上映的由蒂姆·波顿（Tim Burton）导演、约翰尼·德普（Johnny Depp）主演的电影。影片改编自罗尔德·达尔（Roald Dahl）的同名小说，讲述了在巧克力工厂附近居住的贫穷男孩，因偶然机会得以进入童话般的巧克力工厂参观的故事。电影中制作巧克力的过程被描绘得荒诞离奇，充满超现实主义色彩。

尝试生产更多非同寻常的巧克力产品。

这几年德国的流行趋势是生产高可可含量的优质巧克力。可可豆的选用在行业内发挥着愈发重要的作用。巧克力制造商不断突破自我，将新奇的可可品种推向市场。有些巧克力产品会像葡萄酒一样将可可豆的产地印在包装上。那些来自马达加斯加、爪哇或委内瑞拉的可可豆代表着极高的品质。由优质可可制成的巧克力有时会标识"Cru"或"Grand Cru-Schokolade"以进行销售，"Grand Cru"一词来自葡萄栽培，意为"特级植株"。该标识一直以来都意味着纯以某种高级葡萄酿造的葡萄酒，现在这一标准延伸到了巧克力行业，其意味着纯以某种精品可可制成的巧克力。但该术语尚没有明确的定义，其使用也没有固定的行业规范，而且不同巧克力商对它也有着不同解释。与之相应的是"Grand-Cru-Cuvee"标识，其意味着由多种优质可可混合制成的巧克力。[37]

有些巧克力制造商在上述道路上更进一步，他们以其巧克力所用可可的产地命名产品，会被如此命名的一般都是种植园巧克力。可可市场上的某些可可品种从过去开始成交价就很高，随着需求越来越大，它们现在早已供不应求。这种趋势在未来会如何发展还很难预测，但目前已可逐渐观察到市场上出现了一定程度的饱和。这同样适用于含有异国风味成分的巧克力。辣椒巧克力在不久前还被视为一种特殊产品，但许多消费者现已对它习以为常。也是从那时开始，许多异常的成分被加入巧克力中，比如葡萄酒、奶酪甚至洋葱，它们都曾或多或少地流行一时。季节性的配料也层出不穷，比如冬天销售葡萄酒巧克力，夏天则是水果馅料更受欢迎。几年前的水果馅料还以草莓和樱桃为主，现在被加入巧克力中的已远不止这两种水果了。

未来几年内,有机巧克力的市场占有率可能会持续提高。一些较大的公司已自行发现了这个市场。例如阿尔弗雷德里特尔有限两合公司于2008年向市场投放了一系列有机巧克力产品。所谓"功能性巧克力"最近也很流行,其指专门为具有特定需求的消费者准备的产品,比如"低脂巧克力(fettreduzierte Schokolade)"和"无糖巧克力(zuckerfreie Schokolade)"。目前,乳糖不耐受症患者也可以购买到"无乳糖巧克力(laktosefreie Schokolade)"了。

有些巧克力产品已受大众欢迎了几十年,它们从小就陪伴着我们,与我们拥有无数的共同回忆。我们所谈的是那些独具特色且吸引了许多消费者的品牌产品,其中很多可谓已然登上了神坛。但什么才是品牌产品呢?品牌产品对消费者的影响已被许多研究证明过,即便学龄前儿童也会受到品牌的影响。在一项研究中,研究者将同样的产品分别放入品牌制造商的包装与没有标识的包装中,结果表明,放入品牌包装的产品被认为更美味。[38] 与世界上所有商品一样,巧克力也拥有无数的知名品牌产品,其中一些的历史甚至可以追溯到100年前。

"妙卡(Milka)"无疑是最为知名的巧克力品牌之一,就在最近它再次被评为德国最受欢迎的巧克力。该品牌从1901年就开始生产巧克力了,其产品是最早的全牛奶巧克力之一。1900年前后,全牛奶巧克力开始逐渐取代当时常见的黑巧克力。牛奶这一新成分体现在了巧克力品牌的名称中,"Milka"一词就是"牛奶(Milch)"与"可可(Kakao)"两个词的首音组合。1900年前后是瑞士巧克力工业的鼎盛时期,其产品品质在整个欧洲都得到了高度评价。由于巧克力的生产地是其重要卖点之一,祖哈德公司(Firma Suchard)千方百计地想把自己的产品妙卡贴上瑞士产品的标签。初版包装上出现了山脉和冷杉，还有至关重要的阿尔卑斯山动物。1906~1936年间，妙卡巧克力的首位重要广告角色圣伯纳犬"巴里（Barry）"担纲重任。（见图48）1973年，紫色奶牛横空出世，其知名度远超巴里等许多著名的妙卡广告角色。紫牛是如此出名，以至1995年的巴伐利亚绘画比赛中，有三分之一的孩子（总共约有40000名儿童参加）将当时的主题"牛"画成了紫色。目前还不清楚为什么妙卡选择了紫色。事实上从1901年开始，紫色一直是妙卡的标志色，根据德国联邦最高法院2004年10月7日的裁决，该颜色只能被用于妙卡产品的包装。虽然人们对这一颜色的出处众说纷纭，但妙卡巧克力的成功毋庸置疑。其年产量约4亿块，德国最为畅销的巧克力之名当之无愧。

另一款明显来自瑞士的品牌产品是"三角巧克力（Toblerone）"。这种细长的三角形巧克力产品由特奥多尔·托布勒（Theodor Tobler，1876~1941）与其产品经理埃米尔·鲍曼（Emil Baumann）于1908年共同研发。"Toblerone"为自创词，由"托勃龙（Tobler）"与"蜂蜜扁桃仁牛轧糖（Torrone）"两个词组合而成。"三角巧克力"的显著特征正如其名，是其三角形的外观。它是如此醒目，以至瑞士的细长三棱体常被称为"Toblerone"。该造型有可能受到了马特洪峰［Matterhorn，也称"切尔维诺峰（Cervino）"］的启发。（见图49）这座山峰也被印在了该产品的初版包装上，除此以外，包装上还印有鹰和熊的形象，这进一步强调了该阿尔卑斯山脉的所在地是瑞士。"三角巧克力"的形状与妙卡的颜色一样被视作重要的商标而受到保护，其他制造商不得使用。

图 48
早在紫色奶牛成为妙卡巧克力的广告象征之前，圣伯纳犬"巴里"于 1906~1936 年一直稳坐在妙卡的广告中。

图 49
"三角巧克力"醒目的三角形外观的设计灵感可能来自瑞士的马特洪峰。(图为托勃龙1930年代的珐琅标牌)

第 6 章　可可的起源

她是很容易携带的随身食物,体积小但蕴含着大量的营养和兴奋物质。据说在非洲,人们可以在米、橡胶和乳木果油(Shea-Butter)的帮助下穿越沙漠。那么在新大陆,巧克力和玉米粉就是人们深入安第斯高原和广阔无人森林的助力。[1]

亚历山大·冯·洪堡(Alexander von Humboldt,1769~1859)在为期五年(1799~1804)的美洲之旅中认识了巧克力饮品。他对这种美味的食物大感兴趣,不仅携带可可豆作为旅途的补给,还一次又一次写下了有关可可豆的文字。

目前,许多我们非常熟悉的农作物皆来自中美洲和南美洲,比如向日葵、土豆、南瓜、玉米、鳄梨、烟草、番茄、大豆,当然还有可可。对我们来说,可可和用可可制成的巧克力已是人类司空见惯的商品了,它们成了许多人日常饮食中的组成部分。只要在脑中想象一下巧克力,人们便不难理解亚历山大·冯·洪堡对可可的热情了。但几乎不会有人认识到这种甜食其实有着悠久的历史。下面,本章将追溯这段历史,追溯可可豆从巧克力饮品发展至今的历程。鉴于学界的主流观点认为巧克力饮品征服全球的起点是美索美洲,那么我们就从这里谈起。

1943年，人们开始用"Mesoamerika"一词描述中美洲具有某种文化共性的一部分区域。在西班牙人即将到来之前，该区域大致涵盖了今墨西哥境内从北纬21度开始向南的部分领土、危地马拉与伯利兹全境，以及洪都拉斯与萨尔瓦多境内西经88度以西的领土。[2]（见图50）定居在该地区的所有群落都存有一定的文化共性。可以推测他们都知道可可，并且巧克力饮品在当地的贵族阶层中也非常流行。这里的居民建起了一个又一个城邦。城邦是举办大型仪式的中心，具有精致的建筑、雄伟的宫殿、大型的神庙建筑群和宽阔的林荫大道。人们在这些"大都会"中常会找到一种大型球类竞技设施的遗址，其作用至今依然成谜。（见图51）这种球类竞技项目的某种变体很可能被赋予了重大的宗教意义，因为其经常被描绘在石质浮雕或瓶形容器上。通过一些描绘我们可以看出，囚犯会参与到该项目的某种变体形式中，看起来其可能是某种牺牲仪式。[3]

这些位于美索美洲的文化都没有发展出铁器，作为替代，他们以"黑曜岩（Obsidian）"为原料制作的石刀和石匕均非常锋利。

在这里，不同文化的居民会依循相似的历法系统生活，而其中的许多文化都发展出了文字系统，例如居住在墨西哥南部山区的米斯特克人（Mixteken）就是如此。该文化繁荣于公元900年前后，结束于公元1500年前后。目前，米斯特克"手抄本（Schrift／Codize）"有八部存世。这些抄本采用彩色的"图形文字（Bildschrift）"书写，其中一些很像剧情连续的漫画。可可在其中被屡次提及。其中一份抄本，即所谓的"维也纳抄本（Wiener Codex）"描绘了一场婚礼，其中便包含一杯热气腾腾的巧克力。[4]

第6章 可可的起源 163

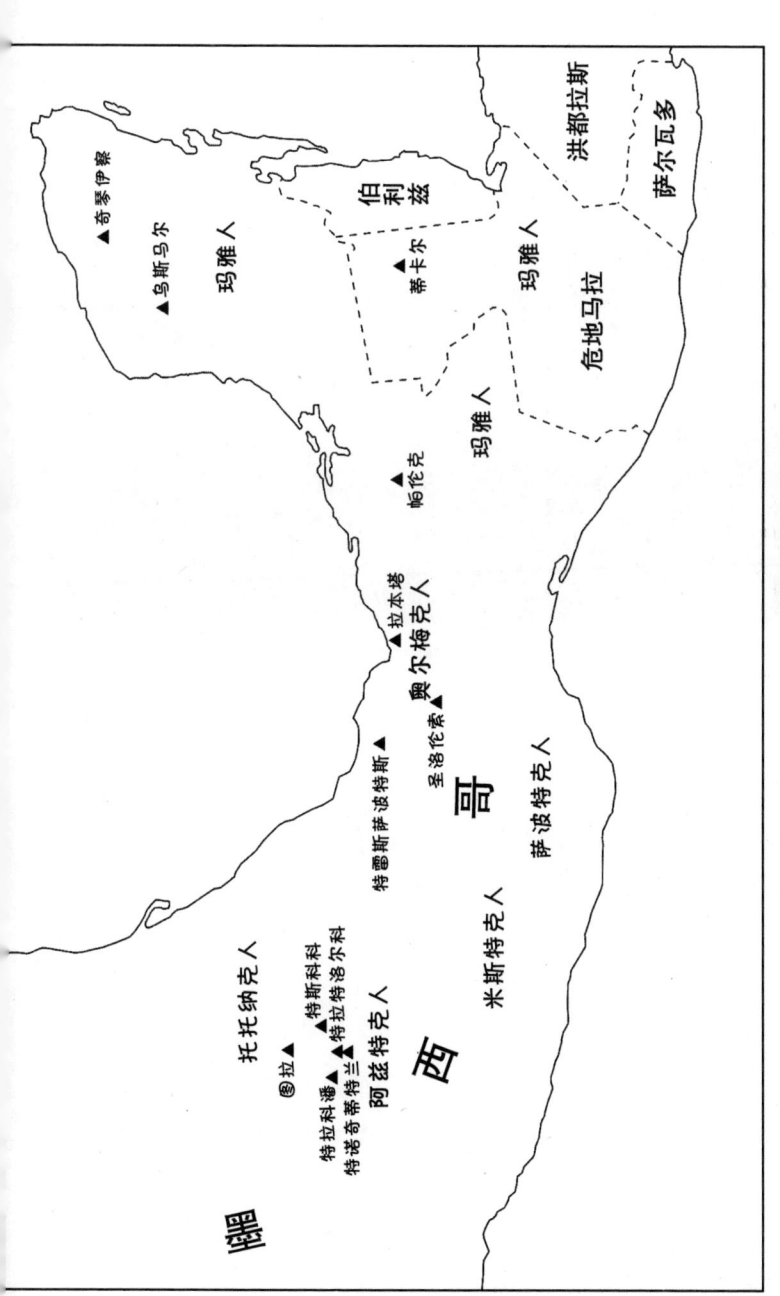

图50 今墨西哥与其南部邻国的美索美洲原住民聚居区

（地图标注）
墨西哥
托托纳克人
图拉 ▲ 特斯科科
特诺奇蒂特兰 ▲▲ 特拉特洛尔科
阿兹特克人
米斯特克人
特鲁斯萨特斯 ▲
▲拉本塔
圣洛伦索 ▲ 奥尔梅克人
萨波特克人
▲哈伦克
玛雅人
奇琴伊察 ▲
▲乌斯马尔
玛雅人
伯利兹
▲蒂卡尔
玛雅人
危地马拉
洪都拉斯
萨尔瓦多

图 51

奇琴伊察内的球场。这座中美洲蹴球场地是玛雅文化 500 多个球场中最为重要的一个。由于规模巨大，其很可能主要被用于仪式目的。

另一份"朱什－纳托尔抄本（Zouche-Nuttall-Codex）"则展现了统治者"美洲豹之爪（Jaguarkralle）"与"十三蛇（Dreizehn Schlangen）"的联姻，其中的新娘递给丈夫一杯珍贵的巧克力。[5] 虽然这两份抄本中出现的巧克力均表明了这种饮料的重要作用，但品尝可可及剖开可可果的想法是如何产生的？而谁又是第一个这么做的人呢？

请先想象一棵可可树，它上面结满了颜色缤纷、异光炫彩、形状怪异的巨大果实——如此一来，您就很容易理解人们为何会注意到它了。如果您还曾观察过猴子等动物以可可果为食的样子（见图 52），那么美索美洲的居民去尝试这种果实的理由也就昭然若揭了。我们尚不清楚第一次这样的尝试具体发生在哪个时期，但我

图 52

一只坐在可可果上的猴子。其由黏土烧制而成,制作时间在公元 600~900 年之间。

们现已知晓可可树早在 3000 多年前就在中美洲与南美洲人尽皆知了。南美洲的居民只食用可可果肉。人们要么用它制作水果饮品,要么待其发酵后生产令人沉醉的酒精饮品。中美洲的居民则既会使用果肉,也会使用可可豆,而用可可豆制成的饮品的地位尤为重要。所以中美洲的居民有食用可可豆的经验,而南美洲的居民只吃过可可果肉。科学家纳撒尼尔·布莱特(Nathaniel Bletter)与道格拉斯·C. 戴利(Douglas C. Daly)曾对此提出过一个有趣的理论。他们认为寻找刺激性且含咖啡因的兴奋剂是人类的动因之一。虽然南美洲生长着许多可以为居民提供刺激的灵丹妙药,比如马黛树

（Mate）①、瓜拉纳（Guaraná）②或烟草，但在中美洲，截至目前，人们还没有发现含大量咖啡因物质的植物。而可可豆可以提供两种兴奋剂物质，即可可碱与咖啡因，[6]所以其得到了中美洲居民的青睐与广泛使用。而这就是巧克力饮品的诞生。

但迄今为止，人们对可可的最早描述并非来自中美洲，而是来自秘鲁。研究者在一件约有2500年历史的器皿上发现了代表可可的图案。[7]我们尚不清楚人类种植可可的最早时间。目前，最古老的可可容器来自墨西哥，一件出自恰帕斯州（Bundesstaat Chiapas）的帕索德拉阿玛达遗址（Paso de la Amada），另一件出自韦拉克鲁斯州（Bundesstaat Veracruz）的埃尔马纳蒂挖掘场（El Manatí）。前者被学者特里·G.波伊斯（Terry G. Powis）确定为公元前1900年的物品，后者被认为来自奥尔梅克文化的公元前1750年时期。[8]利用一种特殊的分析法，研究人员在洪都拉斯北部乌卢阿山谷（Ulúa-Tal）的11块陶土碎片上检测到了可可的痕迹。这些碎片的历史可被追溯至公元前11世纪。

在一件于安第斯地区被发现的容器上也发现了可可的残迹，其历史可追溯至公元前1000年。这些资料表明，从很早以前开始，可可的使用即已非常广泛了。

除了一般意义上作为种的"可可（Theobroma cacao）"以外，西班牙人到来前的南美洲和中美洲居民所接触的可可也包括可可

---

① 即巴拉圭冬青，是南美洲的传统嗜饮品，加工和饮用方式都与中国茶类似。
② 也称"巴西香可可"，系"无患子科（Sapindaceae）"植物，原产于巴西亚马孙盆地，内含丰富的咖啡因、可可碱、茶碱等功能性物质。历史上，其一直是南美洲居民的主要咖啡因来源。20世纪以后，也有人尝试以其制作糖浆或生产碳酸饮料。

属下的其他植物品种。在后文中,笔者将一概使用"Kakao"(可可)或"Schokolade"(巧克力)泛指这些物种。

巨大的头颅:奥尔梅克文化

一般认为,今墨西哥的首个高度发展的文化是"奥尔梅克文化(Olmeken)"。他们生活在公元前1500~前400年时期,定居地为墨西哥湾(Golf von Mexiko)南部地区,即今韦拉克鲁斯州和塔瓦斯科州(Bundesstaat Tabasco)。

令奥尔梅克文化出名的是在其聚落遗迹发现的巨石头像。迄今为止,人们已发现了17座这样的雄伟石像,它们高达3米,被雕刻成一张张的人脸。(见图53、图54)专家认为这些头像描绘了奥尔梅克统治者的样貌,头上的头盔则代表了他们战士或球类竞技者的身份。每个石像都拥有独特的面部特征,而凸出且嘴角下垂的唇、浑圆的脸庞和佩戴的头盔则是它们的共性。巨石头像于1862年首次被发现。何塞·马利亚·梅尔加-塞拉诺(José Maria Melgar y Serrano,约1816~约1886)在他的墨西哥之旅中曾多次听说有关石巨人的传言。他深深为寻找古代艺术品的想法所吸引,于是开始循着谣言进行调查,并最终找到了这些宝物。他的报告是已知的首份对巨石头像的描述,为进一步研究奥尔梅克文化奠定了基础。[9]

直到今天,奥尔梅克文化仍被巨大的谜团所笼罩,我们就连其真正的名称都无从知晓。"奥尔梅克"一名可以追溯到西班牙征服时期居住在墨西哥北部的一个族群。但该族群的文化与3000年前居住在这片土地上的今被称为"奥尔梅克"的高度发展的文化没有任何关系。"奥尔梅克"一词来自纳瓦特尔语(Nahuatl),意

图 53

已被发现的一处巨石头像遗址,共有 17 座头像。据估计这些高达 3 米的头像已有 3000 年的历史。

为"橡胶之地上的居民"。纳瓦特尔语是印第安语的一种,至今在墨西哥境内仍被广泛使用。阿兹特克等文化都使用这种语言,其

图 54

这些头像各有独特的面部特征,所以人们认为它们雕刻的是统治者的样貌。

后来成了整个阿兹特克帝国(Aztekenreich)的通用语。研究者在半个多世纪以前开始用"奥尔梅克"来称呼美索美洲的第一个大型文明，但人们直到今天对它的了解仍非常有限。众所周知，奥尔梅克人种植玉米，擅长石工。但人们对他们的日常生活、世界观和宗教信仰所知甚少。考古学家发现了很多大型聚落的遗迹。第一个具有一定城邑特征的聚落可能始建于公元前1200年前后——圣洛伦索聚落（Ort San Lorenzo）位于今韦拉克鲁斯州南部，夸察夸尔科斯河（Coatzacoalco Fluss）高原之上。毗邻水路令贸易成为可能，于是圣洛伦索以此获得了许多重要的原材料，如玄武岩、板岩、玉石和黑曜岩，可能还有可可。随着时间的推移，奥尔梅克文化又建立了其他的重要聚落，如"拉古纳德洛斯塞罗斯（Laguna de los Cerros）"、"拉本塔（La Venta）"或"特雷斯萨波特斯（Tres Zapotes）"。人们在这些聚落里发现了统治者的大型宫殿、神庙建筑群和水渠。

与玛雅和阿兹特克文化不同，奥尔梅克文化几乎没有任何书面记录。在1990年代末发现"卡斯卡哈尔石（Cascajal-Stein）"之前，研究者一直怀疑奥尔梅克人没有文字。"卡斯卡哈尔石"是一块标准A4纸大小的石头，重约12公斤，其可能是关于美洲大陆书面文字的最早证据。在石块附近，人们还发现了残缺的土俑部件及碎片。根据这些发现，研究人员将该石块的年代确定在了所谓的"圣洛伦索时代（San-Lorenzo-Epoche）"，即公元前900年前后。[10] 石块上共有62个文字，呈词组或句群排列。目前，人们还无法破译这些字符。

由于人们对奥尔梅克文化知之甚少，于是一个问题便出现了：奥尔梅克人是否熟悉可可树或巧克力饮品？墨西哥湾沿海地区的热带与亚热带气候为可可树提供了理想的生长条件，因此奥尔梅克人很可能会在那里遇到或从那里引进可可。但很长时间以来，人们都无法确认奥尔梅克人能否将可可作为饮料饮用。2008年，学者们终于通过研究，在埃尔马纳蒂挖掘场的器皿中找到了可可的残迹。最近，圣洛伦索也有了类似的发现。这些研究表明：公元前1800～前1000年，可可制品在奥尔梅克文化精英人群中的传播已相当广泛。[11]

从语言学的角度也可以找到一些有关奥尔梅克人使用可可的参考情况。人们长时间以来都无法搞清奥尔梅克人所操的语言，语言学家一直在探索这个谜团。据推测，他们使用的是"米黑佐克语（Mixe-Zoque-Sprachen）"的原始形式。[12] 米黑佐克语是一个语族，墨西哥南部至今仍有人在使用它。在时间的长河中，该语族原始形式中的许多词汇被邻近的文化所采用，并以此方式留存至今。"Kakao"一词就是如此。学者发现该词最初的发音为"kakawa"，早在公元前1000年就是米黑佐克语原始形式的词汇之一。[13] 由此可以推断奥尔梅克人不仅知道该词，而且这个词还是他们语言的一部分，所以他们很可能也用可可树的种子制作过饮料。

可可之地上的玛雅文化

"玛雅（Maya）"是中美洲的原住族群，他们以前哥伦布时期高度发达的文明闻名于世。目前，大约有800万玛雅人生活在墨西哥、危地马拉、萨尔瓦多、伯利兹和洪都拉斯等国。尽管经历了被征服、被殖民与被压迫的历史，直至今日玛雅人仍顽强保留着他们的文化。

目前，可可与巧克力制作已然成为玛雅人日常生活的一部分。他们的巧克力与欧洲常见的不同，并不是被简化且已经包装好的工业制成品。在墨西哥，购买可可豆或可可液块，抑或在街上享用新鲜现做的巧克力饮品都是很常见的事。但这一切在1500多年前又是什么样子的呢？下面本节将仔细探讨被西班牙征服前的"古典玛雅人"①。因系操米黑佐克语的文化邻人，他们由此开始了解并喜爱可可。他们还会大规模种植可可并将其出售给附近的族群，比如出售给阿兹特克人。

古典玛雅人居住地面积大致与今天的德国相当。其东部包括尤卡坦半岛（Halbinsel Yucatán），南部包括恰帕斯高原（Hochländer von Chiapas）地区、危地马拉、萨尔瓦多和洪都拉斯，西部以格里哈尔瓦河（Rio Grijalva）下游为天然边界。

由于前西班牙时代的"玛雅抄本（Maya-Codizes）"仅三部存世，所以人们很难准确了解西班牙征服前的玛雅文化，人们目前所依据的资料大都来自被征服后的玛雅人所撰写的著作。这里的"征服（Konquista）"指1492年克里斯托夫·哥伦布（Christoph Columbus，1451~1506）登陆后，欧洲人对中南美洲大陆长达一个世纪的既有掠夺也有开发的全过程。

西班牙人到来后，传教士教授了当地贵族拉丁语的文字书写系统。于是，玛雅人从16世纪中叶开始使用拉丁字母书写自己的语言。西班牙征服者与传教士的笔记进一步提供了许多重要的细节信息。这里特别要提到方济会（Franziskanischer Orden）②

---

① 自玛雅人建立文明至被西班牙征服前的历史大致可被分为三个大的时期，即前古典时期（公元前2000~公元250）、古典时期（约250~900）与后古典时期（约950~1539）。
② 别称"小兄弟会"，系天主教四大托钵修会之一，由亚西西的圣方济（St. Franz von Assisi）于1209年创立。因会服为灰色，故其会士又称"灰衣修士"。该会提倡过安贫、节欲的苦行生活，初创时不论团体与个人皆不蓄财产，只靠捐助生存，会士需发贫穷誓愿以投身于宗教事业。

修士迭戈·德·兰达（Diego de Landa，1524~1579）的记录。[14] 德·兰达出生于卡斯蒂利亚（Kastilien）的一个贵族家庭。1549年，他加入了方济会，并以传教士的身份来到了尤卡坦。1572年，他被任命为尤卡坦主教，并于一年后上任。此外，他在破坏玛雅文化和玛雅文字一事上还发挥了重大作用。1566年，德·兰达在尤卡坦的笔记对玛雅人的生活、习俗、建筑、宗教、世界观和文字作了详尽的描述。虽然他本人对玛雅文化似乎不抱什么好感，但他的作品确实是当时对这一文化的一个最有价值的见证。

目前，我们通过考古学、语言学和"铭文研究（Inschriftenforschung）"获得了越来越多有关玛雅人的重要信息。但一个新的问题也随之出现：大部分研究对象都属于当时的上流阶层，比如随葬品、文字以及城邑遗迹中的绘画和装饰等。研究者通过这些研究可以得到许多关于贵族生活和活动的信息，但直到今天人们对占玛雅人口绝大多数较贫困的阶层仍知之甚少，对玛雅人的起源就更是懵懂——一如对奥尔梅克人的起源一样，其仍深深隐于黑暗之中。玛雅人最早的聚落遗迹可追溯至公元前1800年，其文化的鼎盛期则在公元250~900年之间。他们最初的聚落由泥与木头建造的小房子组成。这些聚落大都是没有什么等级制度的农业社群，每村不超过20户。随着时间的推移，聚落不断扩大，第一座玛雅人的城邑出现在公元前600年前后。这时玛雅文化已经发展出了具清晰等级制度的复杂社会结构，各专其职的职业群体也已出现，有艺术家、工匠、农民、战士、商人、贵族、祭司以及统治家族等。

在公元400~500年间，这里出现了许多小城邦。每个小城邦由一个主要的城邑和城郊的农村地带组成，其作为一个政治单位的领土范围并不大，一个人步行一天即可走遍。但很快，一些城邦开始变得比另外一些更强大，城邦间的依附关系和等级制度也由此出现。[15] 下面以位于玛雅文化低地聚落的城邑蒂卡尔（Tikal）为例。蒂卡尔是玛雅人最大且最令人印象深刻的城邑之一，它最繁荣的时期在公元680~830年间，当时有90000~125000人口。欧洲征服者总是在饶有兴味和不厌其烦地反复讲述他们第一次来到玛雅城邑的见闻，他们在故乡从没有见过规模如此宏大的城市。

迭戈·德·兰达这样描绘他在尤卡坦见到的城邑："尤卡坦应该因其建筑的数量、规模和壮美外观而享有盛名……这里比起秘鲁或新西班牙[①]也毫不逊色，因为这些数不尽的建筑是我们迄今在印度[②]发现的最为重要的东西，它们的数量如此之多，分布如此之广，而且建造方式极为与众不同——它们都是由方正的石块建造的，实在令人惊讶——但这片土地现在的状况好像已不如往昔，即便它仍然是一个很好的地方，但当这么多优秀的建筑被建成时，它显然处于更为鼎盛的时期……"[16]

玛雅城邑通常采取环形结构。其中心是神庙——例如奇琴伊察城（Stadt Chichén Itzá）的神庙（见图55）——毗邻神庙的是统治家族居住的宫殿，再往外则是隶属于贵族的建筑群。重要区域间往往都以铺砌过的街道相连。城邑的中层是商人的房屋，围绕

---

① 这里指的是分别于1535和1542年正式成立的新西班牙总督区和秘鲁总督区。其中，新西班牙总督的管辖范围十分庞大，除北美大陆的中西部地区以外，其还辖有佛罗里达、尤卡坦、危地马拉、菲律宾和古巴都督府。

② 此处指"西印度群岛（Westindische Inseln）"。1492年10月12日，哥伦布登陆巴哈马群岛并误以为此地为印度，故而得名。

图 55
位于奇琴伊察神庙群中心的阶梯金字塔。

商人的是工匠的房屋,城邑边缘则由农民的居住区构成。越外圈的建筑其建筑材料就越不坚固耐用,农民的住所主要由木材、黏土和植物枝条建成。

大型城邑的周边通常坐落着更多的农业聚落和一些较小的乡村城镇,它们皆系属于大型城邑的郊区。其间存在许多独立的城邦,它们互相会因各式各样的理由反复爆发武装冲突。比如争夺重要原材料和高级商品(如可可)贸易线路的控制权就是常见的冲突原因。军事冲突的另一主要诱因是竞争人力资源。这类竞争的目的不仅限于俘获妇女和儿童以令其融入己方社会,也在于俘获更普遍意义上的战俘。这缘于战俘在当时属于极具价值的商品,他们会被用来祭祀神灵或被当作奴隶出售。[17]

从玛雅的城邑结构可以看出该文化存在明显的社会分层。社会似乎被分为两个大的群体：一方是贵族，另一方是平民。在这两个社会群体的内部又被分别划分出了不同阶层。玛雅文化中的最高阶层是世袭贵族，他们由统治者及其家族组成。目前尚不能完全明确神职是否也属于这一阶层，可以肯定的是，统治者或其近亲有时也会担任宗教职务。此外，远途贸易、掌管可可种植园和开发盐田等重要经济部门似乎也属于专为贵族保留的特权。[18]

构建玛雅社会的基础是一个个相对独立的社会群体。其中农民尤为重要，他们为整个城邑生产粮食。富有的商人同样也成为一个群体。另一个社会阶层是工匠，这些人在社会中比起农民可能更受到尊敬。画师、石匠、泥瓦匠、金匠和裁缝等均属于工匠群体。还有一个阶层负责世俗或宗教的行政工作，其中包括宫殿与神庙中的仆役、簿吏、税吏、教师、宫廷编年史官和掌管历法的祭司等。社会中地位最低的阶层是奴隶。"有的人生来就是奴隶。与奴隶结婚的人也会成为奴隶。某些因财产犯罪而被抓获的罪犯也将沦为奴隶。这些奴隶主要在贵族和'ayik'al'掌管的可可种植园中工作。"[19] "ayik'al"意为"富有的商人"。

农民种植的食用作物中最重要的是玉米。玉米不仅是饮品和粥，也是主食，人们会将它烘烤或磨碎后食用。由于其是维持人们生命的根基，所以也具有神话意义。玉米被认为是一种神圣的植物，并作为神的恩赐而受到崇拜。玛雅人相信人类是众神用玉米面团捏成的。众神最初试图利用土和木头创造人类，但都失败了；然后众神使用了玉米并获得了成功。因此，玛雅人有时也会自称为"玉米人（Maismenschen）"。[20]

玛雅人一般会采取轮作的方式种植玉米及其他作物。这是地球上最为古老的耕作方式之一，至今仍在中美洲存续。传统的轮作被称为"林农轮作(Wald-Feld-Wechselwirtschaft)",也称"轮耕(Shifting Cultivation)",通常是一种刀耕火种的农业。执行轮作时首先要将高大的乔木砍倒,然后烧毁剩下的乔木和灌木。这并不会引发森林火灾,因为人们会将火势限制在一片事先划定的区域。当然,这需要使用某种特殊的技巧。烧林还有重要的附加价值:一方面,草木的灰烬可以为农田提供肥料;另一方面,燃烧也可以消灭所有的害虫。燃烧后形成的田地可以耕作三年,然后必须休耕五年以便盐和矿物质重新渗入。[21] 由于这种耕作方式需要很大的土地面积,故其能养活的人口不多。如果人口大量增加,就会导致农业经济形式呈现集约化发展的趋势。于是,烧林会变得愈加频繁,进而造成巨大的破坏。然而,玛雅农民依靠的耕作方式不仅限于一种。最近以农业地理学为研究重点的发掘工作表明:玛雅人除轮作外还掌握了许多其他种类的耕作技术,比如各式各样的人工灌溉系统。[22]

除了玉米,玛雅人的重要作物还包括南瓜、大豆、辣椒、番薯、丝兰、鳄梨与番茄等。当然,在丰盛的一餐中也少不了肉类,但对平民来说只有比较富裕的家庭才负担得起。玛雅人常吃的肉除了各种鸟类外,还包括火鸡——其深受西班牙征服者的欢迎——鹿、西猯(Nabelschweine)① 以及捕自湖泊、河流和海洋中的鱼。迭戈·德·兰达曾对被用作食用肉的各种动物作过详述:"有一种比较小的麞羊[Steinbock,意为'小马鹿(kleiner Rothirsch)']②,其速度非常快,颜色接近深棕色;这里也有猪,

---

① 系生活在美洲大陆的"猪形亚目(Suina)"动物,外形和习性均与猪相似。
② 此处平角括号中内容系本书原作者所加,但它并非鹿属而是山羊属动物。

那是一种小型动物，与我们那里的猪非常不同，它们的肚脐长在背上，而且气味极其难闻。这里的鹿非常多，这实在太棒了，它们的个头也很小，肉质非常鲜美。这里还有无数的兔子，它们各方面都与我们的兔子差不多，只是脸很长且并非扁平，看起来更像羊的脸；这些兔子的个头很大，肉也很美味。此外还有一种小动物，看起来总是凄凄然的，一到晚上就会不断在山洞等可以藏身的地方窜来窜去；为了捕捉它们，印第安人有一种特殊的陷阱；它像野兔一样胆小，边跳边移动。它们的门牙又细又长，尾巴却比兔子的还要小，毛色又绿又暗；如果将它饲养在室内，它则非常友好温驯，它的名字叫'Zub'[意为'金兔（Goldhase）'，在尤卡坦被称为'Aguti']①。"[23]

从玛雅人的记载中我们可以进一步获得其日常生活的重要细节。玛雅文字的起源可追溯至公元前4～前3世纪，直到17世纪的西班牙征服时期才逐渐被遗忘。在存在的2000多年间，它是中美洲最为古老的文字。人们现在推测：玛雅人采用了说米黑佐克语族群的书写系统，并在这一基础上作了更进一步的发展。与其他前哥伦布时期的象形文字不同，玛雅文字具备记录所有口语词汇和所有口语语法形式的功能。200多年来，人们一直致力于破译玛雅图形文字，但至今尚未实现完整破译。[24]该文字拥有700多个字符，截至目前学者只破译了300~400个。

玛雅人留下的文字除了石刻，还有书籍，即前所述及的抄本。这些抄本写在长达数米的"树皮纸（Bastpapier）"上，而树皮纸则由无花果树皮制成。纸上涂有一层薄薄的石灰以作为书写面，然后纸带会像折页一样被叠在一起，再装上木质封面——也有封面

---

① 即红臀刺豚鼠（Dasyprocta leporina）。

是用美洲豹皮制作的——进行保护。目前，尚不清楚玛雅文化留下了多少书籍，但据信这一数字非常巨大。许多书籍遭到了炎热潮湿气候的损坏，但造成更大悲剧的则是西班牙人的破坏。出于宗教狂热，这些著作被系统性地销毁。像迭戈·德·兰达这样的狂热分子相信，他们已通过这种方法彻底根除了当地的神灵信仰和祭祀的权力基础。德·兰达如此描述自己的行为："我们发现了大量带有这种字符的书籍。鉴于其中的全部内容都是迷信与魔鬼的感言，我们便将它们全部焚毁了。印第安人对此表现出了遗憾与哀叹。"25

这些抄本已几近彻底湮灭，仅剩三部存世。今天，我们以其所在图书馆的地点将它们称为"德累斯顿抄本（Codex Dresdensis / Dresdner Kodex）"、"马德里抄本（Codex Tro-Cortesianus / Codex Madrid）"和"巴黎抄本（Codex Peresianus / Pariser Kodex）"。① 它们均来自北部低地，写于西班牙人入侵前不久。

在玛雅社会中能阅读这些著作的人只占总人口的约1%——学习它们是祭司和贵族的特权。这些作者在其中写下了那些永垂不朽的政治和历史事件，并谈及宗教仪式、世界的创造、军事战争、

---

① 在这三部前哥伦布时期玛雅文明的文献中，"德累斯顿抄本"最为重要，除记载了各类仪式外，其还对玛雅文明的重要历法"金星周期"作了精确的记录。后来，墨西哥著名艺术品收藏家暨文化保护者霍苏埃·萨恩斯（Josué Sáenz）于1971年允许迈克尔·D.科在纽约格罗利尔俱乐部（Grolier Club）展示了一部于1960年代从恰帕斯州洞穴中发现的抄本。尽管这部抄本的真实性在一段时期内存有争议，但多项研究最终证明，其要比"德累斯顿抄本"古老了近一个世纪，可以追溯至公元1021～1154年间，是整个美洲现存最为古老的文献。2018年，墨西哥国家文物局将其正式定名为"墨西哥玛雅抄本（Mexiko Maya Codex）"。

出生、婚礼以及统治者的生活等。"德累斯顿抄本"与"马德里抄本"中均提到了可可，但没有任何有关其制备与使用的详情说明。人们得知可可会被做成饮品并非通过阅读书籍，而是通过研究器皿上的铭文与绘画中的内容。这些以可可为绘画主题的精美容器为贵族所专用。所有陶器都是日常生活用品，但同时也是极为名贵的物品。这些珍贵的器皿会被统治者作为赠礼送给特别的客人、盟友或麾下的首领，于是它们便成了巩固社会联系的纽带。此外，陶器也会在装满饮品后作为随葬品陪伴逝者前往来世。[26] 这些器皿中的饮品不是逝者的食物，而是带给那些格外尊贵的祖先的礼物。

玛雅人与美索美洲其他文化的居民一样，并不会使用陶轮，他们的制陶工艺无需借助工具。绘制陶器表面图案的工匠技艺非常高超（见图56左），他们的社会地位很高，有可能属于贵族。绘画的内容仅限于表现玛雅精英的世界，其主题主要涉及两个领域：一是宫廷生活与历史事件，二是玛雅神话的世界。人们在许多描绘宫廷生活的器皿上都可以找到可可树、可可果、可可豆和巧克力饮品等内容。有些陶器上还画着手拿可可豆的蜘蛛猴（Klammerschwanzaffe）或松鼠（见图56右）。迄今为止，可可这种植物的一切自然扩散都与这两种动物息息相关。[27]

陶器上的文字往往非常重要，其不仅有针对绘画的描述，还有该器皿的赠献铭刻。人类学家与铭刻学家迈克尔·D.科（Michael D. Coe）发现这些陶器铭刻中的字符总是依据一定的顺序排列，即所谓的"原始标准序列（Primäre Standardsequenz）"，缩写为"PSS"。尽管生活在1970年代的科尚无法破译它们，但他的发现奠定了该领域重要的理论基础。后来，人们证明器皿上的这些字符序列含有如下信息：首先是该物品所敬献的对象，要么是

图 56
左：由黏土烧制的礼器（公元 500~700）；右：绘有手持可可果猴子的高杯（公元 550~900）。

献给神，要么是献给某人。其次是描述器具的形状，即为饮器或是碗等。再次是绘画者的创作方式，例如是雕刻还是彩绘；在某些器皿上还可以找到撰文者的名字。复次是所盛饮食的配方，类似于食谱。最后则会写下器皿主人的名字。[28] 现在，我们根据这些信息可以得知，高而细的容器通常是用来享用巧克力的，而玉米饮品"Atole"则会使用较扁平的盘状容器盛放。"Atole"是一种糊状热饮，由混入水中的玉米粉制成，并佐以蜂蜜添加甜味。研究者发现除了上述经典配方的"Atole"，其还有一种添加巧克力的做法。[29] 目前，含有可可的"Atole"在墨西哥和危地马拉仍很常见。

目前，人们对原始巧克力饮品配方中的添加物尚所知不多，可以明确的只有玉米和红木种（Achiote）等寥寥数种。红木种是南美洲红木（Bixa orellana，也称"胭脂树"）的种子，其提取物"胭脂树红（Annatto）"主要被用作香料或着色剂，具有淡淡的花香和浓郁的红色。

顺便一提，研究者首次成功破译器皿上的饮食配方就找到了表示可可的图形文字。"杰出的铭刻学家戴维·斯图尔特（David Stuart）获得了这一成就。他从8岁就开始研究玛雅文字。斯图尔特指出该字符由一个鱼的图画和一个梳子状记号组成，这两部分的读音为'ka'，而字符的结尾为代表'w'的记号。许多证据可以表明鱼是梳子记号的同义替代——'梳子'实际上代表的是鱼骨——因此斯图尔特将整个字符解读为'ka-ka-w'，即可可的读音。"[30]（见图57）

于器皿和抄本上发现的图形文字不仅向我们叙述着文本本身，也提供了日常生活中许多领域的信息。通过这种方式，人们得以了解许多玛雅人有关世界的创造、诸神以及生活观念的认识。在我们的旧大陆，数字10非常重要，人们的整个日常生活都基于十进制系统，但在玛雅人那里却并非如此。他们根据美索美洲的普遍传统采用了基于数字20的二十进制计算系统。[①]玛雅文化的所有数学算法都基于这一系统。此外，当时的玛雅人已经认识到数字0的存在，而在同时代的欧洲还没有这个概念。他们的贸易也是基于二十进制，但因没有天平或秤，玛雅人在交易时不会用到重量，而是会小心谨慎地权衡所有利弊。

玛雅人的时间观念也基于复杂的二十进制系统。他们依照繁复的循环历法生活，这是欧洲人抵达前的美索美洲最为重要的智

---

① 与十进制不同，美索美洲的二十进制不是从数字1开始，而是从0开始，其包含20个字符分别表示数字0~19。

图 57
表示"ka-ka-w"（可可）的两个图形文字。

力成果之一。玛雅人会在天文台中追寻星星的轨迹。他们用这种方式能够在几分钟之内确定太阳年、月相和金星的运行轨道，还能识别星座。玛雅的太阳年为 365.242129 天。[31] 为了对小数点后的数字进行补充，他们还在历法中设置了类似于闰年的修正系统。因而玛雅人在这方面也领先于旧大陆的居民：以这种方式计算的"玛雅历（Maya-Jahr）"要比"儒略历（Julianischer Kalender）"更加精确。

玛雅人将一年分为 18 个月，每个月 20 天，所以每年还会剩下 5 天。这 5 天会被添加到第 18 个月中，并且通常会被认为是一段不吉利的时间。每个月份都有自己的名字。这套历法被称为"哈布历（Haab）"，是为社会生活服务的。此外，玛雅人还有一套用于仪式占卜的"卓尔金历（Tzolkin）"。这套历法以 260 天为一个周期，至今仍被危地马拉印第安人中的基切人（Quiché）、伊西尔人（Ixil）和马梅人（Mam）所使用。其将一个周期分为 13 个各含 20 天的单元。因此，将两套历法相互参照便会得到一个为期 52 年的循环周期。

玛雅历法中划分一年的依据非常特殊，即为了纪念众神。众神的世界基于一种复杂交错的神谱体系。每位神的重要性会随地域和时间的变化而变化。有些神只在一年中特定时期发挥作用，有些神会被牢牢锁定于某个地点。"众神（Götter）"、"守护灵（Schutzgeister）"和"祖先（Ahnen）"间的界限非常模糊。重要的神一般是那些被赋予了自然基础力量的神，例如雨神恰克（Chaak）、太阳神基尼奇·阿豪（K'inich Ajaw）。此外，玉米神伊克西姆（Ixiim），即玉米作物的化身，在玛雅神谱中也占据了中心地位，代表的是最为主要的食物，生命的根基。可可也被与特定的神联系起来。除了天界与地上界的神祇外，这一系统中还有死神等地下界的神明。

人们必须时刻照顾神与守护灵。统治者作为守护灵与玛雅人间的中介，最为重要的任务之一就是照顾和供奉神祇与被神化的祖先。以此为目的，存在着各种各样的仪式，比如供奉可可、燃烧柯巴脂（Kopal）① 或为"崇拜形象（Kultbild）"② 着装。此外，还有通过苦行、自我伤害或人祭的方式向神献上的血祭。血祭通常只会在特殊节日或遇到某些特殊紧急情况时才会进行。人牲通常都是战俘或奴隶，但也会有儿童、男性或外貌极美的女性。[32] 在玛雅全盛期即将结束时，人祭有所增加。当时，人们的生活条件有所恶化，这些祭祀是为了安抚众神。也是在这一时期，即公元750~900年，玛雅的许多城邑都出现了衰落迹象。不同地区的城邑发生衰落的时间与程度各不相同，而且并非所有的城邑都

---

① 系采自"裂榄属（Bursera）"某些植物的树脂制作的香料，虽状似但化石程度未及琥珀，燃烧后可产生芳香，常被美索美洲各文化用于祭祀、仪式等场合。

② 指在宗教活动中具有代表意义的形象。其可以是具有具体形象的偶像，也可以是某件物品或某张图画等；所象征的对象既可以是神或更高级的存在，也可以是具有特定宗教含义的人物、事件和场景等。

出现了这一现象。迄今为止，人们还不清楚导致玛雅文化衰落的原因。其实这可能是一个由复杂因果关系交织而成的结果。[33] 一个重要的因素可能是人口过剩。目前，危地马拉最大的佩滕省（Departamento Petén）居住着367000人。据估计，该地区在公元8世纪时约有1000万人口。[34] 其他原因可能还包括土壤枯竭、某些地区的持续干旱以及森林遭到破坏。但实际上在这些发生以前，玛雅的政治秩序已然开始瓦解。神王的国度崩溃了。"异常稠密的人口需要更多的资源维持生存。但随着统治机构的瓦解，社会中失去了足以发展新农业方式或招募足够劳动力进行大型农业生产的政治权力。玛雅社会已然无力建造水库、发展梯田或构建灌溉系统，更无法确保生活必需品的合理分配。"[35]

首先，贵族离开了大型城邑。农业人口随后占据宫殿并在城邑废墟中居住了100~200年。在接下来的几十年中，数百万玛雅人离开了南部低地（今佩滕省），或向北迁徙至尤卡坦，或向南迁徙至今危地马拉高地。玛雅城邑则独自被留在那里，很快就被雨林覆盖，然后被遗忘了几个世纪。

统治者的饮品

玛雅人从使用米黑佐克语的文化中借鉴了可可一词，此事可能发生在公元前300~公元400年之间。[36] 米黑佐克语中的可可读作"kakawa"，该词被玛雅人演变为"kakaw"。特别需要注意的是，玛雅人的可可并非从野生可可树上采集而来，而是先培育了经典品种"Theobroma cacao"（可可），再将其大规模种植，最后从田间的可可树上采收的。可可种植是玛雅人最为重要的产业。当然，这仅能在部分地区得到实现，因为可可原产于热带，需要一定的气候条件才能生长。它们限制了玛雅人只能将可可种植在以下地区：今塔瓦斯科州东部的琼塔尔帕地区（Chontalpa）、今危地马拉的太平洋沿海平原以及今墨西哥东南部的恰帕斯州。这些可可种植区配备了先进的灌溉系统，实现了收成的最大化。[37] 通过远途贸易商繁复的贸易路线，可可可以到达玛雅文化的所有地区，以及迟些也会进入阿兹特克帝国境内的各地。

尽管可可在某些地区实际上无法繁育，但总有些贵族想碰碰运气。例如尤卡坦就进行过这样的尝试：有人在潮湿的天坑和地下井，即所谓的"石灰阱（Cenote）"中堆满粪肥，然后在其中种植可可。"它们似乎是富裕家庭的私有财产，但其实不可能收获太多可可。与索科努斯科（Soconusco）和琼塔尔帕的专业种植相比，尤卡坦这些天坑中的可可园不过是富有玛雅人的消遣，其可与富有美国人在曼哈顿顶楼温室种植热带兰花和番茄的设计相媲美。"[38] 如前所述，我们今天所掌握的有关玛雅人享用可可的大部分信息皆来自高贵饮器上的图画和铭刻。不幸的是，我们已无从得知普通玛雅人是否也会饮用巧克力，也不知道他们是否购买得起。器皿上的绘画似乎表明，拥有可可是财富和权力的象征。但即使有了这些精英阶层畅饮可可的资料，许多问题依然没有答案。据推测，玛雅人饮用巧克力时既喜欢热饮也喜欢冷饮，还有人会品尝温度适中的巧克力。玛雅人知道各式各样的巧克力饮品配方，它们拥有许多不同的成分和制备方式。可可可被制成糊状食用，或者去壳后直接食用，也可将可可豆用手辊磨碎后使用（见图58），比如用作酱汁中的香料。[39] 还有许多被加入过可可的配料如今已不为人知，或尚未被确认——比如被记录在器皿上但尚无法被破译的配方中的成分。[40] 但人们可以确定玛雅人的

图 58

带手辊的石碾，被本地人称为"Metate"。它的主要用途是加工玛雅人的主食玉米，但也会被用来研磨可可。

巧克力饮品有果味、花香、甜味甚至辛辣味。添加碎玉米的喝法也很流行，正如我们从迭戈·德·兰达那里了解到的："他们会烘烤玉米，然后将其磨碎并与水混合，这时如果再添加一点多香果（Nelkenpfeffer）[①] 或可可，它就会变成一款非常清爽的饮料。他们还会用玉米和可可粉制作一种糖浆，这种糖浆非常美味，会被用来庆祝节日。此外，他们还从可可中提取了一种看起来非常像黄油的脂肪，并会用这种脂肪和玉米一起制成另一种既美味又珍贵

---

① 也称"众香子"或"牙买加胡椒"，因具有丁香、胡椒、肉桂和肉豆蔻等多种香料的味道而得名。

的饮料。"[41] 通过搭配玉米，玛雅人将可可制成了一种营养非常丰富的淀粉饮料。除了这种随处可见的无酒精巧克力饮品，还有一种会让人"沉醉"的版本。就像其他南美洲文化中的一样，这里的人也会发酵可可果浆。这种饮品被赋予了极具画面感的名称"枝头新鲜可可（baumfrischer Kakao）"。其中的"新鲜"指果浆的发酵时间不可过长，否则酒就会变成醋。

玛雅人以及后来的阿兹特克人都喜欢附有一层厚厚泡沫的饮品。这一情景可在绘画中反复看到：饮器中装满带有一层泡沫的可可饮品。[42] 这些泡沫是将器皿中的巧克力从高处倒入另一个器皿时形成的，类似的画面一次又一次地出现在饮器上。关于这一问题，植物学家阿吉拉尔·绪方操（Nisao Ógata Aguilar）提出了另一种理论。他在墨西哥研究期间认识了一种名为"黑角荚藤（Gonolobus niger）"的植物，其今天仍会被添加到巧克力饮品中。它可以增加并膨胀泡沫。也许我们可以假设，前哥伦布时期的本地族群即已认识并开始使用这种植物了。[43]

厚厚的泡沫之所以受到欢迎，皆因其可以增强可可的味道。当泡沫在口中破裂时，包裹其中的香气物质就会在舌头上释放。

巧克力饮品一般不在平素之日饮用，只会在特殊场合出现，比如订婚庆典或婚礼仪式上。在贵族阶层的庆典中供应巧克力是一种习俗，它被用来加强社会关系及与政治同盟的联系。"他们常常会在宴会上将平日斤斤计较得来的钱财挥霍殆尽；庆祝节日的方式大致有两种。第一种是仅限首领和上流人士举办和参加的。每位参与宴会的客人都有义务举办另一场与之规模相近的宴会，并作为主人为其他人提供烤鸟、面包以及大量的可可饮品。"[44] 从贵族宫殿的垃圾堆里可以看出此类大型庆典的浪费与奢华。人们在挖掘过程中发现了极为庞大的垃圾堆，它们很可能就是在此类庆祝活动中产生的。其中包括许多破损的艺术品、宗教雕像以及最为重要的，即与大量动物骨头堆置在一起的饮食器具。[45] 这些垃圾山是如何产生的？玛雅人为何不清理它们？这些问题至今仍没有答案。

大型庆典活动结束时，主人通常会向客人赠送有助于巩固政治联盟的珍贵礼物。被当作礼物的一般是特别有价值的食物或艺术品，如凤尾绿咬鹃（Quetzal，也称"格查尔鸟"）①的羽毛、贝壳、棉质披风、一篮玉米、一袋可可以及名贵优雅的陶制巧克力饮器等。这些巧克力专用的陶器通常系私人使用之物，但其也经常被用于宗教仪式。比如在尤卡坦的"洗礼"仪式中就会用到巧克力。所有孩子长到12岁时都会在这样的仪式中"受洗"。为此，孩子与父母们会聚集在事先约定好的某座私宅中，一旦家人、祭司和权贵到齐，一系列庄严的活动马上会随之展开。

据说制作"洗礼"仪式用的巧克力必须使用"纯净（jungfräulich）"的水，即必须使用从森林的树洞和石洞中收集来的水。除了纯净之水，仪式用可可中还要有鸡蛋花（Plumeria，也称"缅栀子"）②。仪式开始时，先由一位事先选定的贵族男性从一位祭司那里获赐一块骨头。然后他会走到孩子身边，摸每个人的额头九次。接着他会把骨头浸入装有巧克力的器皿中，再用它擦拭所有孩子的前额、脸颊及脚趾和手指间的缝隙。[46] 迭戈·德·兰达曾详述过这种仪式。这是一种成年礼，青春期的年轻人就此被成人社会所接受，从此开始具有了结婚的资格。德·兰达在他的笔记中称这种仪式是一种"洗礼"，可能缘于年轻人在这种仪式中会被"纯

---

① 系危地马拉国鸟，鸟毛色彩艳丽，多呈翠绿色。
② 系"夹竹桃科（Apocynaceae）"植物，原产于西印度群岛、中美洲和南美洲，现已遍布全球热带及亚热带地区。

洁"的水碰触脸颊与四肢,这里的水与基督教洗礼中圣水的作用非常类似。这种仪式性的做法一直延续到了今天,中美洲人在庆祝诞生或婚礼等重要活动中仍会这么做。

可可对玛雅人来说具有重要的宗教意义,其与神祇艾克·曲瓦(Ek Chuah)的联系便可以佐证这一点。艾克·曲瓦与许多神一样具有双重本质:一方面他是战争之神,另一方面他也是商人、旅者和可可之神。(见图59)[47]"Ek Chuah"一词很具体地阐明了该神祇的形象。人们将神画成黑色,因为"Ek"在所有地区的玛雅语中几乎都被赋予了"黑"的含义;而尤卡坦玛雅语会用"chuh"称呼一种蝎,[48]所以艾克·曲瓦总会带有一条长长的蝎尾。此外,神还拥有非常大且下垂的下唇。每逢哈布历姆安月(Muan,公历4月底至5月初),可可种植园主都会举行节日庆祝活动以荣耀艾克·曲瓦、雨神恰克及东方神霍布尼(Hobnil):"为了庆祝,他们集聚在其中一位种植园主的土地,并在那里献祭了一只斑点猎犬——因为它的皮毛是可可色的。他们在神像前点燃香料,并献上蓝岩鬣蜥(Blauer Leguan)、某种鸟的羽毛以及其他猎物。他们给了在场的每个随从一颗可可果。在献祭和祈祷后,他们开始食用和饮用刚才的祭品,并如传说一般饮用巧克力饮品,而且饮下的部分不能超过剩下的3倍。随后他们走进宴会主办者的家中,开始欢乐地庆祝。"[49]

可可能够发挥重要作用的另一个场景是葬礼。不仅可可饮器会被当作随葬品,可可豆也是逝者在前往彼岸之路时不可或缺的随身物。被献给已故君主的都是那些最具价值的物品,包括玉器、鳐鱼棘等血祭时使用的礼器,以及黄铁镜、抄本、灌肠器、动物、乐器、柯巴脂、燧石、黑曜岩,最后是装满食物和可可豆的陶器。

可可在医疗领域也有着特殊地位。在一部写于西班牙征服

图59

艾克·曲瓦，商人、旅者和可可之神。他经常被人们描绘成身黑、长有一条长长的蝎尾且具有红色巨大下唇的形象。（图片源自"马德里抄本"，其为存世的"玛雅抄本"中题材最为广泛的一本。）

时期的玛雅著作中，作者将可可视为治疗腹部症状的药物："如果病人肠子里有气，就给他服用泻药。然后取五枚生可可豆和黄钟花（Tecoma stans / xkanlol）的种子，置于一枚雷亚尔银币（Realstück，西班牙货币单位）上以测量其分量是否恰当。然后将它们混合起来添加到饮料中，病人就会康复。"[50] 目前，许多研究人员都在集中研究可可豆的药用价值。虽然相关研究还没有得出具有说服力的结论，但玛雅人似乎相信可可是灵丹妙药，相信其可被用于治疗腹泻、麻疹或减轻分娩疼痛。玛雅人也意识到了可可脂所具有的轻微消毒作用。最早的可可脂是从可可饮品中取得的，当饮品冷却后黄色的油脂就会积聚在表面。玛雅人发现了这一点，并对其作了进一步的利用。可可脂外用可以消毒，可被用于治疗炎症、银屑病和动物咬伤等，也可用作身体乳从而起到护理皮肤的作用。

除了食用和药用价值，可可豆还具有更为深远的意义。它曾被玛雅人当作易货的商品和货币。人们会带着珍贵的可可豆去买东西，并用它在城邑的市场中交换食物和日常用品。它也是履行纳贡义务时的一种支付方式。从抄本中我们得知，玛雅人拥有一套复杂的纳贡制度，附属王国有义务向强大王国的最高统治者纳贡，其常见的贡品就包括可可豆。贡品的具体内容在抄本中均有详细的记录。

驻足仙人掌的鹰：阿兹特克文化

> 我们对着脚下这座宏伟的建筑赞叹不已。我们又眺望了一眼集市广场，那里的喧闹持续了一个多小时。有些去过君士坦丁堡和罗马的人说，他们以前从未在任何地方看到过规模如此巨大、人群如此密集的市场。[51]

1519年11月22日，贝尔纳尔·迪亚斯·德尔·卡斯蒂略（Bernal Díaz del Castillo，1492~约1581）记下了这些文字。该月，西班牙人进入了阿兹特克的国都，并因其规模和壮美留下了深刻的印象。德尔·卡斯蒂略生于西班牙，于1514年航行至古巴并加入了军队。他参与了埃尔南德斯·德·科尔多瓦（Hernandez de Cordoba，1475~1526）和胡安·德·格里哈尔瓦（Juan de Grijalva，1490~1527）的发现航行，并于1519年在埃尔南·科尔特斯（Hernán Cortés，1485~1547）的麾下服役。他经历了西班牙人对阿兹特克帝国的征服。84岁时，他撰写了回忆录。人们目前普遍认为，要了解征服阿兹特克暨征服墨西哥的过程，这些记录是来源最为可靠且内容最为丰富的文献。

▽

13世纪初，阿兹特克人迁徙至墨西哥谷［Tal von Mexiko，也称"墨西哥盆地（Becken von Mexiko）"］。截至1519年西班牙人抵达时，他们已然建起了一个庞大的帝国，其权力中心是海拔2240米的特诺奇蒂特兰城（Stadt Tenochtitlan）。据推测，在西班牙征服时期，那里居住着超过15万居民。[52] 今墨西哥首都墨西哥城正处在这座过往大都市的旧址上；阿兹特克人的国都则深埋于现代化的混凝土建筑下，默默守护着它的过去。但每当墨西哥城有重大建设项目动工时，失落的帝国总会将自己的一角暴露在世人面前。

特诺奇蒂特兰城位于墨西哥谷，坐落在特斯科科湖（Texcoco See）西部的几座小岛上，其通过北、西和南三面的堤道与大陆相连。特斯科科湖现在的规模早已不复往日。它在漫长的岁月中逐渐为西班牙人所耗尽，目前只剩下墨西哥城南部一小片70公里宽的水域。墨西哥谷是一块没有外流河水的盆地，其西、南与东三面均与火山山脉相接，其中一些山脉高达5000米，例如波波卡特佩特火山（Popocatépetl）和伊斯塔西瓦特尔火山（Izaccíhuatl）。从此处向北，地形会逐渐过渡到北美高原的草原地区。因海拔差异较大，阿兹特克聚居区的气温变化很大。

相较对奥尔梅克文化和玛雅文化的了解，我们现在对阿兹特克人生活的了解要更为详细。这些了解一方面来自阿兹特克人被征服后的著作，另一方面来自征服者和传教士的报告。然而我们不应忘记，他们的描述无不处在个人动机、政治立场和宗教信仰的制约之下。于是，西班牙人对阿兹特克人历史的描述只能始于阿兹特克文化即将终结的时刻。此外，被征服前的阿兹特克帝国的著作也和玛雅著作一样，在征服中成了传教热情下的牺牲品，那些悠远的历史也就此淹没在了故事与神话的迷雾中。

阿兹特克人自称"墨西卡（Mexica）"，其确切起源至今尚不明确。"Azteken"（阿兹特克人）一词指的是被西班牙人征服的族群，由耶稣会（Orden der Jesuiten）①修士弗朗西斯科·哈维尔·克拉维赫罗（Francisco Xavier Clavijero）于18世纪时始用。[53] 此前，人们普遍使用"Mexica"（墨西卡）或"Mexican"（墨西卡人）来称呼这一族群。但"Mexica"在过去并无统一的用法，其不仅被用于指代后来的阿兹特克人，还会被用来描述那些后来成为现代墨西哥国家居民的不同血统的族群。"阿兹特克人"意为来自神秘之地"阿兹特兰（Aztlān）"的居民。据学者推测，阿兹特克人在13世纪初从这块被称为"白鹭之国（Land der Weißen Reiher）"的土地上迁徙至墨西哥谷。这块土地在传说中位于墨西哥西部或西北部。关于这次迁徙的原因，流传下来的只有神话故事：阿兹特克的部落神"威齐洛波契特里（Huītzilōpōchtli）"预示子民应该离开阿兹特兰（"像蜂鸟一样飞走"），历尽长途，抵达湖中的一座岛屿。在那里他们会遇到一只驻足于仙人掌上的鹰，鹰

---

① 系天主教主要修会之一，创立于1534年。该会修士并不奉行中世纪宗教生活的许多规矩，如必须苦修和斋戒、穿统一的制服等，而是仿效军队编制，建立起组织严密、纪律森严的教团，以致力于传教和教育，并积极宣传反对宗教改革。其在18世纪发展到顶峰后遭到欧洲各国的广泛抵制，并于1773年被教宗克莱孟十四世（Papst Clemens XIV）解散，后由教宗庇护七世（Papst Pius VII）在1814年恢复。

嘴里叼着一条蛇。他们将在这里建城，也将从此处开始统治整个世界。[54]

当时，阿兹特克人的故乡附近还居住着其他族群。他们起初便在邻近族群的统治下生活，就像仆从或农奴一样。但没过多久他们就惹怒了邻居，并被赶到了特斯科科湖的沼泽岛上。这是命运的安排，预言终于成真，他们遇见了驻足仙人掌上的鹰。眨眼之间，强盛的特诺奇蒂特兰城就出现在了他们眼前，成为他们称霸整个中美洲的起点。仙人掌上的雄鹰后来成为现代墨西哥国家的象征，至今仍被装饰在他们的国旗上。

特诺奇蒂特兰城崛起的故事本质上是个神话，但考古发现却表明，这座城确实在阿兹特克人到来前就已存在并有人居住了。目前，研究者认为阿兹特克人于1320~1350年间抵达此处定居，他们在特诺奇蒂特兰城的首任领袖是阿卡马皮奇特利（Acamapichtli），他的统治始于1371年前后。那时的阿兹特克人还处在特帕内克人（Tepaneken）的控制下，必须向他们纳贡和服役。1300年前后，特帕内克人迁徙到墨西哥谷；15世纪初，他们的实力达至顶峰，几乎控制了整个墨西哥谷；15世纪中叶，他们在被阿兹特克人击败后被并入了阿兹特克帝国。因此，阿兹特克帝国的统治基础是以三个主要城邦国家组成的"三邦同盟（Dreierallianz）"，这些国家均位于墨西哥谷，它们分别是以特诺奇蒂特兰城为国都的墨西哥及其姊妹城邑特拉特洛尔科城（Stadt Tlatelolco）、以特斯科科城（Stadt Texcoco）为国都的阿科尔瓦人（Acolhua），以及控制特拉科潘城（Stadt Tlacopan）附近地区的特帕内克人。

该联盟没有统一的领袖，各方基于共同的政治目标达成了一致，但每个国家都可以独立决策。盟友之间名义上是平等的，但特诺奇蒂特兰城在实际上占据了更为优越的地位。整个帝国由大量的城邦组成，这些城邦均会对帝国纳贡且彼此间可能会存在政治联系或政治纠葛。一个既具整体性又复杂的帝国系统就这样出现了。后来，西班牙人巧妙地利用了这一帝国系统的复杂性，瓦解了阿兹特克君主[①]蒙特苏马二世（Montezuma II）的统治。

目前，我们对居住在这个面积约 324000 平方公里的大帝国中的确切人口数仍不得而知。据估计，当时的墨西哥核心地区生活着 1000 万～1100 万人。[55] 相比之下，德意志联邦共和国的国土面积为 357104 平方公里，仅比阿兹特克帝国稍大，但 2010 年的德国人口约为 8230 万。

每个城邦或由一位统治者统治，或由多个地位平等的统治者共治。统治者为行政、宗教和司法事务负责。这些统治的合法性可以追溯到他们迁入墨西哥谷的那段时间。统治家族间会通过联姻的方式确保社会结构的稳定。三邦同盟内部的社会秩序彼此相似，人口均可被分为两部分：10% 系贵族出身，90% 为非贵族出身。社会阶层间及同一社会阶层内的不同群体间几乎不存在任何的人员流动。唯一的例外是战士，他们在取得特殊功勋后便可晋升为贵族。依据出身和声望的不同，贵族阶层内有着清晰的等级结构，人与人之间也存在明显的身份差别。这些微妙的差别通过服装、发型和佩戴的珠宝而被体现得淋漓尽致。因此，穿戴棉质披风、皮制围裙、金色凉鞋、耳环和唇钉等皆是贵族的特权；非

[①] 按纳瓦特尔语，阿兹特克君主称"特拉托阿尼（Tlatoani）"，意为"发言者、统治者"。虽然帝国的每一座城邦都有自己的统治者，但一般情况下，特拉托阿尼专指国都特诺奇蒂特兰城的统治者。

贵族只能穿戴由"番麻纤维（Agavefaser）"①制作的衣物——其披风不能过膝，也不能在贵族面前穿着凉鞋。56

只有贵族才能拥有土地。然而，土地的价值不取决于其销售价值潜力，而取决于其能生产多少食物。为了获取作物，贵族需要农民依附并为他们耕种土地；农民则必须将部分收成上缴给贵族，还要在贵族家庭中服务，必要时还应服兵役。

阿兹特克帝国女性的地位较高，其在许多方面与当代的欧洲女性相当。她们可以无需经男性同意而获得私有财产，也可以作为原告站上法庭。她们在市场上工作并出售货物。尽管她们无法坐上那些极高的职位，但可以担任祭司。在神庙中，女性在某些崇拜女神的情况下发挥着重要作用。贵族女性的主要职责是照顾孩子和家庭，但她们并不会被束缚在这些职责上。她们可以获得和男性同等的高水平教育。此外，伟大战士的母亲还可以得到特殊的宗教性尊重。但与此同时，将女儿作为礼物赠予他人的情况也很常见，妻子也被认为应该非常尊重并服从丈夫。农民和工匠的妻子在负责家务和抚养孩子时还要向贵族缴税，形式则是生产工艺品或提供服务。

非贵族人口的主体是农民和工匠。阿兹特克农民和普通工匠的生活可能与同时代欧洲的农民和工匠一样艰辛。非贵族在贵族的土地上工作和生活就必须缴税，但他们对土地的依附并不牢固。"他们大多松散地居住在贵族的土地上，但他们与贵族的关系并不是固定的，他们可以搬到条件类似的其他贵族的土地上工作。至少在殖民时代早期，这种现象是屡见不鲜的。"57

---

① 系以"龙舌兰属（Agave）"植物纤维制成的麻布材料。人们一般会使用剑麻等商业种植品种制作，但偶尔也有用其他野生龙舌兰属植物制作的情况。

在非贵族中，远途贸易商人"波赫特卡（pochteca）"具有特殊的社会地位。尽管他们不能穿着华贵的长袍，也必须向统治者缴税，但他们仍是有力且富有的群体。他们会穿越整个阿兹特克帝国，与玛雅人和塔拉斯肯人（Tarasken）①进行贸易。他们的贸易涉及包括可可在内的许多有价值的商品，不仅如此，他们还会将各种信息带回家乡。他们也是统治者眼睛和耳朵的延伸，发挥着秘密情报机构的作用。[58] 由于需要携带贵重的货品，他们通常会结成商队旅行，以便更好地保护自己。此外，他们还会选择在深夜归来，这样他们带回了什么东西，其他人就无从得知了。阿兹特克人既不会使用轮子也不会使用驮畜，所以商人在进行远途贸易时主要会依靠脚夫。这些人会将货物从此处运往彼处，工作非常辛苦且得不到什么尊重。脚夫常常必须挑着沉重的货物跋涉远途。

"苦役（tlacotli）"是阿兹特克社会中的最底层。"tlacotli"常被翻译为"奴隶"，但一般而言，他们其实并非属于某些人的财产。他们只是在某些条件下，比如负债累累时不得不将自己的劳动力全部交付他人的人。一旦偿清了义务，他们即可再度获得自由。而且即便在履行义务期间，他们的配偶和孩子，包括出生于这一时段内的孩子也仍是自由身。当然也有例外，一名罪犯如果再次犯罪就会终生沦为"tlacotli"。他们面临的判罚可能是在市场

---

① 即"普雷佩查人（Purépecha）"，系阿兹特克人的近邻，由其建立的普雷佩查帝国（约1310~1530）是阿兹特克帝国的最大竞争对手和西班牙人于16世纪到达中美洲时的第二大国。因生活在帕茨夸罗湖（Pátzcuaro-See）附近，塔拉斯肯人多为渔民，还以编织、冶陶和战斗技巧闻名，并且其冶金技术非常发达，擅长使用铜、青铜、银和金制造工具、工艺品和武器等。

上被出售,然后作为奴隶成为购买者的人牲。

在国都特诺奇蒂特兰城,不同的社会阶层会严格地相互隔离,人们通常只会在属于自己阶层的地区内活动。该城市的结构类似于玛雅城邑。贫困人口的聚居区在城郊。城中心坐落着常被花园环绕的高大多层宫殿。城中心和仪式区以大型建筑为主;城邑与郊野的边缘则多为被田地包围的小型居住单元。它们被称作"奇南帕(Chinampa)",是一块块通过在湖床上堆土开辟出的陆地。开辟"奇南帕"的过程会挖出一条条小运河,它们既可以被用于调节农田中的水量,也可以被用于水路运输。这里的田地非常肥沃,每年会有好几次收成。但这仍不足以供应国都人口的日常所需。与贵族、工匠和战士相比,负责粮食生产的农民数量相对较少,因此要满足城内需求就必须从城外输入食物。为此,阿兹特克人发展出了大规模的贸易网络和纳贡体系。据记载,特诺奇蒂特兰拥有38个纳贡区。[59]那些归附的部族必须向阿兹特克君主缴纳各种形式的贡品。贡品既可以是玉米、大豆和南瓜等主食,也可以是衣物、盾牌或军服,还可以是黄金、羽毛、棉、毛皮、海螺及蜂蜜等奢侈品。对于种植可可的地区,阿兹特克君主会要求他们用可可豆作为额外的贡品。例如索科努斯科地区每半年就要交付4600公斤可可豆、400个陶制可可容器以及400个石质可可容器。[60]但其他地区也必须缴纳可可饮器,例如特拉尔潘地区(Tlapan)每半年就要交付800个南瓜皮。阿兹特克政权以可可为贡品的历史可以追溯到君主蒙特苏马一世(Montezuma I,约1440~1469年在位)时期,他收入了第一批以可可豆形式缴纳的贡品。

所有贡品的详细情况都被记录在了16世纪的"门多萨抄本(Codex Mendoza)"中。[61]阿兹特克人使用的文字与玛雅人类似,但发展程度较低。阿兹特克人的文字符号主要是图形和小型象形文字符号，他们无法组成完整的句子，只能指代某个人、某个时间或某个地点。

根据"门多萨抄本"的记载，必须向特诺奇蒂特兰的统治者缴纳可可的不仅是可可种植区。比如其姊妹城邑特拉特洛尔科的统治者每80天就必须缴纳40篮碎可可粉和玉米粉作为贡品。每个篮子内容纳贡品的数量也有着精确的规定——1篮可可粉应由1600枚可可豆磨成。[62]

阿兹特克政权设有专门控制纳贡地区贡品缴纳情况的管理者。他们是阿兹特克中央权力的代言人，态度强硬且绝不妥协。他们大都相当令人讨厌。如果贡品数不足，或前往中央纳贡的官员外交失败就会导致爆发武装冲突。阿兹特克人会通过这些方式使一切回归正轨。

除了经济原因，阿兹特克人也会因其他理由发动军事行动，比如与异文化产生了争端。有时，他们甚至会发动毫无正当性的武装侵略。

还有许多征战的目的是保持贸易路线的安全或建立新的贸易路线。这样他们就可以确保来自偏远地区的重要货物，比如可可，能够始终顺利抵达特诺奇蒂特兰城。还有一些军事行动的理由，现代人很难理解，比如为了俘虏人牲而发动战争。在阿兹特克历法的一年中，许多时刻都要进行人祭。这种形式的暴力在美索美洲非常普遍，目的则是安抚众神。进行人祭的日期通常是有固定计划的。牺牲者会得到一种尊重，即他们会穿着最好的衣物，过着奢华的生活，并被赋予饮用巧克力和吸食烟草的特权，直到牺牲的节日到来。临近献祭，牺牲者会得到一种特殊的饮品"神之饮（Göttliches Getränk）"。这可能是一种混入了某种麻醉物质的

图60

对阿兹特克人来说,风神埃埃卡特尔不仅司掌风、雨和繁育,还代表着广义上的生命。可可豆被认为是非常适合埃埃卡特尔的祭品。这尊陶制埃埃卡特尔像,约制于公元1300年。

"普逵酒（Pulque）"①与巧克力饮品的混合物。[63]

人祭除了会被用于对某些特定神祇——比如风神埃埃卡特尔（Ehecatl，见图60）——的祭祀以外，还会出现在一些特殊的场合，比如神庙的落成礼、统治者的掌权礼以及自然灾害期间。后来，为了平息对西班牙人征服的恐惧，此类仪式也被举行过。

许多西班牙人的记录都描写了人祭的场景。这些征服者在某些记载中曾谈及在一场仪式中会出现数以万计的牺牲者。这个数量可能不太现实，因为如果是真的，整个地区的人口都会遭到大幅削减。[64]比较现实的考虑是，西班牙征服者为了赋予己方的残暴行为以正当性，而极大地夸张了牺牲者的数目。但毋庸置疑的是，人祭对阿兹特克人确实极为重要。阿兹特克人相信只有牺牲人类，太阳才能继续升起。这是一项人们必须履行的宗教义务。除了这项定期的义务，他们还有许多需要按照规定进行的宗教活动。这些规定都写在阿兹特克人的仪式历法中。

可可：饮品、药物、货币

与玛雅人一样，可可在阿兹特克人的日常生活和宗教活动中也发挥着重要的作用。（见图61）他们格外关注可可种植区和可可运输贸易路线的情况。这也解释了为何阿兹特克帝国的版图会随着时间的推移而逐渐扩展到南方的太平洋沿岸——重要的可可

---

① 系"龙舌兰酒（Agaven-Spirituosen）"的一种，属酿造酒，这种酒是通过发酵某些龙舌兰属植物的根茎酿造而成的，一般呈较浓稠的乳白色液态。其被作为祭祀用品的历史由来已久。而龙舌兰酒中的"特基拉酒（Tequila）"和"梅斯卡酒（Mezcal）"则属于蒸馏酒。

图 61
石制可可果（约 1250~1521）。

种植区索科努斯科就位于那里。该地区生产的可可被认为格外美味。因而围绕这一地区的归属问题便引发了一系列争议。阿兹特克的远途贸易商人利用这种不稳定的局势发动了暴乱，于是阿兹特克战士被派往索科努斯科及其周边地区以提供军事保护。此外，他们还在今墨西哥南部海岸的格雷罗州（Bundesstaat Guerrero）修建了一系列的防御工事。许多阿兹特克家庭则被安置其中进行防御。他们负责保护该地区，还必须负责种植可可以便纳贡。于是，这些商人的计划奏效了，可可贸易尔后再也没有受到过任何阻挠，索科努斯科地区对他们来说变得安全了。

另一个重要的可可来源是韦拉克鲁斯州沿海地区和今格雷罗

州海岸。阿兹特克人通过收纳贡品的方式从这些地方获取可可豆。

阿兹特克人称可可树为"cacahuacuauhuitl"。[65] 这个名字可被拆分成表示可可的"cacahuatl"和表示树的"cuauhhuitl"。西班牙医生兼植物学家弗朗西斯科·埃尔南德斯（Francisco Hernández，约1514~1587）曾在美索美洲游历七年，他对可可进行了研究并命名了四种栽培可可品种，分别为"cuauhcacahuatl"（木可可/鹰可可）、"mecacahuatl"（番麻可可）、"xochicacahuatl"（花可可）和"tlalcacahuatl"（土可可）。这四个品种都属于克里奥罗可可。

在早期的文献中，阿兹特克人会用"cacahuatl"一词来指代可可豆和巧克力饮品。他们制备巧克力饮品的方法与玛雅人的差不多，但阿兹特克人更喜欢冷饮。

西班牙传教士和民族学家贝尔纳迪诺·德·萨阿贡（Bernardino de Sahagún，1499~1590）在自己12卷的著作《新西班牙事物通史》（*Historia general de las Cosas de Nueva España*）中描述了厨师制作巧克力饮品的过程："她研磨可可（可可豆）；她将它们弄碎，碾成粉末；她仔细分拣，挑出杂质；她浸泡，润湿它们、泡入水中；她小心谨慎地一点点加水。她用碳酸使它们膨胀、过滤、过筛、反复倾倒，让它起泡；她让泡沫像冠冕一样浮起来，她制造泡沫；她将'冠冕'取下，让它变稠、变干，再倒上水，又搅拌它们。"[66]

西班牙人的资料中提到了一种制备巧克力饮品的器具，那是一种木制搅拌锤，主要用于打出泡沫层。这种搅拌锤在西班牙语里被称为"molinillo"（见图62），其在西班牙征服前的文献中未被提及过。因此人们推测，这种工具是从16世纪开始才被用于饮品制备的，并且可能来自西班牙。[67] 在西班牙征服之前，本地人会使用龟壳制成的搅拌器和勺子来制备巧克力，还会将饮品从高处倒入另

图 62
用于制备可可的木制搅拌锤"molinillo",其可能在西班牙征服之后才开始被人们使用。

一个容器以产生他们所要的泡沫层。作于16世纪的"图德拉抄本（Codex Tudela）"对这种制备方式作了描绘，书中一位阿兹特克女性正站立着将巧克力从一个容器倒入另一个置于地板上的容器中。

阿兹特克人掌握的可可配方还有很多。中美洲非常流行在巧克力中添加干辣椒粉。由于辣椒的种类很多，所以并没有某一种可占据主导地位，人们可以喝到从微辣到极辣的具各种辣度的巧克力饮品。而且他们不仅会食用可可豆，还会食用可可果肉。他们会将果浆发酵，然后制成一种令人醺醉的饮品。特诺奇蒂特兰的统治者将其称为"绿可可（Grüner Kakao）"。如果这里的"绿"指的是可可果的颜色，那便意味着他们用于发酵的是那些还未成熟的果实；如果"绿"指的是果浆的颜色，那便意味着实际发酵过程属于部分发酵，也就是说饮品中会含有相当浓度的酒精。

可能被添加进巧克力饮品中的配料还有很多，如蜂蜜、芦荟、红木种（呈深红色，具有花香）、胭脂树红、香草、圣耳花（Cymbopetalum penduliflorum，一种桃色香料）、纱花（Piper sanctum / Faserblume，即圣地胡椒，与黑胡椒有亲缘关系）、心花（Magnolica mexicana / Herzblume，即墨西哥木兰，具有强烈的花香）、爆谷花（Popkornblume，可能是紫草科的一种植物，味辛）和多香果（味辛、味胡辣）。他们还喜欢将可可豆与磨碎的玉米或人心果（Breiapfelbaum）①的种子（味苦）混在一起饮用。阿兹特克人不仅会饮用可可饮品，还会直接食用可可豆或将其添入其他食物作为香料。

可可豆的价值很高，所以巧克力饮品也成了一种昂贵的商品。

---

① 系"山榄科（Sapotaceae）"植物的果实，因剖面似人心而得名。其原产于中美洲地区，成熟后的果实味甜可口、柔软多汁；果树内所含的树胶原是生产口香糖的主要原料。

饮用巧克力是统治家族、贵族、远途商人和某些优秀战士的特权。在较贫瘠的地区则只有上战场的战士才能享用巧克力，这是他们的行军口粮。[68] 但如果一名高贵的战士拒绝参加战斗，他就会遭到鄙视进而失去一系列象征地位的特权。例如，他将不能再穿戴棉质衣物，不能再佩用羽毛装饰，也不能再吸食烟草、享用精致的食物和饮用巧克力了。

当一支往往由数千甚至数万名士兵组成的军队途经友好的大型城邑时，他们中那些高贵的战士和军事领袖往往会受到统治阶层的欢迎，这些欢迎活动常会持续数天之久。他们会在城里居住并得到自己所需的一切。为了表达对高贵战士的敬意，城邑会为他们提供最为珍贵的食物，其中就包括巧克力饮品。当他们离开城邑时，军队还会额外得到许多食物，如烤玉米面包、大豆粉、玉米粒、南瓜子、辣椒和可可粉等。

在美索美洲，可可和巧克力被人们寄予了很高的社交价值。当贵族受邀参加私人宴会或宗教庆典时，他们总会携带一些奢华的礼品，比如华丽的外套、织物、黄金、宝石、棉、花、香草以及可可。

阿兹特克的精英阶层会在宴会或庆典上饮用可可。我们从"门多萨抄本"描绘的一场婚礼中即可看到人们在社交庆典中是如何饮用巧克力的。[69] 此外，多明我会（Orden der Dominikaner）① 修士迭戈·杜兰（Diego Duran，约 1537~1588）在《新西班牙及沿海大陆与邻近岛屿的历史》(*Historia de las Indias de Nueva*

---

① 又译"道明会"，系天主教四大托钵修会之一，由圣多明我于 1217 于法国图卢兹（Toulouse）创立。该会以布道为宗旨，标榜提倡学术，传播经院哲学，曾受教宗委派主持宗教裁判所。会士因多穿黑色斗篷而被称作"黑衣修士"，与方济会的"灰衣修士"及加尔默罗会的"白衣修士"相区别。

España e Islas de Tierra Firme）中亦曾写到蒙特苏马一世，而巧克力饮品就曾在有关他的庆典中反复出现。人们常常会用碗来饮用巧克力，这些碗由葫芦制成，内外都上有漆。有时，他们也会用陶制器皿饮用。

蒙特苏马一世的客人在离开特诺奇蒂特兰城时还收到了一系列非常有价值的礼物，其中就包括可可豆。不仅蒙特苏马一世，历代阿兹特克君主都会这样招待客人，而且这种做法即便在整个美索美洲也都是一种常态。

阿兹特克人与玛雅人类似的还有另外一点，即他们都把可可视作一种药物。于是，可可出现在了阿兹特克人治疗膀胱疾病、消化系统疾病、蛇咬及腹泻的药方中。可可脂因具少许消毒效果而被用于治疗外伤，同时成为女性的美容护肤用品。此外，可可饮品也是承载其他许多药物的基液，诸多神话、传说又使人们相信了它的壮阳效果。西班牙征服者则一再谈及可可在阿兹特克所处的特殊地位："在热菜之后，水果被端了上来。但蒙特苏马二世没怎么吃，他只是不断用金杯喝一种好像是可可的饮品，据说这种饮品可以激发性欲。"[70]

此外，可可还具有很强烈的仪式与象征意义。它会被用于跟雨或繁育有关的仪式。可可饮品则被视作人类血液的象征——可可豆所具有的高昂价值及加入红木种的巧克力所呈现的鲜红色令阿兹特克人作出了这样的联想。于是，可可在某些特定仪式中成了血的象征，比如人们会在一种仪式上从战士手中收集巧克力饮品再总集到贵族那里。同时，巧克力也会被用在各种牺牲祭祀的仪式上。

阿兹特克人也会像所有的美索美洲文化那样将可可豆作为一种支付和结算的等价物。他们没有铸造货币，结算交易时会使用其他有价值的物品，比如羽管或可可豆。干燥的可可豆不易腐烂，可以保存很久，所以非常适合作为通货。统治者的住所中设有戒备森严的大型仓库以专门用来存放可可。因为没有秤，他们使用"可可豆货币"时并不称重，而是以数量体现价值，也就是说，他们对可可豆的数目非常敏感。比如人们很清楚一位脚夫能够长时间背负的可可数量是3袋（xiquipilli），也就是24000枚可可豆。

征服者极快地意识到了可可豆的价值，并毫不犹豫地利用了起来。西班牙征服者埃尔南·科尔特斯的副手佩德罗·德·阿尔瓦拉多（Pedro de Alvarado，1486~1541）在一份报告中说道："一天晚上，我们在宫殿中抓到了阿兹特克君主。大约300名西班牙人的印第安仆役冲入了仓库，为了尽可能多地获得可可，他们一直搬运到了天明。当阿尔瓦拉多到达那里时，他吩咐负责看守蒙特苏马二世的阿隆索·德·奥赫达（Alonso de Ojeda）：'等到了换班的时间你就来叫我，我先去仓库那里，我也想拿走一些可可。'"[71] 当晚，西班牙人便抢劫了蒙特苏马二世，他们从仓库中搬走了约4320万枚可可豆，但这只是这位阿兹特克君主库存的5%。

遗憾的是，我们对前西班牙时代阿兹特克文化中可可豆的具体价值仍知之甚少。关于可可豆购买力的首次记载出现于16世纪，以下价格来自一份1545年的商品价目表，以纳瓦特尔语书写。

雌火鸡1只：价值100枚饱满可可豆或120枚干瘪可可豆。

雄火鸡1只：价值200枚可可豆。

兔子1只或东部棉尾兔1只：价值100枚可可豆。

小兔1只：价值30枚可可豆。

火鸡蛋1个：价值3枚可可豆。

新鲜鳄梨1颗：价值3枚可可豆；烂熟鳄梨1颗：价值1枚可可豆。

大个番茄1颗：价值1枚可可豆。[72]

根据索菲·D. 科（Sophie D. Coe）和迈克尔·D. 科的研究报告，在特诺奇蒂特兰城于1521年被征服时，一名脚夫的日薪为100枚可可豆。西班牙编年史作家贡萨洛·费尔南德斯·德·奥维多－巴尔德斯（Gonzalo Fernández de Oviedo y Valdés，1478~1557）调查了尼加拉瓜的尼加劳人（Nicarao）的货币体系（引自托泽①，1941），他在报告中称：换取1只兔子需要10枚可可豆，换取1个奴隶需要100枚可可豆，娼妇的嫖资1次需要8枚可可豆。[73] 他还进一步谈到尼加劳人经常用可可豆支付酬劳，包括官员的工资也是用可可豆结算的。奥维多－巴尔德斯是南美洲征服史领域最为重要的编年史作家之一。他在担任西印度群岛王家通讯员期间曾五次前往新大陆，《印度群岛的总论与自然史》（*Historia general y natural de las Indias*）是其一生工作结晶的总结。

既然可可豆成了通货，那么时人会想出一些可可豆造假的办法也就不足为奇了。人们设计了各种各样的加工方法，其或可以增大可可豆的体积，或可以使其色状更加接近最为优质的可可豆。贝尔纳迪诺·德·萨阿贡曾提到可可豆的造假手段："不诚实的

---

① 阿尔弗雷德·马斯顿·托泽（Alfred Marston Tozzer），系美国人类学家、考古学家和语言学家，研究方向为美索美洲文化，尤其是玛雅文化。哈佛大学设有以他的姓氏命名的托泽图书馆（Tozzer Library），专门存放人类学、民族学和考古学领域的资料。

商人会通过多种手段对可可豆造假。他们会烘焙豆子以使其更加美观，或会将豆子浸入水中以使其更为饱满，抑或是会人为地使豆子呈现灰青色或淡红色——这通常是最佳品种的颜色——以达到蒙骗买家的目的。为使可可豆变得更饱满，他们有一种特别的技巧，即先将可可豆放入炭火的余烬中加热，再将其埋入白垩土（Kreide）①或潮湿的泥土内一段时间，这样一来，原本较小的豆子就会显得既大又新鲜。还有一种蒙骗的手段是在可可豆壳中填充类似可可仁的物质或填充石蜡。他们会将鳄梨果核压碎，然后将其塞入空的可可豆壳……种种手段都是为了蒙骗买家。"[74]

---

① 系一种白色疏松的土状石灰岩，常含石英、长石、黏土矿物及海绿石等杂质。此处涉及可可豆后处理中干燥与保存技术的历史性做法。用其掩埋可可豆可防止因快速失水而导致的豆体收缩；相较于日光暴晒，这种缓慢、均匀地吸附豆表水分的做法能够保持较多的豆体与完整外形，因而在视觉上显得更饱满。虽然这种做法可以起到防腐、抗菌、防氧化的效果，但也掩盖了诸多问题，如发酵过程不均匀导致的色泽差异与豆子未成熟所致的良莠不齐，甚至还会影响成品巧克力的口感与风味。

第 7 章 可可与征服新大陆

怪异的陌生人：西班牙征服者

确实，有陌生人登陆了海岸。他们有的用鱼竿钓鱼，有的用渔网捕鱼，一直持续到下午晚些时候。然后他们上了独木舟，划回那个有两座塔楼的地方，然后爬了上去。他们总共约有15人，有的背着红色的袋子，有的背着蓝色的，有的背着灰色和绿色的……头上有的戴着红头巾，有的戴着红色的帽子，有的戴着又大又圆的东西，看起来像个小平底锅，应该是防晒用的。这些人的皮肤很白，比我们的肤色浅得多。他们每个人都留着很长的胡子和齐耳的头发。[1]

1518年，阿兹特克君主蒙特苏马二世派出的特使向他报告了上述情况，此前他曾命令他们在陆地上监视西班牙人。怪异的陌生人到来的消息像野火一样很快传遍了阿兹特克人的城邑。

根据1494年的《托德西利亚斯条约》（Vertrag von Tordesillas），新大陆中尚未被发现的地区将由西班牙和葛萄牙瓜分，两国势力范围的分界为佛得角群岛（Kapverdische Inseln）以西370里格（Legua，约1770公里）处与南北极的三点连线。该线以东被划归葡萄牙，该线以西被划归西班牙。以上就是两国对新大陆所有征服活动的背景。于是，巨大的殖民帝国由此出现，其对新发现的土地不仅满怀好奇，还满怀征服与开发的兴趣，更满怀向宗主国输送黄金和新作物——比如烟草和可可——的欲望。

在克里斯托夫·哥伦布的航行之后，前往伊斯帕尼奥拉岛（Insel Hispaniola）①和古巴的西班牙人开始剧增。他们在那里筹备进一步驶往充满未知的西方的探险，他们想要去寻找奴隶和黄金。

1511年，第一批西去的欧洲人被困在了尤卡坦半岛。这15名船难幸存者的帆船在从巴拿马开往圣多明各（Santo Domingo）的途中撞上了礁石。² 随后，埃尔南·科尔特斯在他的探险之旅上遇到了这批幸存者中的两人。其中一个名叫"贡萨洛·格雷罗（Gonzalo Guerrero）"的西班牙人宁愿继续留在玛雅人的身边；而另一位名叫"赫罗尼莫·德·阿吉拉尔（Jerónimo de Aguilar）"的西班牙人则愿意跟随科尔特斯并为他提供宝贵的口译服务。

第一个探索美索美洲沿海地区的欧洲人是胡安·庞塞·德·莱昂（Juan Ponce de León，约1460~1521），他抵达了尤卡坦半岛。不久后的1517年，埃尔南德斯·德·科尔多瓦在沿尤卡坦边缘探索的过程中遭遇了玛雅人并发生了军事冲突。50名西班牙人在这场冲突中殒命。一年后，胡安·德·格里哈尔瓦沿同一路线深入墨西哥湾。他的任务是不引发冲突地寻找黄金。但格里哈尔瓦并没能找到传说中的"黄金之国（Eidorado）"，却带回了腹地内应该蕴藏着大量黄金的传闻。于是，听信了该传闻的古巴总

---

① 该岛得名于发现新大陆的哥伦布，时人却自称"基斯克亚（Quisqueya）"或"艾提（Ayti）"，前者意为"万岛之母"，后者意为"多山的群岛"。后来的"海地（Ayiti / Haiti）"即由此得名。

图 63

西班牙征服者埃尔南·科尔特斯征服了阿兹特克帝国,从而奠定了西班牙中美洲殖民帝国的基础。

督迭戈·贝拉斯克斯(Diego Velázquez,1465~1524)开始计划一次大规模的探险。当时 34 岁的埃尔南·科尔特斯(见图 63)被任命为这次旅程的指挥官。科尔特斯出生于西班牙,虽是一位贵族的儿子，家境却并不富裕。他在辍学后加入军队并启程前往美洲，然后在那里积累了一笔可观的财富，这次探险三分之二的花费都是由他用这笔钱来支付的。

后来，科尔特斯的一位追随者对他这样描述道："科尔特斯发育得很好，身材比例匀称。他的脸常现出铁青色，看上去不太高兴的样子。他很严肃，但眼神却显得非常友好、温暖。他的胡须与头发一样又黑又稀疏。他是一位身材消瘦的男人，胸膛宽阔、肩膀粗壮、肚子很小，双腿虽然稍有不直，但双股和脚的形状都很匀称、美观。他是一位出色的骑手，一位机敏而勇敢的战士，他会使用所有的武器，并且无所畏惧。"[3]

1519 年 2 月 10 日，埃尔南·科尔特斯率领九艘舰船启航。据说在出发前他曾对部下进行过演讲，内容目前已无从得知。但从他挂在旗舰桅杆顶部的一面旗帜来看，他的宗旨绝不仅仅是和平——"伙伴们，让我们追随真十字架。我们坚定信仰，在它的庇佑下走向胜利。（Amici, sequamur crucem, et si nos fidem habemus, vere in hoc signo vincemus.）"[4] 此前，先行的两艘舰船已经出发。这支探险队由 110 名水手、553 名士兵、200 名印第安人——包括几名印第安女性——和 2 名传教士组成。科尔特斯还携带了 10 门重炮、4 门轻炮、大量枪支和甲板上的 16 匹马。[5] 他们沿着尤卡坦海岸航行。4 月，他们在今韦拉克鲁斯市（Stadt Veracruz）附近登陆；6 月 28 日，他们在此处建立了据点"Villa Rica de la Vera Cruz"（真十字架的富饶之镇），并准备前往未知之地。埃尔南·科尔特斯很快便意识到横亘在他们面前的这片土地蕴藏着数不尽的财富。但他领受的使命是和平贸易而非征服。于是，他利用一个巧妙的策略成功摆脱了这个小小的障碍："首先，他以西班牙国王的名义宣称了宗主国对这片土地的合法性，然后建立了一座城市并委任了市议会，以上事务均基于他领受的命令所授予的全权。其次，市议会成立了一个只对国王负责的机构，这样科尔特斯就可以将他先前领受的职责交付给议员了。最后，再由议员们委托他担任这里的最高军事和民事长官，这样科尔特斯就摆脱了安的列斯群岛（Antillen）当局对他的管辖，从此直接隶属于西班牙国王。"⁶ 随后，他派遣一艘船返回西班牙以获得国王的批准。1522年，他终于实现了自己的目的。科尔特斯通过该策略获得了临时的"合法资格（Rechtstitel）"①，这为他的征服活动铺平了道路。

在穿越中美洲的过程中，埃尔南·科尔特斯遇到了各种各样的文化。不同文化的人们会使用不同的语言，但纳瓦特尔语是他们的通用语，几乎所有文化的居民都能听懂这种语言并以之进行一定程度的口头表达。最初，西班牙人与本地人的沟通非常困难，直到一位塔瓦斯科的"卡西克（Kazike）"（加勒比语，意为"地方部落首领"）送给他们一位名叫"玛丽娜丽（Malinali）"〔又名"玛琳切（Malinche）"〕的印第安女性。这位女性后来自称"玛丽娜女士（Doña Marina），她作为翻译为西班牙人提供了重要的帮助。她会说玛雅语和纳瓦特尔语。⁷

阿兹特克君主蒙特苏马二世（见图64）试图利用慷慨的赠礼劝阻西班牙人进入国都，但以失败告终。1519年11月9日，西班牙人抵达特诺奇蒂特兰城。最初，他们受到了热烈欢迎，并在统

---

① 即所谓的"法定依据"，其在欧洲由来已久，可追溯至公元前500年前后的罗马法时期。此处提到的这种资格，指西班牙国王卡洛斯一世于1522年任命科尔特斯为新西班牙总督后，允许他占据美索美洲的土地以及对其可能掠夺到的财产拥有宣称权。

图 64
1520 年驾崩的阿兹特克君主蒙特苏马二世。

治者的亲自监护下享受了为期六个月的奢华生活。贝尔纳尔·迪亚斯·德尔·卡斯蒂略是这样描述阿兹特克君主的:"蒙特苏马此时大约40岁。他又高又瘦——也许有些太瘦了。他的皮肤不是棕色的,只带有一点点印第安人肤色的特征。他的黑发鬈曲在耳边,并不特别茂盛。他留着稀疏却俊朗的黑色胡须。他的脸有些长,看起来总是很开朗。他的眼睛极具表现力,人们可以从中读出好意或严肃的情绪。"[8]

1519年5月,埃尔南·科尔特斯得到消息,一支由18艘舰船组成的西班牙舰队已在迭戈·贝拉斯克斯的授意下登陆韦拉克鲁斯。贝拉斯克斯想通过军事手段取代科尔特斯,并将征服的果实收入囊中。这支舰队的指挥官是潘菲洛·德·纳瓦埃斯(Panfilo de Narvaéz),他被任命为新征服领土的管理者并受命逮捕科尔特斯。于是,科尔特斯离开特诺奇蒂特兰城,前往300多公里外的韦拉克鲁斯。尽管德·纳瓦埃斯的军队在数量上占据优势,但还是科尔特斯取得了最后的胜利。与此同时,特诺奇蒂特兰的局势也发生了变化,印第安人袭击了留在那里的西班牙人。尽管科尔特斯马上驰回救援,却仍未能顺利平息暴动。他随后说服了蒙特苏马,让统治者通过公开演讲的方式劝说臣民停止战斗。但这一尝试未能奏效。蒙特苏马在演讲期间被人击伤,不久后就去世了。战斗仍在继续,而且愈演愈烈,科尔特斯和他的军队濒临全面溃败。他们别无选择,只能于1520年6月30日晚至7月1日秘密撤离了特诺奇蒂特兰城。这个夜晚后来以"悲痛之夜(Noche Triste)"之名被载入了史册。西班牙人遭受了惨痛的打击。第二年,科尔特斯重组军队,并与其他印第安人结成联盟共同反对阿兹特克人的统治。1521年,科尔特斯率领一支由10万~15万印第安盟友及600名西班牙人[9]组成的庞大军队向特诺奇蒂特兰城进军。经过为期三个月的围城,阿兹特克国都于1521年8月13日陷落。

以三邦同盟为基础的阿兹特克帝国在蒙特苏马二世的统治下达到了最大版图。但阿兹特克的权力构造主要是依靠武力威胁维系的,其各地区既没有达成政治上的统一,也没有并入具有共同身份认同的帝国。上述情况使西班牙人征服中美洲的过程变得相对容易。他们遇到了很多因厌倦阿兹特克的统治而非常乐意支持他们的人。但印第安援军的帮助并不能完全解释他们何以战胜阿兹特克人并击溃了特诺奇蒂特兰城。

仅仅一小撮西班牙人怎能打败数百万印第安人?造成这一结果的原因是多重的。阿兹特克君主蒙特苏马二世对西班牙人优柔纵容、首鼠两端的态度,无疑放任了西班牙人威权的提升。此外,西班牙人残酷的征服手段也震慑着印第安人,使他们惊恐不已。征服者用恐怖的奇特武器对付本地人,并以此获得了令人生畏的无敌光环。[10] 例如,印第安人此前从未见过马,因此对它充满恐惧。他们最初认为马和骑手是一体的,而且拥有不朽的神力。还有,令他们感到无比震惊的是,圣地和神庙对征服者发动的"毁灭之力"对这些外来者居然毫无影响。西班牙人的行为没有激怒众神。这令许多印第安人相信众神已抛弃了自己。最后,印第安人并不知道西班牙人只有寥寥几百人且连退路都被断绝。在科尔特斯出发前往特诺奇蒂特兰城之前,他烧毁了几乎所有的舰船,只留下了一艘。这是为了防止他的士兵叛逃并跑回古巴。

西班牙征服者曾不止一次在他们的著作中谈到自己被本地人视为神明。但人们现在普遍认为,这其实是西班牙人事后为了使自己的行为正当化而使用的策略。比如他们在描述埃尔南·科尔特斯和蒙特苏马二世的相遇时,或许就用了这样的策略。据传,蒙特苏马二世曾将西班牙国王卡洛斯一世(Karl I,1500~1558)与阿兹特克人的祖先联系到一起,然后宣布据此将自己的权力移交给科尔特斯。"显然这一禅让故事是科尔特斯一项聪明的发明。通过它,卡洛斯一世对阿兹特克帝国的合法所有权便被建立起来,同时科尔特斯自己也被置于一个关键的位置,顺理成章地成了统治阿兹特克帝国的代理人。在后来的历史资料中,这则故事被拓展为羽蛇神克察尔科亚特尔(Quetzalcoatl)的传说——他是一位墨西哥早期的神性统治者;他留着胡须,具有白色的皮肤;他向东方进发并承诺会再次返回。而赫罗尼莫·德·门迭塔(Jerónimo de Mendietka,1525~1604)等方济会修士则相信他们在羽蛇神身上认出了基督。"[11]

攻占阿兹特克帝国的国都后,西班牙人随即展开了进一步的军事行动。征服者对本地居民极尽残酷之能事(见图65),许多人被夺去生命或沦为奴隶。1524年10月15日,埃尔南·科尔特斯在给卡洛斯一世的报告中描述了其在帕努科行省(Pánuco)的征服战役:"我立即绞死了卡西克和他的军事将领。我们烧毁了所有战俘——约有200人——身上可以识别身份的标记,然后将他们判为奴隶公开拍卖。"[12]

多明我会修士暨后来的恰帕斯主教巴托洛梅·德·拉斯·卡萨斯(Bartolomé de Las Casas,1484~1566)讲述了征服中的暴行。他于1502年到达中美洲,亲身经历了西班牙人对墨西哥的征服和对印第安人的毁灭。最初,拉斯·卡萨斯在征服古巴期间担任随营教士并参与了对印第安人的剥削行为。1514年,他幡然醒悟,开始挺身捍卫地方民众的利益。[13] 他目睹了西班牙人的暴行,并在1542年写下的《西印度毁灭述略》(*Brevísima relación de la destrucción de las Indias*)中主张人类的尊严与自由。关于都城特诺奇蒂特兰的陷落/他这样写道:"这些人在墨西哥城等城市及许多地区都毫无节制地犯下丑恶的暴力罪行——墨西哥城周边10英

图 65

西班牙人责打原住民。(图片源自征服者迭戈·穆尼奥斯·卡马戈作于 1576~1591 年的《特拉斯卡拉史》)

里、15 英里甚至 20 英里的范围内都有无数人惨遭屠戮。他们的暴政如瘟疫般蔓延，随后感染、遍布并毁灭了帕努科地区。该地区曾有过那么多的居民，西班牙人在那里造成的破坏和进行的血腥屠杀令人触目惊心。接着，他们用同样的手段摧毁了图图特佩克（Tututepeque），然后是伊皮尔辛戈（Ipilcingo），最后是科利马（Colima）。他们每个人拥有的土地都比莱昂王国（Königreich León）或卡斯蒂利亚王国（Königreich Kastilien）更广阔。如果想尽数他们在每个地方犯下的破坏、谋杀和暴行之罪，无疑是一项非常困难的任务。因为这样的事数不胜数，没有人能够尽知。"[14] 曾有许多人怀疑过拉斯·卡萨斯报告的真实性，但现在人们认为他的描述基本符合事实。[15]

196　　西班牙人在征服特诺奇蒂特兰后的几年里又征服了大片领土。他们向南、向东推进。1524年，"可可大省"索科努斯科自愿臣服。1542年，尤卡坦半岛被征服，西班牙人建都梅里达（Mérida）。1679年，最后一个大型玛雅族群据点，即佩滕伊察湖（Lago Petén Itzá）中的伊察要塞（Festung Itzá）陷落。

征服之后，西班牙人的下一个目标是改变本地民众的宗教信仰。他们将对印第安人进行宗教规训，并将其培养成优秀的西班牙基督徒。在传教过程中，西班牙人首先摧毁了地方的神庙和宗教偶像，然后就地建起教堂，并放置了圣母玛利亚像与十字架。很快，私下进行的传统崇拜活动被禁止，相关者也遭到迫害。首任墨西哥主教胡安·德·苏马拉加（Juan de Zumárraga，1468~1548）开展了大规模的传教运动，要求摧毁本土文化并督促原住民改变信仰。

巧克力：胜利进军的高贵饮品

第一个认识可可的欧洲人可能是克里斯托夫·哥伦布。1502年，哥伦布在第四次远赴美洲的航行中停靠在了瓜纳哈岛（Insel Guanaja），其位于今洪都拉斯海岸附近的海湾群岛（Islas de la Bahía，又名"巴伊亚群岛"）。哥伦布和他的船员在这里遇到了一艘或两艘印第安商船。这些人可能是来自尤卡坦的玛雅人。"我们遇到了一艘由25名划桨手驾驶的体量惊人的本地船只。船长和随从坐在一顶由棕榈叶制成的船篷下，它在下雨时可以防水。他们比我们之前在新大陆遇到的人都要气宇轩昂。这艘船上装载着各种货物：色彩缤纷的棉布、铜造的工具和武器以及陶器，还有一种扁桃仁。"[16] 这些所谓的"Mandel"（扁桃仁）就是可可豆。克里斯托夫·哥伦布的儿子费尔南多（Fernando）后来曾提到这些"扁桃仁"在新大陆被人们用作货币。

接着是下一位欧洲人，即目前已知最早喝到巧克力饮品的欧洲人埃尔南·科尔特斯。在征服墨西哥的行动中，科尔特斯和他的士兵很早就认识了可可。他们在今塔瓦斯科州首次见到了可可种植园。"城市的周边地区主要被玉米地占据，地势较低的地方则是可可种植园。可可种植园供应饮品，或许也像其在墨西哥时一样供应着国家的货币。"[17] 在继续行军的路上，西班牙人又不止一次地见到了可可田。在征服者们写下的文字中曾屡次提及这些植物。

征服者还很早就注意到了巧克力饮品的价值，发现了其在印第安贵族中的流行。贝尔纳尔·迪亚斯·德尔·卡斯蒂略写到了阿兹特克征贡人到基亚维斯特兰（Quiauitztlan）催纳贡品的事："在我们谈话时一些印第安原住民前来报告，说五名墨西卡征贡人已经到了。卡西克们闻讯吓得脸色惨白。他们离开科尔特斯去接待那些不愿见到的客人。随后，他们交出了许多食物，其中最为重要的是可可，它是印第安人最为尊贵的饮品。"[18]

在蒙特苏马二世的宫廷，德尔·卡斯蒂略描写了阿兹特克君主的饮食习惯。他再次提到了享用巧克力。据他描述，这些高贵的饮品会在上过热菜后供应，蒙特苏马二世似乎很喜欢它们。他的宫廷中专门有技艺精熟的巧克力厨师负责准备饮品。[19]

西班牙征服者很快便意识到可可豆在这里被当成了货币。因此科尔特斯写信给卡洛斯一世："这里有一种很像扁桃仁的作物，人们会将它磨碎出售。它是整个国家的货币，用它可以在市场上买到所有的必需品。"[20] 西班牙人很快就接受了这一习俗，此后本地人开始用可可豆给他们进贡，从前的可可种植区则仍保留着自己的特殊地位。但西班牙人最先想到的是转换阿兹特克人的计量方式。如前所述，不论交易量多大，阿兹特克人都会一枚枚去数可可豆的数量。西班牙人希望简化支付系统，并改用称重来计量可可豆。但他们的制度未能推广成功，因为比起征服者，本地人更容易在交易中受骗。于是，他们总是会回归自己已然习惯并经充分验证的计量方式。

几个世纪以来，可可一直是中美洲的一种通货。从亚历山大·冯·洪堡 19 世纪的美洲之行报告中来看，可可豆在当时仍被用作一种支付手段："即便在今天，可可在墨西哥也仍是一种货币。因为西班牙殖民政府发行的银币最小面额为'半雷亚尔（Medio Real）'，它在实际交易中的面额还是太大了。所以人们发现可可是一种更为方便的货币，并普遍接受了 12 枚可可豆兑 1 枚银币的汇率。"[21]

由于了解了可可的重要性，在西班牙人继续征服南方的过程中，可可豆曾被当作一种施压的工具。埃尔南·科尔特斯派遣佩德罗·德·阿尔瓦拉多前往危地马拉地区实施征服。他在阿蒂特兰镇（Ort Atitlan）遭到了本地人的强烈反抗。经过激战，印第安人终于逃走了。德·阿尔瓦拉多在可可田中抓住了两名印第安贵族。"阿尔瓦拉多将他们和战斗中俘虏的其他贵族送回到卡西克处，让他们劝说卡西克立即求和。阿尔瓦拉多还承诺将随即释放所有俘虏，并保全他们的体面。但如果继续抵抗，他们就会迎来与乌特拉坦（Utlatan）居民同样的命运。此外，他们的可可种植园也将被全部摧毁。接着本地人就来请求和平了，他们表示愿意归附我们皇帝的威荣，还带来了黄金作为礼物。"[22]

第一批征服者、定居者和传教士开始接触巧克力饮品了。

他们对这种崭新饮品的看法大相径庭。贡萨洛·费尔南德斯·德·奥维多-巴尔德斯是支持者中的一员。他虽然不太喜欢巧克力的颜色,但颇钟意它的营养。他强调这种饮品不仅可以消除饥饿和干渴,还能振奋精神。他还详细说明了可可豆和可可脂在医学上的重要性——它是本地人必不可少的药物。[23] 德·奥维多-巴尔德斯本人就曾体验过可可脂的疗效。他在一次旅行中脚部受了重伤,在使用可可脂制成的软膏后,伤口愈合的速度十分惊人。这位编年史作家还提到,当时的尼加拉瓜印第安人还会用可可为皮肤防晒。同时他也表示,基督徒认为这种习惯非常不卫生。当然,并非所有的西班牙定居者都对可可持有同样积极的态度,他们中的许多人完全不能饮用这种饮品。

但到了16世纪末,这种饮品逐渐开始取得全面胜利。奠基胜利的是新的配方,其中最重要的创新是糖的加入。在殖民过程中,西班牙人将许多植物带到了新大陆,其中就包括甘蔗。对甘蔗来说,中美洲的自然条件非常理想,大型甘蔗种植园很快就出现了。没过多久,糖就被用来制作巧克力饮品了。目前,还不清楚是谁最先想出了这个主意,许多修道院都自称在这件事上开了历史的先河。

时间还带来了另外一项变化——和玛雅人一样喜欢热巧克力的人已越来越多。此外,人们使用的香料也越来越少,并开始使用木制搅拌锤"molinillo"制造厚厚的泡沫。[24] 这种搅拌锤是一种末端粗壮的棒子,其粗壮部分可能表面呈锯齿状,或像一枚带有褶皱的星星。

制备饮料的基本方法没有改变,依然是先将发酵过的可可豆置于火上烘焙,然后去除外壳,再放在凹形磨石上研磨。

但最深远的变化体现在语言层面。16世纪下半叶,一个用于描述这种高贵饮品的新词"chocolatl"出现了。在西班牙人到来前的中美洲语言中尚未发现它。"在由阿隆索·德·莫利纳（Alonso de Molina）编撰的于 1555 年出版的世界上首本《西班牙语-纳瓦特尔语词典》(*Vocabulario en lengua castellana y mexicana*) 中，在萨阿贡伟大的百科全书①中，或在版本纷呈的《古语训言》(*Huehuetlatolli*)②中，我们都无法找到该词的缩影。在这些原始文献中，巧克力被写作'cacahuatl'，意为'可可水'。因为这种饮品的原材料是磨碎的可可豆和水，它是一个指向明显的复合词。"[25]

那么新的词是由谁在什么时候创造的？不幸的是，这些问题没有明确的答案，只有多种假说。其中一种来自墨西哥语言学家伊格纳西奥·达维拉·加里维（Ignacio Dávila Garibi）。他第一个指出该词的出现受到了西班牙人的影响。为此他假设西班牙人将玛雅语中表示热的"chocol"与阿兹特克语中表示水的"atl"加以结合，进而产生了"chocolatl"一词，后来其又被转化为"Schokolade"（德语）和"chocolate"（英语）。这一假说的可信之处在于，西班牙人当时确实需要为他们的新饮品起一个名字。因为与阿兹特克人不同，他们更喜欢饮用热巧克力饮品。[26]

为什么不继续沿用"cacahuatl"而要创造一个新词呢？这一点至今仍旧是一个谜，但对其同样也存有各种推论。美国人类学家迈克尔·D. 科指出，在大多数罗曼语族，即拉丁语族的语言中，语素"caca"都与粪便有关。考虑到这种饮品的色泽和稠度，西班牙

---

① 即前已述及的《新西班牙事物通史》。
② 系贝尔纳迪诺·德·萨阿贡与安德烈斯·德·奥尔莫斯（Andrés de Olmos）共同整理、记录的纳瓦特尔语告诫录。该文献以故事的形式描述了中美洲的行为准则、伦理规范、庆典活动以及纳瓦人的信仰等。

人应该不会反对为这种流行饮品换一个崭新的名字。[27]

来自西班牙的定居者最开始和玛雅人一样,也用南瓜壳充当它的饮器。这种碗在纳瓦特尔语中被称为"xicalli"。在西班牙人的影响下,该词也发生了变化,很快"Jicara"就同时在新旧两个大陆成了巧克力饮器的通称。

随着上述所有变化,16世纪末中美洲的巧克力饮品销量激增。最初的可可需求主要集中在中美洲,输送欧洲的可可豆并不多。巧克力饮品直到17世纪才成为欧洲贵族的时尚饮品。随着需求的增加,可可的供应出现了瓶颈。那么接下来会发生什么呢?

在殖民过程中,西班牙人建立了一套巧妙的经济制度,即"监护征赋制(Encomienda)"。在这一制度下,土地和土地上的印第安村庄被分配给了由征服者担任的所谓"监护者(Encomendero)"来管理。这种赐封体系原则上只维持两代人的时间,但现实中其往往可以超越这一限制。[28] 监护者被允许向生活在其监护土地上的印第安人征收贡品及征使劳动力。本地的印第安卡西克负责收集贡品和监管社会。此外,这些印第安统治者还能迫使普通印第安人向他们个人提供服务。卡西克最初通常会被允许保留自己的土地,甚至会被允许获得那些被消灭的印第安贵族阶层和祭司阶层的土地。这些措施确保了印第安统治者与西班牙征服者间的盟友关系,他们不再会为自己的族群挺身而出。这是一种非常聪明的策略,因为其促使印第安卡西克与普通印第安人间的裂痕越来越大。[29] 理论上印第安人不是监护者的农奴,而是附庸于西班牙国王的自由人,但现实中却有偏差。印第安人既必须在西班牙征服者的种植园中以最为艰苦的条件进行劳动,又要缴纳贡品。英格兰多明我会修士托马斯·盖奇(Thomas Gage,1600~1656)于1625~1637年在危地马拉担任乡村教士。他在1648年返回英格兰后记录了自己在新大陆的见闻："不论其多么贫穷，每个村庄的每个已婚印第安人都要向国王缴纳至少 4 枚银币，还要向监护者缴纳额外的贡品。如果村庄直属于国王，那么他们每人就至少要付 6 枚银币，有时甚至是 8 枚。那些隶属于监护者的人需要依据其实际生产的产品类别而向监护者缴纳实物贡品，比如玉米（最常见的贡品）、蜂蜜、鸡、火鸡、盐、可可和毯子等。用于进贡的毛毯非常贵重，因为它们是经过精挑细选的且比通常的毛毯要大。对于可可、红木种和胭脂虫（Dactylopius coccus / Cochenille）[①] 来说也是如此，最好的那些总是会被用于进贡以表示尊敬。如果印第安人没有交出那些最有价值的货物，他们一定会遭到鞭打，并且会被强制征收其他货物以补偿欠奉的部分。"[30]

1537 年，教宗保禄三世（Papst Paul III，1468~1549）颁布教宗训谕《崇高的上帝》（Sublima Deus），正式禁止畜印第安人为奴。但监护征赋制并未因此而告终，其在某些地区一直保留到了 18 世纪末。[31] 这种制度确保了西班牙监护者能够调动足够的劳动力以供他们驱策。这些人被西班牙人剥削，往往在实质上丧失了一切权利，很多人因此而死。监护者的唯一义务就是让"他的"印第安人皈依基督教，并豢养和保护他们。西班牙监护者要求的许多贡品都是阿兹特克人当权时即已常见的贡物——对可可种植区来说，就是可可豆。然而西班牙人并不把可可豆看作货币，而是将它作为饮品的原料来看待。这种饮品当时已然在西班牙人中收获了大量拥趸，因此监护者们总是很乐于监护可可种

---

① 系"胭蚧属（Dactylopius）"昆虫，原产于中美洲和南美洲。其雌性体液呈鲜艳的胭脂红色，可被用来制造一种古老的染料胭脂红。这种染料既可用于为织物、皮肤和陶器染色，也可作为食用色素使用。

植园。

在独立运动的过程中,那些曾被监护的土地被转化成为私有产权土地,其中大部分还是归西班牙人后裔所有。18世纪时,这里的庄园农场开始被称为"Hacienda"①,一般来说,其规模不大,但也有一些占地可达数万公顷。尽管强迫印第安人劳动此时已被列为禁项,但庄园主总能找到强制剥削他们劳动力的方法和手段。农业劳动者会得到一小块土地,以便从事小农劳作。而作为回报,劳动者也必须为庄园主工作。庄园主非常善于利用劳动者的处境以达至自己的目的。比如,他们允许印第安人预支一笔钱以向西班牙王室缴税,他们也愿意为印第安人提供大额贷款。许多印第安人接受了这些贷款,随即发现自己陷入了债务陷阱。为了偿还债务,他们将作为劳动力被一个庄园捆绑多年。

西班牙人给新大陆人带来的除了征服战争与强制劳动式的凌虐外,还有天花和疟疾等流行病。这些流行病仅在墨西哥就夺走了数百万的生命。在西班牙征服到来之前,约有2520万印第安人居住在今墨西哥境内;11年后,其中的人口据说仅剩1680万;而到了不满百年后的1605年,人口已降至约110万。[32]

就连狂热的尤卡坦主教迭戈·德·兰达也发现了其所在地区的灾难性状况,他注意到玛雅人在西班牙人到来后人口减少了很多:"从那时起,这片土地上的居民就承受着这些苦难。此外,西班牙人入侵这片土地还带来了许多其他苦难。上帝降下了战争,

---

① 系西班牙和其殖民帝国范围内的庄园制农业结构。其起源于安达卢西亚地区(Andalusien)的"收复失地运动(Reconquista)"时期,后被推广到帝国的各殖民地中。所有殖民地的庄园主几乎都是西班牙人或其纯血后裔。而庄园制的产业除各种种植园和畜牧业外,有时还会包括矿山与工厂。

也降下了别的惩罚。所以那些能存活到今天的本地人虽然不多，却也是上帝的奇迹。"[33] 整片地区的人口都减少了。主要的可可种植区索科努斯科也不例外，在其可可种植园里工作的印第安人几近灭绝。由于产量下降，西班牙征服者开始尝试以各种手段挽回劳动力不足造成的损失。他们首先把玛雅高地（Maya-Hochland）的印第安人引入索科努斯科，强制他们在可可种植园里工作。此外，西班牙人还任命了监工来驱策并控制印第安人。但这些措施都没能奏效，可可产量仍在持续下降。[34]

在16世纪末之前，索科努斯科和危地马拉种植区的可可都会被送到今瓦哈卡（Oaxaca）、普埃布拉（Puebla）和墨西哥城所在地区。在这段时间里，各阶层的印第安人和西班牙移民都会享用巧克力饮品。

可可对印第安人的重要意义可以从祭祀仪式中一窥端倪。他们像过去将可可豆供奉给神灵那样将可可豆放在教堂里。一些教士认为该习俗是一种很好的收入来源，这些可可豆也经常被他们拿来满足自己的需要。[35]

当时，巧克力饮品在西班牙人中间已非常流行。贵妇人对这种饮品热情高涨，欲罢不能。托马斯·盖奇那时居住在今圣克里斯托瓦尔德拉斯卡萨斯（San Cristóbal de las Casas），他在自己的报告中写道：高贵的西班牙贵妇们这段时间肠胃显然非常虚弱。这种痛苦令她们甚至在弥撒时也必须饮用巧克力饮品。为了能随时喝到新鲜的巧克力，她们让印第安仆役将自己带入教堂。这种行为自然引发了主教的不满。最初，主教还试图劝阻，但并没有什么用，贵妇们依然会带着巧克力来教堂。于是主教颁布规定，任何在弥撒期间吃喝的人都将会被教会绝罚。可这也无济于事，贵妇们感到非常沮丧，于是不再去大教堂参加礼拜。随后大教堂变得几乎空无一人。贵妇们开始在小教堂里庆祝弥撒，并在里面继续饮用她们的巧克力。同时，她们的捐款也从此开始留给了小教堂。主教由于蒙受了重大的经济损失，威胁要将所有允许人们在教堂内饮用巧克力的教士和修士绝罚。不久之后，主教患病去世。人们怀疑他是在喝巧克力时中了毒。[36]

来自殖民地的可可：残酷而暴利的贸易

17世纪，可可的价格飞涨。这是因危地马拉和索科努斯科种植区的产量大幅下降，又因当地劳动力的大规模死亡而引发的。然而与此同时，针对这种珍贵原材料的需求却在不断增长。欧洲巧克力消费渐入佳境导致了其他地区可可种植面积的扩大。瓜亚基尔湾（Golf von Guayaquil，其主体部分濒临今厄瓜多尔海岸）的种植园主和今委内瑞拉的西班牙定居者都从这一变化中受益匪浅。

在征服秘鲁后，开始有西班牙人前往瓜亚基尔湾定居。他们发现了原生于南美洲热带地区的野生佛拉斯特罗可可。赤道以南的地区具有种植可可的理想自然条件。"人们从17世纪初开始种植这些种群，其首要事项就是砍伐森林。早在1635年，可可种植园即已遍布整个瓜亚斯盆地（Guayas-Becken）。市政自治的瓜亚基尔的贸易活力已从上一年尼德兰海盗入侵造成的萧条中完全恢复过来，大量可可从这里被运往危地马拉和墨西哥的市场。"[37] 如此巨大的出口量令墨西哥和危地马拉的可可生产商抱怨不已，禁止进口可可的王家禁令也已颁布，但一切都收效甚微。18世纪末，市场上有41%的可可来自厄瓜多尔。虽然佛拉斯特罗种的质量比不上索科努斯科或危地马拉可可，但胜在供应量较大。此外，瓜亚基尔地区的种植园还有黑奴在劳动，对种植园主来说，这大大降低了成本。可可因此变得便宜多了，虽然味道可能不那么好，但与充足的糖分相搭配，其仍是一种备受欢迎的饮品。这种可可遭到了高贵的殖民统治者的抵制，因为在他们眼中，那是穷人才喝的玩意。[38]

另一个重要的可可种植区是委内瑞拉。克里奥罗可可的主要种植区就位于该地区北部海岸的狭长地带。由于其优秀的品质，这种名为"Caracas"的可可很快就与索科努斯科可可一样受到了人们的喜爱。"加拉加斯可可（Caracas-Kakao）"可能来自委内瑞拉森林中的野生种群，当人们发现它的价值后便开始在种植园中培育。与此同时，这里也发生了与墨西哥类似的灾难——本地居民几乎死亡殆尽。种植园的劳动力由此严重不足，于是黑奴开始渡海而来。1537年的教宗训谕只禁止把印第安人当作奴隶的行为，非洲人则不在该禁令的范围。于是，黑奴被"久经考验"的"大西洋三角贸易体系（System des Atlantischen Dreieckshandels）"运至委内瑞拉。殖民列强的奴隶船将武器或工具等工业制品运送至西非的黑奴仓库，在那里它们将被交换为"人类货物"。然后奴隶船再航行到新大陆，将黑奴带到糖、可可、靛青和烟草种植园。种植园收获的农产品和粮食随后将被奴隶船带回宗主国并在那里被以高额利润出售。在此过程中，奴隶们会被锁在船上，生存条件极其恶劣。（见图66）据推测，每100名奴隶就会有8~10人在航行中死亡。[39]诗人海因里希·海涅（Heinrich Heine，1797~1856）曾针对奴隶船上的情况作出过如下描写。

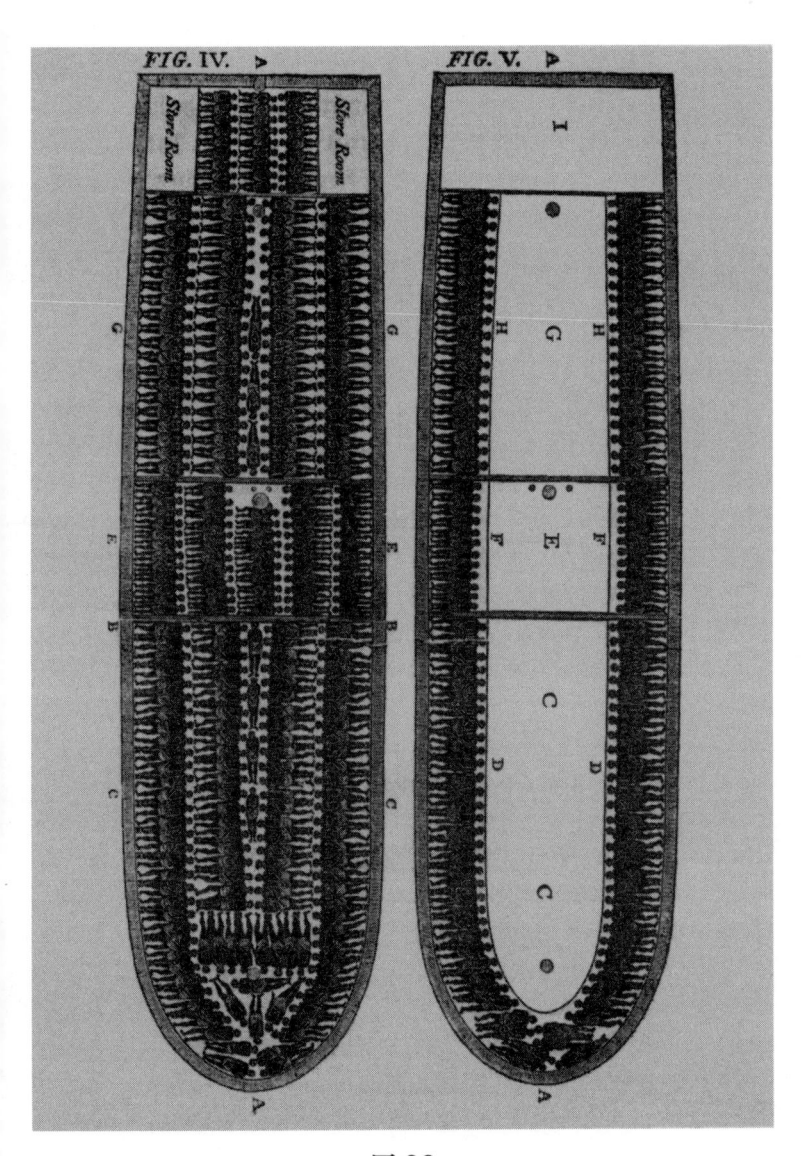

图 66

奴隶在非洲被绑架并被用船送往新大陆。他们中的许多人都将在西班牙征服者的可可种植园中工作。

205 **奴隶船（第二版）**[①]

海因里希·海涅

1

运货监督曼赫尔·望·柯克，
坐在他的舱里精打细算；
他计算着货运的数目，
估计有多少利润好赚。

"橡胶很好，胡椒很好，
有三百件木桶和麻袋；
我也有金粉和象牙——
都赶不上这批黑货可爱。

在塞内加尔河边我换来了
六百个黑人，价格低廉。
都像是最好的钢铁，
肌肉结实，筋络强健。

我以货易货，用的是
烧酒、琉璃珠、钢制器材；
只要有一半给我活着，
我就能获利百分之八百。

[①] 引自冯至译的人民文学出版社1956年版《海涅诗选》。

在里约热内卢的海港
只要有三百头黑人生存，
刚萨勒斯·彼赖洛公司
买一头给我一百都卡顿①。"

这时曼赫尔·望·柯克
忽然从他的沉思里惊醒；
船上的外科医师走进来，
这是望·德尔·斯密孙医生。

这是个瘦得皮包骨的人物，
鼻子上长满了红瘤——
望·柯克喊道："水上的看护长，
我可爱的黑人们近来怎样？"

医生感谢他的盘问，
他说："我特来向你报告，
昨天夜里的死亡率
特别显著地增高。

过去平均每天死两个，
昨天却有七名死亡，

---

① "Dukat"又译"杜卡特"，系欧洲从中世纪至19世纪作为通货而使用的一种金币或银币。其中，威尼斯铸造的金杜卡特获得了广泛的国际认可，其纯金含量可达99.47%，是中世纪所能达到的最高纯度。

是四男三女——这个损失
我立刻计入了流水账。

我仔细检查了尸体；
这些坏蛋有时伪装死亡，
为的是让人早日把他们
投入大海的波浪。

我从死者身上取下铁链，
像我通常所做的那样，
叫人们在清晨的时刻
把尸体抛入海洋。

立刻从潮水里涌出
成群的鲨鱼队伍，
这都是我的食客，
他们这样喜爱黑人的肉。

自从我们离开了海岸，
它们就追随着船的踪迹；
这些畜类嗅着尸体的气味，
感到强烈的贪婪的食欲。

看起来也十分有趣，
它们怎样用嘴捉取尸体，
这个捉住头，那个捉住腿，

其他的把内脏吞了下去。

它们把一切都吞完，
还快快乐乐围着我们的船，
它们瞪着大眼望我，
好像要感谢这顿早餐。"

可是望·柯克叹息着，
把他的话头打断：
"我怎样能缓和这个灾殃？
怎样阻止死亡率的进展？"

医生回答："由于自己的罪过
许多的黑人才死去；
他们浑浊的呼吸
败坏了船舱的空气。

也有许多人死亡由于忧郁，
因为他们感到致命的无聊；
通过一些空气、音乐和舞蹈，
他们的病能够治疗。"

望·柯克喊道："一个好计谋！
我忠实的可敬的医生
跟亚历山大的师傅，
亚里士多德是同等聪明。

德尔夫特①的郁金香品种改良会,
它的会长是足智多谋,
可是比起你的才智,
连你的一半都没有。

奏乐! 奏乐! 叫黑人们
都到甲板上边舞蹈。
谁不肯蹦跳取乐,
鞭子就要严加训导。"

2

高高地从深蓝的天幕
闪烁着千万颗星星,
它们焦灼渴望,又大又聪明,
像美丽的妇女的眼睛。

它们俯视着汪洋大海,
大海上广阔地蒙着一层
放射磷光的绯红的烟霭;
波浪在纵情地沸腾。

奴隶船上没有船帆飘扬,

---

① "Delft"今译"代尔夫特"。

船好像是停止不动；
可是甲板上灯光闪闪，
演奏出舞蹈的乐声。

舵手拉着提琴，
厨子吹着笛箫，
医生吹着喇叭，
一个船童把鼓敲。

大约一百黑人，男男女女，
他们疯狂一般地旋转，
他们欢呼、蹦跳，每一跳
都合乎节奏地响着铁链。

他们狂欢地摩擦着甲板，
一些黑色的美人
纵情地抱着裸体的伙伴——
这中间发出呻吟的声音。

监管人是个"享乐能手"，
不断地用皮鞭抽击，
刺戟怠惰的舞蹈者，
鼓动他们快乐的情绪。

的答嘟答，的东的东东！
喧哗从海水的深处

唤醒在那里睡眠的
愚蠢的水里的怪物。

几百条鲨鱼睡眼蒙眬,
都向着这里浮来;
它们瞪着眼向船仰望,
它们都惊奇,都发了呆。

它们知道,早餐的时刻
还没有到来,它们打着哈欠,
张大了口腔;两颚上的牙
像锋锐的锯齿一般。

的答嘟答,的东的东东——
舞蹈总是舞不完。
鲨鱼咬着自己的尾巴,
它们感到不耐烦。

我相信,许多这类的家伙
对音乐都没有感情。
阿尔比昂伟大的诗人说过:
"不要信任不爱音乐的畜生!"①

---

① "Albion"又译"阿尔比恩",系英国最古老的名称;"阿尔比昂伟大的诗人"指威廉·莎士比亚(William Shakespeare);"不要信任不爱音乐的畜生!"引自《威尼斯商人》(*The Merchant of Venice*)。

的东的东东,的答嘟答——
舞蹈总是舞不完。
曼赫尔·望·柯克合掌祈祷,
他靠着船头的桅杆。

"主啊,为了基督的缘故,
请饶恕这些黑色的罪人!
纵使他们触犯了你,你要知道,
他们是牛一样的愚蠢。

为了基督的缘故,饶他们的命吧,
基督为我们大家死亡!
因为我若不剩下三百头,
我的买卖就要遭殃。"[40]

约 1855

参与这种利润丰厚残酷贸易的不仅有西班牙的公司,还有葡萄牙、法兰西、尼德兰、德意志、英格兰和丹麦的公司。奴隶贸易被认为是世界史上最庞大也最为黑暗的贸易形式之一。在接下来的 350 年中,1500 万~2000 万黑人被从非洲绑架并作为奴隶被贩卖到美洲。[41]

17~18 世纪时,欧洲市场上的大部分可可均来自委内瑞拉的种植园,而在这些种植园中种植可可的则是奴隶。即便到了 19 世纪,这一情况也没有发生根本的改变。亚历山大·冯·洪堡在穿越委内瑞拉的旅途中记下了嘉布遣小兄弟会(Orden der Minderen

Brüder Kapuziner）①的修士在西班牙殖民地传教区的专断统治。嘉布遣小兄弟会成立于 1528 年，是天主教四大托钵修会方济会的分支。其名"Kapuziner"来自方济会修士习惯佩戴的"兜帽（Kapuze）"。嘉布遣小兄弟会修士遵循亚西西的圣方济（St. Franz von Assisi）的教导，过着隐士般的生活。由于其会对穷人、病人、陷于危难者和无家可归者进行奉献，修士们颇受民众的爱戴。目前，嘉布遣小兄弟会在全球拥有近 12000 名成员。但在洪堡的报道中，"传教士试图把他的村庄变成一座修道院。一切事务都随钟声而动，印第安人的行动没有一刻自由。他们随着命令向左移动、向右移动，一条河流就足以让他们手足无措。印第安人不想种植任何东西，因为他们生产的一切都将属于神父。在阿塔瓦波河畔圣费尔南多（San Fernando de Atabapo），印第安人必须以每法内加（Fanega，即西制浦士耳）② 4~6 银币的价格将可可粉出售给传教士。如果有印第安人胆敢将可可卖给附近地区的其他传教士，或从其他传教士那里购买粗麻布，等待他的就是刑杖的殴罚。每名教士都在自己的村庄里维持着垄断权。"42

历史学家、洪堡研究专家弗兰克·霍尔（Frank Holl）指出，洪堡在他的旅途中还注意到了另一个在当下仍颇具意义的问题：当人们为了开辟大型可可种植园或甘蔗种植园而砍伐雨林时，该地区就会失去本来由雨林承担的水体调节功能。于是蒸发进空气

---

① 系天主教四大托钵修会方济会的一支，由意大利修士马泰奥·达·巴朔（Matteo da Bascio）于 1525 年创立。该修会主张回归方济会初创时的简朴状态和清贫苦行，是罗马教廷反对宗教改革的一股重要力量。

② 系谷物容量计量单位，传统上被用于巴西、葡萄牙和西班牙等地，南美洲和中美洲至今仍在使用。在不同地区的具体容量有所不同，最常见的是 1 法内加等于 55.5 升。

的水分便减少了，进而降雨量也减少了。此外，毫无遮蔽的阳光将晒干土壤，其结果就是土地荒漠化及河流湖泊水位下降。洪堡在当时就已经认识到，当土地失去了森林的覆盖，地表就会变得干燥："一块土地被耕种的时间越长……炎热地区的树木就越少，就会变得越干旱，也就越容易受到风的影响……这就是为什么加拉加斯省（Provinz Caracas）的可可种植园正在减少，而其东面有大片未开垦的处女地，近来越来越多的种植园正在那里发展。他于1800年2月11日抵达巴伦西亚湖（Valencia-See）——印第安人将其称为'塔卡里瓜湖（Tacarigua-See）'——并基于自己的发现发展出了关于森林、水和气候间关系的研究。这类研究后来备受关注。"[43]

巴西，即后来的葡萄牙殖民地则发展成了可可生豆的另一处重要产地。耶稣会传教士在这里推进着可可的种植与收获。耶稣会由洛约拉的圣依纳爵（St. Ignatius von Loyola，1491~1556）于1534年创立，其重要特征之一就是对教宗的绝对服从。该组织曾因其对南美洲殖民地庞大利益不加节制的追求而倍受批评。耶稣会士在这里拥有大型庄园，而这些庄园的经营则要依靠奴隶的劳动。

17世纪初，耶稣会士发现了生长于亚马孙河沿岸的佛拉斯特罗种。与统治巴拉圭时一样，他们在巴西也将本地居民分成了一个一个的"小村庄（aldea）"。这意味着耶稣会传教士可以随时把握本地人的情况，也就是说可以不费吹灰之力地监视和控制他们。于是耶稣会士强制组织印第安人进行亚马孙河沿岸的采收工作，逼迫他们收获野生可可并为船运作准备。这种可可的品质不如克里奥罗种，利润也没那么高。但由于耶稣会等宗教团体享有免税运输的权利，因此出口野生可可对他们来说是有利可图的。而且他们除了拥有野外采集地，也在可可种植园分了一杯羹。[44]

然而，形势在17世纪四五十年代发生了根本性的变化。鼠疫和麻疹的流行夺走了许多人的生命，于是劳动力开始明显不足，贸易也陷于停滞。在此之前，可可是亚马孙地区最为重要的出口商品。

在接下来的几年内，葡萄牙蓬巴尔侯爵塞巴斯蒂昂·若泽·德·卡瓦略-梅洛（Sebastião José de Carvalho e Melo, Marquês de Pombal, 1699~1782）致力于瓦解在葡萄牙和巴西的耶稣会体系。与此同时，他也制定了一套恢复可可产量的长远计划。蓬巴尔侯爵建立了一家国有垄断可可公司，还在亚马孙地区建立了种植园。他没有让那些从流行病中幸免的印第安人继续留在可可园里干活，而是开始大规模引进黑奴。直到19世纪末巴西废除奴隶制为止，该国一直是最大的可可出口国之一。在拿破仑战争（Napoleonische Kriege）期间，它对英国来说是最为重要的原材料生产国。当时，英国被委内瑞拉的可可市场拒之门外，但其国内对可可有着巨大的需求。然而，随着奴隶制遭到废除，亚马孙地区的种植园又陷入了劳动力短缺的境况。于是，该地区的可可产量再次锐减，巴西的可可种植区逐渐转移至巴伊亚州。

加勒比群岛也是可可种植区之一。生活在大安的列斯群岛（Große Antillen）和小安的列斯群岛（Kleine Antillen）的阿拉瓦克人（Arawak）和泰诺人（Taino）已被西班牙人的残酷征服、强制劳动及所带来的外来疾病折磨得消失殆尽。这里的种植园也试图通过安插黑奴来解决人口过少的问题，于是西印度群岛的种植园中也有了黑奴的身影。可可是这一地区重要的出口商品。

但当时的加勒比群岛仍有武装冲突正在进行。欧洲列强、海盗和私掠舰队设法控制了一些岛屿，以期中断新大陆与其西班牙宗主国间的联系，并从中夺取珍贵的海运货物。此外，他们的目的还包括打破西班牙对可可贸易的垄断并开始在加勒比群岛种植可可。从 1660 年代开始，英格兰人在牙买加和巴巴多斯岛上推广可可种植。早在 1630 年代，西班牙人就将可可引入了这里，英格兰人现在要做的就是在这一基础上谋求进一步发展。[45] 1660 年代，法兰西人也开始在瓜德罗普（Guadeloupe）、马提尼克（Martinique）、圣多明各（Santo Domingo）、海地（Haiti）和圣卢西亚（St. Lucia）生产可可。在经历了初期的失败后，法兰西人二十年后终于收获到了第一批可可。例如在海地，法兰西人的首个可可种植园就建在那里，但直到第二轮尝试后，该地才在 1714 年成功繁育了 20000 株可可树。到了 1745 年，海地的可可树增加到了 100000 株；1767 年又增加到 150000 株，可可的出口量也达到了 750 吨。[46] 邻近这些岛屿的大陆上也出现了越来越多的可可种植园，比如 1668 年的荷属圭亚那［Niederländisch-Guayana，今苏里南（Surinam）］①和法属卡宴（Französisch-Cayenne）就是如此。自然科学家菲塞·奥布莱（Fusée Aublet）在卡宴［今法属圭亚那（Französisch-Guayana）首府］发现了两种新的可可品种。尽管自然条件非常适合可可生长，但该岛并未能为宗主国本土供应所急需的可可，因为这里的作物以甘蔗为主。

　　这一时期的西班牙正在尝试扩大其在加勒比地区的可可种植面积。公元 1525 年前后，第一批克里奥罗种可可树由西班牙修士

---

① 即"尼德兰属圭亚那"，系第二次英荷战争（English-Niederländischer Krieg, 1665~1667）结束后，依据《布雷达条约》（Frieden von Breda），尼德兰联合共和国于 1667 年用新阿姆斯特丹（今纽约）从英格兰人手中交换的。（中文习语常以曾经的政治实体荷兰伯国之名"Holland"代指"尼德兰"。）

从墨西哥带到了特立尼达岛。[47] 1727 年，特立尼达遭受了一场至今真相不明的灾难——可能是一场飓风或是一场瘟疫。大部分种植克里奥罗种的可可种植园毁于这场灾难。三十年后，修士们又带来了新的可可树。这次他们带来的是佛拉斯特罗种的树苗，其可能来自奥里诺科河（Orinoco）沿岸地区。人们将新的植株与克里奥罗种一同种植，于是一种新的杂交品种出现了，这就是特立尼达可可。该岛的可可产量就此开始上升，其很快便成为最重要的可可种植区之一。一时之间，特立尼达岛甚至成了极为重要的可可走私基地。为了打破西班牙对可可贸易的垄断，人们开始从委内瑞拉附近的海岸以走私的形式输出可可。尼德兰人在其中发挥了主导性作用。他们在非法贸易领域获得了很大成功，甚至西班牙本土的可可需求也通过绕道尼德兰的走私贸易暂时得到了满足。[48]

尽管欧洲列强还曾多次尝试在其他殖民地建立可可种植园，但均没有成功。在最初的失败后，英格兰人、法兰西人和尼德兰人将精力转移到了其他热带作物的种植上，比如甘蔗、烟草和咖啡。在几个世纪的岁月里，西班牙辖下的种植区——尤其是委内瑞拉——仍是中美洲和南美洲的主要可可生产地。"1651~1660 年间，西班牙殖民帝国的可可年出口量为约 28 吨；1771~1775 年增至 3230 吨；1790~1799 年进一步达到了 4990 吨。而在 18 世纪的最后十年，'伊比利亚美洲（Iberoamerika）'[①] 的年平均出口量为 6063 吨。其中，仅委内瑞拉出口的可可就占据了总额的 65.8%；厄瓜多尔占据了 16.5%；巴西占据了 15.2%，即 921.6 吨。另外，

---

① 即整个美洲殖民地，因其主要被伊比利亚半岛国家西班牙和葡萄牙瓜分而有此称谓。

西欧和西北欧竞争者掌控下的可可产量就相形见绌了，他们在整个17世纪至18世纪初遭遇的挫折造成的影响依然余波未平，这一点在加勒比地区尤为明显。直到18世纪末，更准确地说是到了1788~1789收获年度，法属西印度群岛和尼属苏里南的可可产量才分别达到了580吨和350吨的水平。此外，在17世纪末的英属牙买加，一种侵染可可植株的慢性疾病令其年产量减少到了4530磅，而此地的可可种植也就从此一蹶不振了。"

可可种植的新时代在17世纪揭开序幕。从中美洲和南美洲启程的可可树这时已遍布世界各地的热带地区。18~19世纪，因欧洲市场的可可需求难以被满足，殖民列强开始将可可引入美洲以外的热带地区。

第8章　可可抵达欧洲

旧大陆，新饮品

克里斯托夫·哥伦布发现美洲在世界史上具有重大意义。该事件对拉丁美洲印第安人产生的巨大影响前已述及。那么发现美洲对欧洲的经济和文化产生了怎样的影响呢？本章将讨论这一问题。确定无疑的是，可可作为世界性贸易品与巧克力一起对欧洲精英阶层发挥着不可忽视的作用。

我们有必要先简要概括葡萄牙人与西班牙人能够在15世纪启动大发现之旅的原因。首先，远洋船舶和各种航海仪器的发展当然是其技术前提。但除此之外，还有其他原因驱动了这些旅程。他们进行这一系列扩张的一个重要动机是欧洲对贵金属，尤其是对黄金与白银的需求。15世纪的欧洲出现了贵金属短缺，其阻碍了货币铸造，并进一步阻碍了经济发展。欧洲早期的黄金来自非洲各地。在非洲，商队会费力地将贵金属从内陆地区运至北非的港口。葡萄牙在非洲的扩张主要就是为了控制这里的黄金资源，从而确保本国经济的发展需求顺利得到满足。

除了获得金银以外，追寻香料是他们的另一驱动力。欧洲人寻找通往印度的海路，只是为了能够直通宝贵原材料的原产地，进而打破阿拉伯中间贸易商对香料的垄断。最后，促使欧洲人在15世纪进行探索的第三个动机是：为肆虐于欧洲的各种疾病寻找新的治疗方法。[1]关于这一点，本章稍后会进行讨论。

在葡萄牙和西班牙的大发现之旅后，接踵而来的就是旨在掠夺土地及征服原住民的侵略性扩张和殖民政策。与欧洲殖民列强英法两国的情况不同，对西班牙政府来说，本国居民是否移居新发现的拉丁美洲大陆其实无关紧要。其主要关心的是开发新地区的经济潜力。为此，西班牙在征服行动后不久，就将拉丁美洲的经济发展方向重新定位为向宗主国大规模输送原材料与食品。其中有两种出口商品从一开始就扮演了非同寻常的角色：来自秘鲁和墨西哥的白银以及来自巴西和古巴的糖。

巨额的财富以白银的形式流入西班牙，对西班牙和欧洲的经济产生了积极影响，也对世界其他地区的经济发展发挥了一定作用。16世纪时，来自美洲的贵金属最远曾抵达中国和日本。据信在1500~1800年间，全球大约四分之三的贵金属均产自美洲，其中白银开采量在13万~15万吨之间。这些贵金属主要被用于支持西班牙一项成本高昂但最终失败的重大国策。[2]

另外一种重要的贸易品是糖。西班牙殖民统治者在大型种植园种甘蔗，再将它们输往欧洲。1493年，克里斯托夫·哥伦布在他的第二次航行中将甘蔗从加那利群岛（Kanarische Inseln）带到了伊斯帕尼奥拉岛。糖的精炼加工则在欧洲进行，它们在这里常被用于制作新的奢侈饮品，即巧克力。这种巧克力饮品在贵族和高级圣职的交际圈中迅速流行起来。因而从一开始，欧洲制备的巧克力就时常添加糖。

随着时间的推移，与新大陆有关的货物交易在有条不紊地进行，欧洲、非洲和美洲间的三角贸易也逐渐形成——正如第7章已经简要讨论过的那样。这种状况持续了几个世纪，这种贸易也成为欧洲国家的重要收入来源。对于西班牙等欧洲列强——其中也包括德意志——来说，三角贸易是一项利润丰厚的生意。在拉丁美洲的甘蔗种植园，黑奴取代了本地的印第安劳工。印第安人曾深受不人道工作和恶劣生活条件的戕害，但众所周知，后来的非洲劳动者所遇到的情况较他们的前辈也没有什么改善。许多自被运往拉丁美洲的航程幸存下来的人后来都死在了种植园内。融入三角贸易体系的除了糖，还有咖啡和可可。

所有这些新食品与新嗜好品的受众几乎都是欧洲人——要么被供应给了殖民地的西班牙上流社会，要么被出口到了欧洲本土。它们抵达欧洲后深刻地改变了欧洲人的饮食和消费习惯，后文将以巧克力为例，进一步详释这一问题。现在，我们先来谈谈土豆。自18世纪以来，土豆在德意志就开始变得无比重要，以至——不论其起源如何——其现已被视为德国食品的代表。那么新型热饮巧克力在欧洲又引发了怎样的回响呢？当时的学者对这种饮品又有着什么样的评价呢？他们会认为巧克力有多重要呢？

可可和其他两种热饮，茶与咖啡，都是在16世纪传入欧洲的，但其传入的具体年份目前仍不得而知。（见图67）不同文献中提到的巧克力传入年份皆不相同，但其中绝大多数都找不到根据。过去有段时间，人们曾认为西班牙冒险家暨征服者埃尔南·科尔特斯是将巧克力引入欧洲的先驱，但这种说法没有任何可资证明的依据。[3] 的确，1519年他在抵达今墨西哥后不久便派遣了一艘船返回西班牙。这艘船上满载的各种新大陆货品也的确进入了西部牙宫廷，但我们并不知道其中是否包含可可豆。即便是1528年，即埃尔南·科尔特斯在墨西哥滞留了近十年后再次回到西班牙宫廷，他也未必是携可可豆一起返乡的。因为无论如何，我们在西班牙留下的运输货物清单中并没有找到这宗货物。相反，据这份清单记载，科尔特斯只给他的国王卡洛斯一世带回了许多的人、各种动物以及诸多物品。（见图68）随船返回西班牙的有

图 67

三种热饮均在 16 世纪传入欧洲：来自非洲的咖啡、来自中国的茶以及来自新大陆的巧克力。

印第安贵族、美洲豹、犰狳、外套、扇子和镜子，但可能唯独没有可可豆。然而另外，如果他真的没有将可可豆带至西班牙宫廷，也确是一件咄咄怪事。因为埃尔南·科尔特斯毕竟早就意识到了可可在墨西哥的重要地位，并在给卡洛斯一世的信中报告过这一

图 68

西班牙国王卡洛斯一世收到来自新大陆的礼物。目前尚不清楚科尔特斯和这位印第安贵族是否也带来了可可豆。(这幅画约绘于1670年)

点。在报告中他似乎对可可豆制成的饮品并不感兴趣,他关注的是巧克力可以成为补充士兵能量的补给,关注的是可可豆的货币功能。因此，他后来建立了种植园，并用可可豆作为工资支付给麾下的印第安士兵。尽管如此，埃尔南·科尔特斯是否曾将可可带回欧洲至今依然没有答案。

第一份可可和巧克力出现在欧洲的确切证据可以追溯到1544年。由巴托洛梅·德·拉斯·卡萨斯率领的一队多明我会修士从今危地马拉出发，带着玛雅人的贵族代表团前往西班牙宫廷。他们给西班牙王子费利佩（Prinz Philipp von Spanien，1527~1598）①带来了许多礼物，其中就包括盛有巧克力的器皿。玛雅贵族此行的目的大概是表示感谢，即感谢在多明我会的监督下其族人能够在危地马拉一个较小的区域内和平地生活，并能得到教士们较为友善的对待。可惜目前尚不清楚费利佩王子对巧克力的态度如何，也不知道他是否品尝过这种饮品。但巧克力很可能在1544年之前就曾出现在西班牙，因为中美洲新大陆与宗主国西班牙间的交流非常频繁。然而在早期巧克力史中经常出现的问题是：缺乏能够证实的文献资料。人们在探究跨大西洋可可贸易的起始时间时也遇到了同样的问题。现有记录中第一批正式装载运输的可可豆是1585年从墨西哥的韦拉克鲁斯运往塞维利亚（Sevilla）的。4

欧洲人对这种未曾见过的巧克力饮品的第一反应往往是非常好奇。但在大多数情况下，他们对其还是会持一种带有怀疑并难以接受的审慎态度。这种陌生的新味道给许多人带来的只有震惊。但请不要忘记，这一时期的欧洲人尚完全不知道巧克力还可以热饮或温饮，并且对混入巧克力的中美洲异国香料，例如辣椒和香草也很陌生。意大利人吉罗拉莫·本佐尼（Girolamo Benzoni，1518~1570）的态度就是一个很好的例子，其可以充分展现早期

---

① 系卡洛斯一世嫡子，后来的费利佩二世。

图 69

意大利人吉罗拉莫·本佐尼于1541年启程前往新大陆,并随后在那里生活了15年。

欧洲人对这种新饮品的厌恶与不信任。本佐尼在新大陆度过了近15年的岁月,是最早描写可可及巧克力的欧洲人之一。(见图69、图70)他在去世后于1572年出版的著作《新大陆史》(*Historia del Mondo Nuovo*)中对巧克力作了如下评价:"它(巧克力)看起来不像人喝的饮料,更像是为猪准备的。我在这个国家已经待了一年多,从没有想过品尝它的味道。每当我经过一个聚落,总会有印第安人试着给我一些这种饮料;然后他们也总会惊讶于我不能接受它,然后笑着走开。但后来有一段时间葡萄酒没有了,我决定不能像其他人那样只喝水。这种饮品的味道有些苦,能使人身体餍足、精神饱满,但不会使人醉倒。正如这块土地上的印

图 70

可可树及晾晒果实示意图。(这幅图源自吉罗拉莫·本佐尼于1575年出版的《新大陆史》)

第安人所说,它是最高级且最值钱的货品。"[5] 然而,令许多欧洲征服者望而却步的不仅仅是巧克力饮品非同寻常的味道,还有它奇特的颜色和稠度。那些添加了红木种的巧克力更是如此,它们看起来会非常红。这种红让欧洲人联想到了鲜血,彼德罗·马尔蒂蕾·丹吉耶拉(Pietro Martire d'Anghiera,1459~1525)曾对此有过生动的描述:"对于那些从未喝过巧克力饮品的人来说,它的外观令人十分厌恶。特别是留在嘴唇上的那些泡沫,如果它是红的,就会像血一样可怕;或者它也有可能是栗色的。不管怎样,整件事看起来都很糟糕。"[6]

本佐尼与丹吉耶拉初次接触巧克力饮品时的反应无疑非常

具有代表性，作出与他们类似评价的欧洲人有很多。当然，也有少数人对巧克力的味道表示肯定甚至是欣赏。巧克力后来之所以能被普遍接受，主要缘于其制备方法产生了各种变化。尤其是西班牙人在16世纪从加那利群岛带到加勒比地区的甘蔗糖发挥了关键性作用。此外，巧克力中也不再使用那些在欧洲不知名的美洲调味品，例如辣椒（Chilipfeffer）①与耳花（Ohrenblume）②，而是代之以欧洲人早已熟悉的旧大陆香料。其中就包括肉桂和八角（俗称"大茴香"），本章稍后将详细讨论这一问题。现在，让我们先来看看16世纪以来欧洲学者对巧克力的学术性论争。与其他嗜好品一样，巧克力的功能与其对人类健康的影响一直存有争议。

作为药物的巧克力

虽然西班牙探险家早就在新大陆接触到了可可和巧克力，但直到16世纪，身在欧洲的人们才逐渐开始认识了这种新饮品。正是水手、传教士、商人和学者通过口头报告、手写笔记甚至印刷出版等方式令欧洲人对巧克力愈发熟悉起来。欧洲各国实现这一进程的时间各不相同。率先披露可可和巧克力相关信息并同时有实物巧克力传入的是西班牙及那些与西班牙关系

---

① 此处既有可能指用作香料的辣椒泛称，也有可能指至今在中南美洲餐桌上常见的辣椒与胡椒混合研磨而成的香料。
② 此处有可能指"香荚兰（Vanilla planifolia）"，部分文献将其花朵描述为"耳形唇瓣"。其于16世纪上半叶经西班牙人带回欧洲，因作为可可饮品中的香料而为人熟知。产于印度洋地区的"波旁香草"就是香荚兰的一个高端变种。

密切的国家——在16世纪时主要是意大利和尼德兰。在其他国家，与巧克力相关的信息则传播得较为迟缓，在德意志的土地上就更是如此。尽管巧克力传入西班牙已逾百年，但这种嗜好品在德意志仍鲜为人知。17世纪末，尤其是在进入18世纪后才有数量惊人的关于巧克力生产及巧克力对人体影响的著作得到出版。

在早期文献证据中，最突出的是西班牙征服者、传教士和学者的旅行报告。这些文章无不或详细或简略地描述了发现、种植或使用可可的情况；其中一些还详述了巧克力的制作过程及相关饮用和使用方式。总之，在阅读早期旅行报告时，我们应该注意到这些作者已然意识到了巧克力同时具有嗜好品和药品的双重功能，这种意识为日后欧洲对巧克力的评价奠定了基调。最早的旅行报告来自埃尔南·科尔特斯和他的同伴贝尔纳尔·迪亚斯·德尔·卡斯蒂略撰写的书籍。通过阅读后者的报告我们可以发现，他的许多同胞早在1538年即已在墨西哥城饮用过巧克力。德尔·卡斯蒂略在书中记述了西班牙殖民总督主办的一次大型庆典，旨在庆祝西班牙国王卡洛斯一世与法兰西国王弗朗索瓦一世（François I，1494~1547）缔结了和约。宴会上除了进口自欧洲的葡萄酒，客人们还可以品尝巧克力饮品。[7]虽然比西班牙人稍晚，但自其他欧洲国家首批涉及可可与巧克力的报告也出现在16世纪，其中意大利旅者的记录尤为引人注目。意大利商人弗朗切斯科·丹东尼奥·卡莱蒂（Francesco d'Antonio Carletti，1573~1636）就是其中之一，他在旅行笔记中详述了巧克力的制作过程与滋补功效——正如前述，埃尔南·科尔特斯曾利用这一功效激励自己的士兵。后来，巧克力的滋补功效在欧洲受到了高度重视，并成为人们进行消费的一个常见目的。卡莱蒂写道:"巧克力可以给予人力量,给予身体营养,并全面增强体质。因此,那些习惯了饮用巧克力的人一旦停止就会无法继续保持体力,即使吃了许多其他食物也不管用。在他们看来,如果不继续喝这种饮料,他们就会消瘦下去。"[8] 但卡莱蒂的行记还没有付梓,英格兰人托马斯·盖奇就在1648年出版了与卡氏观点类似的旅行报告。此外,盖奇的报告还详细介绍了巧克力的制作过程,并着重描述了生活在中美洲的西班牙贵妇的巧克力消费情况。但特别钟爱巧克力的绝非仅是来自西班牙的贵妇人。盖奇表示他本人每天要喝五杯巧克力,并因此身体状况非常良好。[9]

除了旅行报告,16世纪还出现了其他以可可为主题的文献资料,例如地理著作或西班牙宫廷的官方报告。第一份印刷出版的巧克力制作指南问世于1616年,其作者是来自塞维利亚附近小镇马切纳(Marchena)的巴尔托洛梅奥·马拉顿(Bartolomeo Marradon)。这份指南实际上谈的是吸烟的危害,但马拉顿在其中不仅描述了制作过程,还讨论了巧克力对人体的影响。显然马拉顿没有像他的前辈们那样直接前往可可原产地获得有关巧克力的知识。因此,他的论述遭到了另一位研究可可和巧克力学者的严厉批评。这位批评者是安东尼奥·科梅内罗·德·莱德斯马(Antonio Colmenero de Ledesma),他曾亲赴美洲数年,随后撰写了一本有关巧克力的早期"畅销书"。这本名为《关于巧克力性质与特征的奇趣研究》(*Curioso Tratado de la naturaleza y calidad de chocolate*)的书出版于1631年,后被翻译为多种语言并多次再版,其为巧克力相关知识的传播作出了不可低估的重要贡献。1641年,医生暨自然科学家约翰·格奥尔格·福尔卡默(Johann Georg Volkamer,1616~1693)将该书手稿带到了德意志,并于

1644年在纽伦堡出版。福尔卡默是在意大利游学时得到的这份手稿。[10]

正如本章开篇所述，除寻找贵金属与香料以外，寻找新药也是欧洲扩张活动的核心驱动力之一。正是出于这一动机，已成为西班牙最高统治者的费利佩二世（Philipp II）派遣弗朗西斯科·埃尔南德斯前往墨西哥。弗朗西斯科·埃尔南德斯是西班牙最为重要的医生之一，也是费利佩二世的御医。这趟从1570年持续到1577年的旅程，旨在针对阿兹特克和西班牙医生于墨西哥所用的疗法进行信息收集。埃尔南德斯在七年内成功编目了3000多种药用植物，其中大部分均被收录在了当时的药品清单中。这项事业被认为是人类历史第一次现代意义上的科学考察。通过这次考察被引入欧洲的植物，比如愈疮木（Guayaholz）和金鸡纳（Chinarinde）在日后发挥了尤为重要的作用，因为它们可被用于对抗欧洲流行的两种疾病。来自加勒比地区的愈疮木被欧洲人用来治疗梅毒，其还被认为对关节疼痛和癫痫等病症具有疗效。而金鸡纳无疑是人们期盼已久的救星，它可被用于治疗肆虐欧洲整个中世纪的疟疾。[11] 这种疾病虽在欧洲南部更为常见，但在欧洲北部，例如在德意志也偶有发生。

在接下来的一段时间内，讨论巧克力等具有兴奋效果的嗜好品的医学和植物学著作不胜枚举。这些著作经常参考上述记文献。它们在内容上一般会先描述某嗜好品的原产地和制作过程，然后再讨论其医学意义。这种做法自有其必要性，因为大多数读者对巧克力仍知之甚少，所以作者必须针对其来历和用途作相应的解释。早期一些有关可可和巧克力的著作取得了较大成功，还被以多种版本印刷出版，《论三种奇特的新饮品：咖啡、中国茶和巧克力》（*Drey Neue Curieuse Tractätgen. Von dem Trancke Café,*

Sinesischen The, und der Chocolata)① 就是其中之一。该书由菲利普·西尔韦斯特·迪富尔（Philippe Sylvestre Dufour，1622~1687）撰写，又被雅各布·斯彭（Jacob Spon，1646~1685）译为拉丁文。1671~1705年间，该书在法兰西、德意志、英格兰、尼德兰和瑞士等地至少出现了12种不同的版本。这类作品面对的是具有一般文化的大众，依靠新奇色彩和异国情调来吸引读者，撰写风格则类似于报纸与杂志文章。于是，它们恰好迎合了快速接收最新消息的时代需求。[12]

为了了解某些植物，尤其是可可及其最终产品巧克力的重要意义，我们有必要先介绍一下当时医学和治疗方法中的一些基本概念。在近代以前，欧洲医学几乎完全基于古希腊医师科斯的希波克拉底（Hippokrates von Kos，公元前460~前370）的理论。根据该理论，人体包含四种不同体液：血液（Blut）、黏液（Schleim）、黄胆汁（gelbe Galle）和黑胆汁（schwarze Galle）。医师们相信，这四种体液的平衡决定着一个人的健康状况。任何一种体液都不应该占据上风，否则这种不平衡就会导致某种疾病。基于这一假设，人们设计出了一些治疗方式，比如放血疗法（见图71）、催吐剂处方和泻药处方等。人们试图通过这些方式减少多余的体液并使身体内的体液恢复平衡。后来的奥尔良公爵夫人（Herzogin von Orléans）——当时还是普法尔茨的莉泽洛特（Liselotte von der Pfalz，1652~1722）——曾在1719年5月10日的一封信中描述了这种治疗方式给患者带来的痛苦："昨天发生了一件令人恶心的事。他们给我下了猛药，用可怕的药剂让我呕吐了

---

① 该著作最初于1671年在里昂以法文出版，名为"Traitez nouveaux et curieux du café, du thé et du chocolate"，后由福尔卡默译成德文后于1686年印行。

图 71

放血疗法是最为古老的治疗手段之一。人们依照传统的体液说,试图通过放血恢复人体内四种体液的平衡。

12 次。我彻底病倒了,精疲力竭。之前一天的放血疗法已经令我非常虚弱了,我感到没有食欲。但昨天的医生变本加厉,我现在就像一具残骸,行走或者站立都维持不了一刻钟。我非常后悔自己听信了他们的话。"[13] 人们很快就发现,治疗对患者的伤害往往比疾病本身还严重。甚至有医生的治疗手段致人死亡的记录。然而,医生并没有随意施治,他们是严格按照"体液说"规定的方案进行治疗的。

227　　希腊医师帕加马的盖伦（Galenos von Pergamon，129~199）继承了希波克拉底的学说并加以补充，他认为四种体液和所有疗法都有冷热之分。在此基础上，"盖论气质说（Galenische Temperamentenlehre）"（见图72）认为过多的血液是热性的，只有通过具有冷性的疗法才能加以平衡。而且根据当时的理论，所有日常饮食都可被视作预防疾病的措施和治疗疾病的药物。因此，一本1531年的食谱中写道："一位优秀的厨师是最好的医师。"[14] 体液说于古代出现，进而在"近代早期（Frühe Neuzeit）"①的欧洲得到了进一步发展，比如人们将一天或一年内的时间概念融进这一理论中。结果便是出现了一个更加庞杂的体液说体系，巧克力在该体系下被赋予了极为具体的功用，其不但针对特定的体液和器官，还会在一天中某些特定的时间内发挥作用。[15] 不过可想而知，对当时的学者来说，将一种新的热饮纳入固有的体系显然困难重重。所以，有关巧克力在该体系内应处于何等位置的讨论持续了数十年。而在咖啡问题上，人们很容易就解决了它——因为据称咖啡具有所有的特性，适合所有的气质。[16]

228　　巧克力令当时的学者头疼不已。前已提及的弗朗西斯科·埃尔南德斯从1570年前后便开始研究可可，是最早对可可进行细致研究的学者之一。他得出的结论是：可可味道温和，但具有一定的冷、湿性质，有助于治疗发烧。他还强调了可可特别强的营养价值，并建议在天气炎热或发烧时饮用巧克力。但巧克力中所用的香料，例如香草，一般来说是热性的，所以人们还是应谨慎饮用。然而，埃尔南德斯对巧克力作出的评价也受到了一些质疑。

---

① 德语中的"Frühe Neuzeit"略同于英语学界在20世纪中期后常使用的"Early Modern"，但具体界定众说纷纭，并无定论。其大致始于中世纪末的15世纪后期，终于18和19世纪之交。

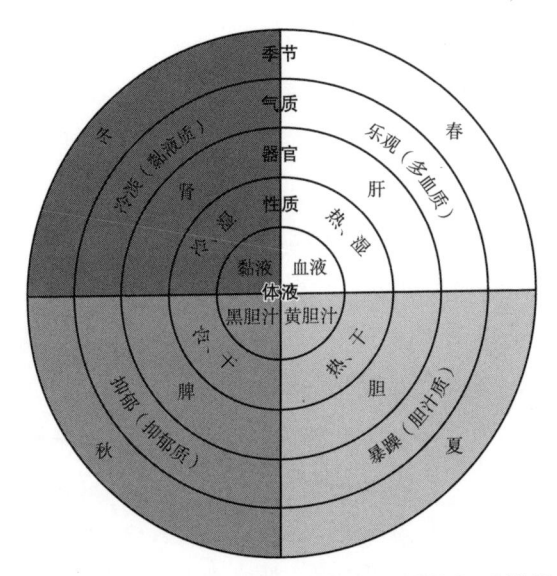

图 72　1600~1750 年巴洛克时期的盖伦气质说体系

例如安东尼奥·科梅内罗·德·莱德斯马就认为巧克力的性质属冷、干，因而饮用后会引发抑郁。[17] 总之，人们随着时间的推移逐渐形成了这样的观点：可可虽是冷的，但可以通过研磨可可豆、添加"热"的香料和热水来弥补这一点。这意味着成品巧克力被认为适合所有四种气质的人来饮用。[18]

虽然巧克力在法兰西宫廷中已然成为一种奢侈饮品并为贵族和高级圣职用珍贵的瓷器不断饮用，但巴黎大学（Universität von Paris）医学院的学者依然在继续讨论其对健康的影响。总的来说，巧克力于 17 世纪末在贵族社交圈内的地位催生了大批以其为主题的出版物。虽然它们在本质上仍是讨论一些老生常谈的问题，但有时还是会出现一些新的突破——终于有人开始对巧克力进行实物试验了。法兰西王家科学院（Académie Royale des Sciences）在这方面作出了相当卓越的贡献。该机构由重商主义的奠基人让-

巴蒂斯特·柯尔贝尔（Jean-Baptiste Colbert，1619~1683）于1666年创立，旨在促进科学研究。该科学院不仅囊括了各色领域，还进行过测量大地的工作，甚至还组织过探险队去探索世界。同样，他们也曾涉足巧克力领域。

克洛德·布尔德兰（Claude Bourdelin，1621~1699）是法兰西王家科学院的初创成员，负责研究可可生豆与烘焙可可豆。此外，还有其他科学院成员就巧克力的生产作了试验。同为科学院成员的威廉·洪贝格［Wilhelm Homberg，也称"纪尧姆·翁贝格（Guillaume Homberg）"，1652~1715］的研究成果则格外引人注目。洪贝格的生活极为丰富多彩且趣味盎然。他对植物学、天文学和物理学都非常感兴趣，还曾前往意大利、法兰西、尼德兰和英格兰游学。在斯德哥尔摩，他成为王家私人御医的顾问；在罗马，他经营了一家诊所；最后，他成为奥尔良公爵菲利普二世（Philipp II von Orléans，1674~1723）的私人医生。他曾为学术期刊撰写过各种主题的文章，其中就包括巧克力。在科学院，威廉·洪贝格被授予了化学系教席。1695年，他在论文中研究了可可豆与可可脂，后者是通过煮沸并撇油的方式获得的。他的研究重点在于这些物质的治疗效果。

1715年，可可脂正式被列入药品清单，这一结果与他的研究密不可分。[19] 在美洲，可可脂被当作药品的历史由来已久，此时其在欧洲医药领域也获得了一席之地。然而，可可脂中的药用有效成分含量很低，所以很难被大规模应用于医疗领域。而且提取可可脂的工序也太过于复杂。尽管巴黎药剂师艾蒂安·弗朗索瓦·若弗鲁瓦（Étienne François Geoffroy，1672~1731）在1700年前后成功利用乙醚提取了可可脂，但这一方式仍过于复杂且昂贵。直到1828年可可脂压榨机被研发，人们才拥有了真正实用的可可脂提取工艺。第 10 章将继续讨论这一问题。

虽然威廉·洪贝格对可可脂进行了一定的科学研究，但更多的人关心的还是人们饮用巧克力的剂量和频率。1692 年，《关于人类的生活、健康、疾病与死亡的简述》(Kurze Abhandlung vom menschlichen Leben, Gesundheit, Krankheit und Tod)出版，这是"大选帝侯（Großer Kurfürst）"腓特烈·威廉（Friedrich Wilhelm）的尼德兰私人医生科内利厄斯·邦特科（Cornelius Bontekoe，1647~1685）的著作，书中有针对上述问题所作的评论。（见图 73、图 74）它与前已提及的菲利普·西尔韦斯特·迪富尔和雅各布·斯彭的作品一样，为巧克力在德意志的推广作出了重大贡献。邦特科在文章中建议人们可以通过每天饮用巧克力来治疗一些身体疾病，他写道："如果你只是为了保持健康才喝巧克力，那么每天喝两次就足够了，更确切地说，是早餐后喝一次，下午喝一次。如果你有胆汁综合征，可以用苦苣水替代普通的水来制作巧克力，尤其是在夏天更应该这么做，这对肝热的人很有好处；如果感到肝冷、便秘，则应服用'大黄酊（Rhabarbar-Tinctur）'，尤其是在 5 月将近的日子里，更该用温水送服这种药剂。"[20] 就每个对巧克力感兴趣的人而言，饮用频率都是一个重要的问题，一般的建议是适度且节约地饮用巧克力。此外，西班牙人消费巧克力的方式则被认为有些过度，常因浪费而遭到批评。除了饮用巧克力，邦特科还推荐了其他使用嗜好品治疗或预防疾病的方法。然而，其本人却年仅 38 岁便从楼梯上坠亡。

巧克力对健康的影响仍是一个悬而未决的问题。到了 1728 年，巧克力这种饮品开始遭到一些人士的严厉批评。托斯卡纳的医生乔瓦尼·巴蒂斯塔·费利奇（Giovanni Batista Felici）写道：

图 73

大选帝侯腓特烈·威廉的尼德兰私人医生科内利厄斯·邦特科,他大力提倡人们饮用可可饮品。

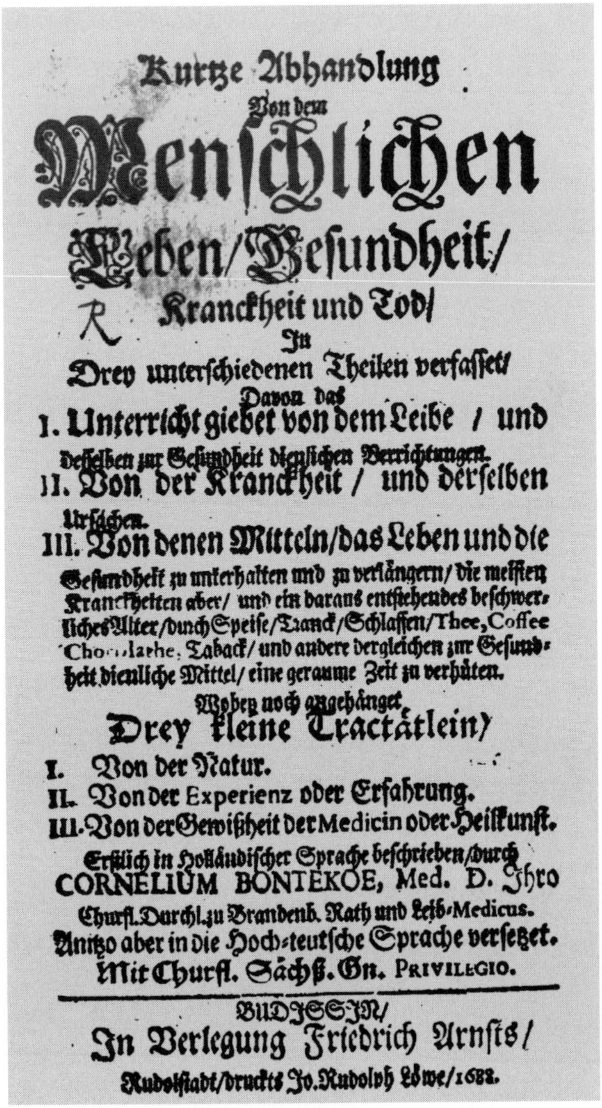
Kurtze Abhandlung
Von dem
Menschlichen
Leben/Gesundheit/
Krauckheit und Tod/
In
Drey unterschiedenen Theilen verfasset/
Davon das
I. Unterricht giebet von dem Leibe / und
desselben zur Gesundheit dienlichen Verrichtungen.
II. Von der Kranckheit / und derselben
Ursachen.
III. Von denen Mitteln/das Leben und die
Gesundheit zu unterhalten und zu verlängern/ die meisten
Kranckheiten aber/ und ein daraus entstehendes beschwerliches Alter/durch Speise/Tranck/Schlaffen/Thee, Coffee
Chocolathe, Taback/ und andere dergleichen zur Gesundheit dienliche Mittel/ eine geraume Zeit zu verhüten.
Wobey noch angehänget
Drey kleine Tractätlein/
I. Von der Natur.
II. Von der Experienz oder Erfahrung.
III. Von der Gewißheit der Medicin oder Heilkunst.
Erstlich in Holländischer Sprache beschrieben/durch
CORNELIUM BONTEKOE, Med. D. Ihro
Churfl. Durchl. zu Brandenb. Rath und Leib-Medicus.
Anitzo aber in die Hoch-teutsche Sprache versetzet.
Mit Churfl. Sächß. Gn. PRIVILEGIO.
BUDISSIN/
In Verlegung Friedrich Arnsts/
Rudolstadt/druckts Jo. Rudolph Löwe/1682.

图 74

邦特科“简述”的第三部分：方法手段 / 延长生命和维持健康 / 大部分疾病 / 及由此产生的老年性困难 / 通过食物 / 饮品 / 睡眠 / 茶、咖啡、巧克力、烟草 / 诸如此类保持健康的方式 / 长时间预防。

"在我看来,人们的许多不节制的失常行为都将导致寿命缩短,其中最为严重的就是饮用巧克力……我认识一些本来严肃且沉默的人。但有了这种饮料,他们就会变成最健谈的人。有些人还会变得失眠、头脑发热,另一些人会变得愤怒、喊叫不止。它会导致孩子们焦躁不安,以致他们无法保持安静或踏实地坐着不动。"[21] 不过议论最终还是渐渐平息下来。1739年,巴黎大学的一篇博士论文研究了老年人是否适宜食用巧克力,研究的结论是积极的。巧克力显然具有极好的滋补功效,尤其对老人和病人来说更是如此——很快这种观点就得到了广泛传播。几年后,艾蒂安·弗朗索瓦·若弗鲁瓦在一部作品中总结了有关巧克力的医学知识,它日后被以多个版本及多种译本印刷出版。[22]

巧克力的推广:海盗、圣职与贵族女性

西班牙通过发现美洲和建立殖民帝国而成为16世纪欧洲的主导力量。至于英格兰、法兰西和尼德兰,则被迫依赖贸易和私掠来维持国力。为了改变这种弱势局面,他们试图扰乱西班牙的贸易路线并截断美洲白银运往西班牙的唯一海路。可能许多人都非常熟悉弗朗西斯·德雷克(Francis Drake,1540~1596)以私掠西班牙商船队为目的的航行,这次航行最后演变成了一场真正的私人战争。德雷克的航行符合英格兰的利益,并且致使西班牙不得不施行成本昂贵的护航措施。总体而言,其给西班牙造成了巨大的人员、金钱和物质损失。值得注意的是,这些英格兰海盗可能是最先接触到可可的英伦人士。

伴随着埃尔南·科尔特斯于1519年开始的中美洲征服,卡洛斯一世开始崛起成为欧洲最强大的统治者之一。1520年,其成

为西班牙国王、德意志国王及神圣罗马帝国皇帝查理五世（Karl V）。1566年，卡洛斯一世去世，他的儿子费利佩二世继承了统治，开启了所谓的"西班牙时代（Spanisches Zeitalter）"①。在这个时代，西班牙的习俗和时尚成了整个欧洲的典范。直到16世纪末，欧洲的权力结构才开始发生改变。西班牙的霸主地位开始衰落，法兰西逐渐取而代之。然而，西班牙人对可可贸易的垄断却一直持续到了17世纪初，他们通过征服中美洲和南美洲的大部分地区控制了全球的可可种植区。因此，当时能喝到巧克力的只有西班牙殖民地、西班牙本土以及西班牙在意大利和尼德兰地区的属地。后来，消费巧克力的习惯从西班牙传播到了欧洲其他国家的大城市，但此时的巧克力消费依然是贵族的特权。尤其因能运抵欧洲的可可数量很少，巧克力在很长一段时间内一直是种奢侈食品。同美洲殖民地的贸易，特别是贵金属和可可贸易，则受到西班牙的严格管控。自1524年开始，这些贸易只能通过塞维利亚进行，此处是王家贸易署和西印度群岛诸地王家最高理事院（Real y Supremo Consejo de Indias）的驻地。此外，西班牙人还建立了一支舰队以专门负责保护贸易运输免受外国势力或海盗的袭扰。[23]

随着其他欧洲列强向加勒比地区的扩张，西班牙的霸主地位逐渐开始动摇。1620年代，英格兰和法兰西开始侵入加勒比地区，紧随其后的则是尼德兰。此前，这些国家的原材料和贸易品需求均通过其与美洲原住民或西班牙商人的交易来解决。但缘于本土市场对盐和烟草的需求很难再仅凭这种方式得到满足，欧洲的主

---

① 指西班牙在哈布斯堡王朝统治下，于16~17世纪取得全球霸权的黄金时代。

要列强便开始建立自己的殖民地。从异乡输入的各种作物，尤其是烟草，从一开始就是人们关注的焦点。晚些时候，英格兰人和法兰西人便开始种植可可了，比如牙买加就在1655年被英格兰接管。

17世纪中叶，法兰西与西班牙爆发了武装冲突，后者在加勒比地区的多处殖民地遭前者占领。1635年，法兰西占据了马提尼克岛、瓜德罗普岛及其他一些小岛；1651年，其又占据了圣卢西亚岛（Santa Lucia）和圣克罗伊岛（Santa Croix）。1650年，法国人开始在马提尼克岛种植可可，但并不太成功。尽管宗主国在1679年收到了该岛产出的第一批可可豆，然而在随后的岁月里，甘蔗种植在这里成了更为重要的事业。除了马提尼克岛，法国人还曾尝试在海地种植可可，但也没有取得多大的成果。尽管如此，法国控制的可可出口仍以量少且平稳的状态持续了很久。直到18世纪末，其每年仍可收获数百公斤的可可。[24]

在近代早期的主要可可生产地中，唯一不受西班牙控制的就是巴西。自16世纪中叶起，这里的人们就在大量采收野生可可了。葡萄牙殖民政府对可可生产持支持态度，比如其对巴西向葡萄牙本土出口的可可实行免税政策。1720年代，可可出口业真正的繁荣开始了，此时其已成为亚马孙地区最为重要的出口商品。葡萄牙可可的主要买家是意大利和德意志。[25]

16世纪下半叶，其他欧洲列强进入可可种植业对国际可可贸易和巧克力消费产生了积极影响。其结果是西班牙对可可的垄断逐渐失去效力，该政策最终在18世纪被西班牙抛弃。作为众多殖民地政策改革方案之一，统筹美洲贸易的中心从塞维利亚迁至加的斯（Cádiz），并在此地建立了贸易署。到了1700年前后，可可开始稳定持续地输往欧洲。因西班牙对可可贸易的垄断已经解除，可可贸易的中心从塞维利亚一地转移到里斯本、阿姆斯特丹、伦敦和汉堡等其他欧洲港城，欧洲的可可进口量由此不断攀升。此时，巧克力在西班牙宫廷中已站稳了脚跟，并在西班牙贵族中大为流行。到了18世纪末，巧克力在西班牙可能已被各个阶层广泛接受，而在欧洲其他地区，其仍然鲜为人知。[26]

巧克力在欧洲传播的过程尚未得到充分的研究和记录。通常我们看到的都是针对个别消息源的反复引用，而所谓欧洲巧克力传播的概况总是基于这种反复构筑起来的。所以，进一步的调查研究迫在眉睫。一般认为，最早从西班牙和葡萄牙进口巧克力的另一个欧洲国家是意大利。但必须指出，直到17世纪，全球的可可贸易几乎都是通过西班牙进行的；在此之后，其他欧洲列强才逐渐参与进来。而巧克力从西班牙运往意大利的详细过程目前还很难阐明清楚。

事实上在16世纪，意大利与西班牙的联系非常密切，前者的部分地区持续保持在后者的控制下。同时，西班牙圣职与罗马教宗间的宗教联系也极为紧密。特别是1540年西班牙人洛约拉的圣依纳爵创建的耶稣会很可能在其中发挥了至关重要的作用。17世纪下半叶，耶稣会的规模已发展至超过16000人，他们在欧洲和新大陆的活动均非常活跃。此外，耶稣会士对巧克力的热爱也是远近闻名的，他们同时还会亲自进行利润丰厚的可可贸易。可可豆早期进入意大利的途径很可能与此有关。虽然目前尚没有发现可以证实这一观点的证据，但也许耶稣会士真的曾在欧洲默默地传播过巧克力。

许多文献都会提到佛罗伦萨商人弗朗切斯科·丹东尼奥·卡莱蒂，据说他是第一个将可可带到意大利的人。1600年，卡莱蒂曾踏上一次游历世界许多地区的旅途。后来他表示即使回到了家里自己也离不开每天的一杯巧克力。[27] 卡莱蒂撰写了一份冗长的手稿，并于1620年返回佛罗伦萨后将其呈交给托斯卡纳大公斐迪南一世·德·美第奇（Ferdinand I de Medici, Großherzog der Toskana, 1549~1609）。但卡莱蒂在这份手稿中并没有提及他曾把可可或巧克力带回意大利，所以上述常见的说法其实也没有真正的证据。还有些学者认为美第奇家族在巧克力传入欧洲的进程中发挥了重要作用。目前，美第奇家族是否真的将巧克力带到意大利仍存疑问，但他们确实为巧克力在欧洲宫廷站稳脚跟作出了贡献。尤其是科西莫三世·德·美第奇（Cosimo III de Medici, 1642~1723），他在1670年成为托斯卡纳大公，并以所举办的奢华宴会闻名于世。科西莫三世的私人医生弗朗切斯科·雷迪（Francesco Redi, 1626~1697）研发了一种新的巧克力配方，即"茉莉花巧克力（Jasminschokolade）"。这种巧克力除了茉莉花，还会添加另外一种味道浓郁的香料，即龙涎香。

一方面，巧克力传入意大利借助的可能是密切的宗教联系；而另一方面，巧克力传入法兰西依靠的可能就是王朝的血脉关系。在其中发挥作用的是嫁给法兰西国王的西班牙公主，还有她们即便身处异乡也不想放弃的饮用巧克力的习惯。一般认为，最初将巧克力带入法兰西的是西班牙公主奥地利的安娜（Anna von Österreich, 1601~1666）。1615年，安娜与法兰西国王路易十三（Ludwig XIII, 1601~1643）结婚。[28] 这次联姻的主要目的是改善法西两国间的关系，并在两国间建立外交联系的通道。但实际上，已成既成事实的竞争关系并不能因一场婚事而有所改善，其最后演变为两国间一场持续了二十多年的战争。最初，安娜与路易十三的婚姻笼罩在紧张的氛围中，这主要是因为他们迟迟没能诞下子嗣。二十多年后的1638年，她的第一个儿子，即未来的路易十四终于出生了。路易十三先于安娜去世,于是这位西班牙公主在丈夫死后成了法兰西的摄政。1651年,她将政权移交给13岁的路易十四。但因亲子关系非常密切,她对儿子的影响将长期持续下去。

安娜在西班牙时就认识了巧克力,并在后来将其带往法兰西宫廷。后来,她定期与其他贵妇碰面,一起举办小型聚会,巧克力在其中发挥了很大作用。对廷臣来说,"被邀请饮用巧克力"至关重要。[29] 1659年——这时法兰西与她的祖国处于和平时期——她说服儿子将巧克力生产和销售的垄断权交给了巧克力制造商戴维·沙尤(David Chaillou)。这名商人在巴黎开设了一家商店,专门销售咖啡和巧克力。

巧克力在法兰西宫廷很快就收获了更多的拥趸。这一时期最知名的巧克力爱好者之一是阿方斯·德·黎塞留(Alphonse de Richelieu,1582~1653)——他是声名显赫的黎塞留枢机(Kardinal Richelieu,1585~1642)的兄弟,这位枢机的大名借由大仲马(Alexandre Dumas,1802~1870)广为人知的小说《三个火枪手》(*Les Trois Mousquetaires*)而传遍世界。阿方斯·德·黎塞留总是站在他著名兄弟的阴影中,但他本人其实不但具有强大的政治影响力,还是法王路易十三的亲密知己。与小说中极具权力欲的兄弟相比,阿方斯曾在某些场合表现出了相当浓厚的人情味。比如在里昂暴发鼠疫时,他就曾亲自参与病人的护理工作。阿方斯·德·黎塞留也因大量饮用巧克力而闻名。有人认为,他才是将巧克力引入法兰西的功臣。据说,西班牙圣职曾建议他饮用巧克力来缓解某些身体疾病。他还曾通过喝巧克力来治疗间歇发作的抑郁症,尽管许多学者都认为巧克力正是引发抑郁的原因。

我们现在无法确定将巧克力带往法国的究竟是奥地利的安娜

还是阿方斯·德·黎塞留。但我们可以颇具信心地假设：巧克力从17世纪上半叶开始在法兰西宫廷和贵族阶层中发挥着愈发重要的作用。拥有法国王后和里昂总主教这两位重要的拥护者，无疑为巧克力消费在法兰西的发展锦上添花。总体而言，法国圣职似乎对巧克力饮品非常热衷。里昂总主教总是特别喜欢喝巧克力。这不仅指前已提及的阿方斯·德·黎塞留，也包括他的继任者儒勒·马扎然（Jules Mazarin，1602~1661）。这位总主教来自意大利，曾在罗马的耶稣会学校和萨拉曼卡大学（Universität Salamanca）接受教育。如果说马扎然在罗马和西班牙求学期间没有接触过巧克力——尤其他还因享受生活及拥有财富而闻名——那将是非常不可思议的。在大学期间，他热爱骰子和纸牌游戏，后来又因收藏大量艺术品而饱受关注。在巧克力制备方面，马扎然不满足于依靠其祖国的技术，他于1654年聘请了两位意大利巧克力厨师来法兰西。这样他就可以随时以自己所需的形式获得心爱的高品质巧克力饮品了。时人普遍认为意大利和西班牙是欧洲国家中巧克力制备技术的最领先者。于是，其他法兰西贵族也纷纷效仿马扎然，聘请了来自意大利的巧克力厨师。[30]

和路易十三一样，路易十四也娶了一位西班牙公主。根据当时的一贯风气，他与西班牙的玛丽亚·特蕾莎（Maria Theresia von Spanien，1638~1683）建立婚姻纯粹出于政治考量。这是一次由马扎然枢机精心策划的政治联姻，旨在确保法兰西与西班牙的战争能够在1559年内结束并实现和平。玛丽亚·特蕾莎是一位虔诚的天主教徒，她在西班牙宫廷中并不算一位重要的角色。她起初不会法语，后来会了一些但仍很糟糕，所以她在法国很难参与宫廷对话。据说，她的婆婆奥地利的安娜一直对她照顾有加。她们二人很可能曾一起饮用过巧克力，毕竟她们从在故乡西班牙时就很熟悉这种饮品了。玛丽亚·特蕾莎还从西班牙带来了自己的巧克力厨师。

到了18世纪上半叶，巧克力在法兰西人的生活中已占据了不容动摇的一席之地，以致当加勒比地区发生火山爆发和飓风等自然灾害时，人们首先担心的是马提尼克等岛屿的可可种植园。他们担心一旦种植园遭到破坏，可可便会发生普遍性短缺。于是，法兰西贵族慌忙抢占了该国可可供应的控制权。通过另一迹象我们也可以一窥巧克力对这一时期法国的重大意义：巧克力生产行业已经发展成为巴黎和里昂的重要产业。[31]

西班牙在16世纪不仅拥有位于意大利的属地，也拥有位于尼德兰的属地。因此我们可以推测，在尼德兰巧克力消费现象同样很早即已出现。然而巧克力史领域的常见问题再次发生：缺乏可追溯的证据。尼德兰人于1568年发动了针对西班牙的战争，这场战争持续了八十年，最终的结果是西班牙承认了尼德兰联省共和国（Republik der Vereinigten Niederlande）。尼德兰在战争期间曾多次试图阻断西班牙联通新大陆的贸易运输。他们占领了一些西班牙属加勒比岛屿，并将它们用作军事基地，其中委内瑞拉海岸附近的一系列小岛对可可贸易具有重大的形势意义。尼德兰人通过这些小岛实现了其与美洲大陆间的黑奴贸易。可可豆作为重要的贸易品则经常被输送回尼德兰本土以换取工具和纺织品等商品。在18世纪西班牙人放弃可可贸易垄断之前，这些小岛贸易站一直发挥着非常重要的作用。有了它们，尼德兰便无需再依赖西班牙出口的可可等嗜好品了，他们终于能建立起自己的可可贸易。后来，尼德兰人的可可贸易占据了越来越大的份额，甚至在一段时间内开始输往西班牙。到了17世纪末，巧克力在尼德兰已经相当流行了。³² 大量的巧克力在尼德兰被迅速消费掉,这在那些尼德兰贸易城市的巧克力店里尤为显著。后文会继续讨论这一问题。

意大利和法兰西能够相对较早地引入巧克力,得益于它们与西班牙间存在的密切政治联系,但英格兰的情况则完全不同。其最早的可可和巧克力是通过海盗和走私行为获得的。英伦海盗最初并没有意识到可可豆的重要性。据说,他们在1579年曾焚毁过整船的可可豆,因为他们以为这些棕色的小球是羊粪。³³ 当时有关可可的报告应该已然传抵英国,但尚未能引发太大的回响。直到17世纪中叶,托马斯·盖奇的行记才激起轩然大波。1625年,盖奇以多明我会修士的身份来到新大陆,并在那里生活了二十多年。回返英伦后,他详细报道了有关巧克力的各种情况,描述了巧克力的生产及其对美洲殖民地西班牙上流阶层的意义。1655年,英格兰人征服了牙买加,他们也首次拥有了自己的可可种植园。但其可可种植事业与法兰西人的一样失败。缘于对可可树缺乏照料,还有各种植物病害的侵袭,他们最晚在18世纪末便暂时停止了种植可可。但此时,有关巧克力消费的广告已然登上了英文报纸。³⁴

巧克力在17世纪的法兰西、英格兰和尼德兰都非常盛行,但此时的德意志却处在三十年战争(Dreißigjähriger Krieg)及其余波的影响下。因此,巧克力消费在当时的德意志并没有真正进入人们的日常生活。在这块土地上,巧克力仅会被用于医疗领域,出现在药剂师手册或药房的价目表上。法兰克福城市医师① 约翰·克里斯蒂安·施罗德(Johann Christian Schröder,1600~1664)

---

① "Stadtphysicus"系中世纪晚期由市议会任命的医师的历史头衔。其主要负责人口的健康与城市的卫生条件,并监督药房与从事医疗任务的助产士和理发师等。此外,他还要承担法医的职责。

在他的手册《医学化学药典》(*Pharmacopoeia medico-chymica*)中将巧克力录为一种宝贵的滋补品。[35] 总之,巧克力在德意志花费了较长时间才打开了知名度——至少在学术界就是如此。各种有关可可的传言往往存在一些完全错误的推测,比如说巧克力是可可果的果汁。但其中也有一位巧克力的热心倡导者,即前已提及的科内利尼斯·邦特科,他的著作使巧克力在德意志地区开始变得广为人知。

德意志最先迎来可可和巧克力的可能是其北部贸易城市不来梅和汉堡。17世纪时受加尔文宗(Calvinismus)①影响的不来梅与尼德兰联系密切,除了广布的贸易往来,它们还有经济、文化和宗教意义上的联系。此外,数场战争也迫使许多尼德兰人逃往德意志北部的贸易城市。[36] 这些人带来了尼德兰在其不断增长的海外贸易中获得的各种商品和手工技术。他们还带来了巧克力。巧克力自17世纪末就开始流行于尼德兰,那里的许多贸易城市都有这种饮品供应。因此,1673年一位尼德兰人开始在不来梅销售巧克力也就不足为奇了。这位商人名叫扬·扬茨·范·赫斯登(Jan Jantz van Huesden),他可能是为了躲避家乡的紧张政治局势与军事冲突而逃亡德意志的。他来到不来梅,并开了一家销售咖啡和巧克力的

---

① 也称"归正宗",系16世纪宗教改革时期基督新教三大教派之一。该宗宣称人因信仰得救,《圣经》是信仰的唯一源泉。1522年,追随马丁·路德(Martin Luther)的宗教改革先驱聚特芬的海因里希(Heinrich von Zütphen)来到不来梅后于主教座堂前进行宗教改革布道。此后,经过数十年的改革争端,加尔文宗终于在1576年于不来梅确定了主导地位,并一直维持至19世纪中叶。而在16~17世纪的宗教改革中,尼德兰的许多地区也皈信了加尔文宗,故有文中"不来梅与尼德兰联系密切"之说。

小店。[37]

除尼德兰外，汉堡也是不来梅在16~17世纪最为重要的一个贸易对象。不来梅商人从阿姆斯特丹买入货品，再卖到汉堡。作为回报，他们会从汉堡买走来自西班牙或意大利的货物。有证据表明汉萨同盟（Hanse）[①]的商船曾在17世纪航行至地中海，甚至偶尔会航行至南美洲。[38] 不来梅通过航行于欧洲各港的商船满足了己方的可可需求。对他们来说，英格兰的港口尤为重要，因为那里供应着来自其殖民地牙买加和西班牙属地的可可。现存最古老的相关统计数据可追溯至1770年，据记载，当时有两桶巧克力被从波尔多（Bordeaux）运抵不来梅。[39]

由于当时的德意志地区林立着无数大大小小的政权，所以其缺乏像西班牙或法兰西那样的中央宫廷，也少有与中央宫廷相配的辉煌文化或奢华宫殿。德累斯顿（Dresden）的宫廷是德意志最为豪华的宫廷之一，在当时其常被与法兰西的凡尔赛宫相提并论。"强力王奥古斯特（August der Starke）"[②]以举办盛大的节日庆典与奢华的宴会而闻名，他从1694年开始统治这座宫廷直到

---

① 系12~17世纪存在于北德意志的城市联合体，是一个为保护贸易利益而结成的松散商业和政治同盟。其极盛时期持续了一个世纪之久，城市超160个，中心位于吕贝克（Lübeck）。15世纪以后，英格兰、尼德兰等地的工商业进一步发展，新航路的开辟，导致商业中心转移，汉萨同盟逐渐丧失了自身的优势地位，最终于1669年解体。

② 即神圣罗马帝国萨克森选帝侯腓特烈·奥古斯特一世，以身材魁梧和力大无穷著称于世。其曾于年轻时造访法兰西国王路易十四，对后者的绝对王权和凡尔赛宫的奢华排场非常崇拜，因而终生以路易十四为偶像。他在政治上的成就有限，于领土并无任何实质性的扩张，但毕生致力于建设萨克森，颇得民众传颂。

1733 年。这里当然也不能缺了巧克力。但奥古斯特的巧克力不是从德累斯顿获得而是从维也纳和罗马购买的。总之,其宫廷的巧克力消费量很可能相当庞大。[40] 其首席大臣海因里希·冯·布吕尔伯爵(Graf Heinrich von Brühl,1700~1763)在巧克力消费方面也不逊于"强力王",他也曾从维也纳和罗马购入巧克力。而且在他主办的节庆与招待会上会使用著名的巴洛克式"天鹅系列(Schwanenservice)"餐具。这种餐具在 1737~1842 年间共被制造了 2200 多件,是 18 世纪使用最为广泛的宴会餐具。

最晚到了 18 世纪初,巧克力在维也纳宫廷中也开始流行起来。与巴黎一样,维也纳也是 17~18 世纪欧洲数一数二的国都及巧克力消费中心。17 世纪,巧克力传入维也纳。维也纳宫廷的主人与西班牙宫廷密切的家族关系无疑在这次传播中发挥了重要作用。从奥地利的玛丽亚·特蕾莎(Maria Theresia von Österreich,1717~1780)[①] 时代的情况我们便可看出维也纳宫廷的巧克力消费规模,进而得出结论:巧克力在维也纳仅限于宫廷内的小规模消费,并没有出现在大型社交活动中。在该宫廷 1748 年的一次宴饮中,饮用巧克力的餐具仅包括 12 套带托盘的巧克力杯、2 把巧克力壶、6 个银制巧克力杯配 2 个银制巧克力托盘。此时维也纳宫廷已经雇了一名意大利巧克力制造商,由他来负责采购可可豆,并从都灵和米兰采购成品巧克力。[41]

---

① 系哈布斯堡家族史上唯一的女性统治者,也是奥地利哈布斯堡皇朝直系血脉的最后一位统治者。1745 年,玛丽亚·特蕾莎的丈夫在奥地利王位继承战争(Österreichischer Erbfolgekrieg)期间当选神圣罗马帝国皇帝,即弗朗茨一世,由此奥地利进入哈布斯堡-洛林皇朝统治时期。

初试热饮

19世纪下半叶,西班牙人仍被视为欧洲领先的巧克力制造商。当时的巧克力制作工艺相当耗费人工,一般需要耗费一到两天的时间。首先,可可豆会被放在平底锅中置于火上加热,直到其外壳爆裂方便去皮;其次,去皮的豆子会被重新加热,并被用磨石加工成黏稠的团块;再次,团块中会被加入糖、肉桂和香草荚以继续研磨,并磨成可以揉成板状或棒状的质地;最后,巧克力板或巧克力棒会被溶解在热水中,并用木制搅拌锤"molinillo"搅打出泡沫。这种方法后来也被西班牙以外的其他欧洲地区采用,直到19世纪上半叶昆拉德·约翰内斯·范·豪滕(Coenraad Johannes van Houten,1801~1887)发明了可可脂压榨机,西班牙传统的制备方式才逐渐被取代。西班牙宫廷的贵族们起初是用一种敞口的小碗饮用巧克力的,这种碗的样式参考了中美洲的巧克力饮器。

雅各布·斯彭在《论三种奇特的新饮品:咖啡、中国茶和巧克力》中曾描述那些常用的饮器:"但美洲人和那些好奇的欧洲人用来喝这种饮料的杯子和碗是用椰子壳做的。这不仅是因为椰子壳的尺寸和形状都恰到好处,还因为其不大传热。人们用这种碗喝热巧克力时不会像用银器或锡器时那样容易烫到嘴。"[42] 这段叙述清晰地表明,欧洲人在刚接触到这种新热饮时曾面临容易烫伤的问题。他们的解决方案是研发由陶瓷制成的特殊饮器和制备容器——第9章会展示这类器皿。笔者此刻要指出的是,这种新的热饮引发了一系列餐具样式上的创新,比如带把的杯子或带可拆卸木制手柄的壶。大约在17世纪中叶,西班牙贵族使用的具代表性的巧克力器皿变成了一种被称作"mancerina"的杯子,这种杯子会配有一个中间带环状卡槽的小碟,将杯子放置其中可以防止滑动。这种饮器是由 1639~1648 年出任秘鲁总督的曼塞拉侯爵佩德罗·阿尔瓦雷斯·德·托莱多－莱瓦（Pedro Álvarez de Toledo y Levia, Marques de Mancera）研发的。据说他在一次官方招待会上目睹了一位贵妇将巧克力洒到了裙子上，然后就设计出了这种防洒杯。[43]

如前所述，巧克力长期以来都被人们视作一种药物或滋补品。因而它会在药店中被以各种形式出售，比如被分成小巧克力方块装入盒子售卖，也会被做成巧克力球或巧克力卷售卖，还有固体巧克力供人在家中削屑使用。当时还流行着许多巧克力配方，人们依循这些配方有时用水，有时用牛奶制备巧克力。比如在 1682 年，普鲁士公爵暨勃兰登堡选帝侯腓特烈·威廉（大选帝侯）的私人医生约翰·西吉斯蒙德·埃尔斯霍尔茨（Johann Sigismund Elsholtz）就曾写下一份配方。在当时的德意志，巧克力通常是一种滋补品而非一种奢侈的嗜好品。埃尔斯霍尔茨写道："但最有效的方法是取半块或 1 块琥珀色的巧克力、1 司克（Scrupel）[①] 磨碎的印度小豆蔻（Kardamom）、3 格令（Gran）[②] 藏红花和 1 勺白糖，并将他们混合在一起碾成粉末。每次需要用药时，应打散 2~3 个蛋黄与上述粉末混合，使其呈糊状。然后取 0.5 诺塞尔（Nößel）[③] 或 8 盎司（Unze）[④] 煮后正在沸腾的牛奶直接浇入其中，边浇边用勺子搅拌。这样饮剂就准备好了。然后应马上将它喝下，因为它仍是温热的。"[44]

约翰·张伯伦（John Chamberlayne，1668~1723）在其 1684

[①] 1 司克等于 20 格令。
[②] 系引入十进制前欧洲重量计量的基本单位，最初被定义为一粒大麦的重量。随着时间的推移，其具体重量在不同地区和不同行业具有不同的标准。目前，德意志药衡 1 格令约等于 0.062 克。
[③] 系德意志地区古老的容量计量单位，具体容量依地区而有所不同。1 诺塞尔的容量为 400~600 毫升。
[④] 系英制计量单位，药衡 1 盎司等于 480 格令，即约 31.1 克。

年译自英文的《关于咖啡、茶、巧克力与烟草的自然本质描述，兼论接骨木浆果与杜松子》(*Naturgemäße Beschreibung des Caffee, Thee, Chocolade, Tabaks, mit einem Tractätlein von Hollunder- und Wacholderbeeren*)中写下了另一份有趣的早期巧克力配方。他首先警告人们不要在巧克力中加入过多的糖，否则会破坏巧克力的特性并有可能导致坏血病和肺结核。他非常详细地说明了巧克力的制备过程："如果您想发挥巧克力的助眠功效，您可以使用下面的配方。取切成小块的巧克力块、1盎司牛奶和1盎司水一起煮沸。将煮沸的液体分成0.5品脱（Pint）①或1勺的小份。每份液体放入一个蛋黄轻轻打匀，直至起泡。请确保所有物质都已充分溶解，再用通常所用的巧克力勺将其舀入碗中。最后，在每个碗中加入1勺起泡酒或西班牙葡萄酒。"[45] 有趣的是，他非常喜欢在各种配方中添加酒类，除了起泡酒和葡萄酒，他还在各种食谱中加入过啤酒甚至是白兰地。

时人在具体操作时会选用不同的配方，但无论如何，未经烹饪和调味的巧克力都被认为是难以下咽且有害的。前面提到的《论三种奇特的新饮品：咖啡、中国茶和巧克力》曾这样叙述："不管是谁，如果他像美洲女人那样吃巧克力——不研磨、不压碎，也不按照配方调制——他就会患上严重的便秘。而且会面无血色、毫无精神，只会像无处发泄的老处女一样躁动不安。"[46]

作为斋戒饮品的巧克力

虽然早期巧克力的味道遭到了负面评价，但因药用效果，其

---

① 1英制品脱约等于568毫升。

还是得到了赞赏,并发展成为欧洲贵族和高级圣职钟爱的嗜好品。在此期间,巧克力的成分和制备方式也在悄然变化。另外,人们除了对巧克力的医学意义进行着积极探讨,针对其在"大斋期(Fastenzeit)"①能否被饮用也展开了讨论。大斋期时可以喝巧克力吗?就此话题,学者和圣职爆发了激烈的争论。[47]这一问题在最初甚至阻碍了巧克力消费习惯的传播。胡安·德·卡德纳斯(Juan de Cardenas,1563~1609)在1591年提出饮用巧克力违反禁食要求,其是最早提出这一观点的人物之一。他认为因巧克力的营养价值很高,不能将其归类为饮品,而应将其归类为食品。这一观点并未令与他同时代之人太过惊奇,因为人们当时总是在反复强调巧克力的高营养价值水平,而且埃尔南·科尔特斯也曾表示他把巧克力用作士兵的粮食。然而该观点的反论还是很快就出现了,也许这主要缘于巧克力在当时已拥有了众多的追随者。几年后,教会的监斋人圣多明各总主教阿古斯丁·达维拉·帕迪利亚(Agustín Dávila Padilla,1562~1604)将巧克力与葡萄酒进行对比,提出既然葡萄酒在大斋期时可以饮用,那么评价饮用巧克力为违反禁食要求的行为就毫无道理可言。此外,帕迪利亚还援引了教会最高权威教宗来为巧克力背书。据他说,教宗额我略十三世(Papst Gregor XIII,1502~1585)曾两次公开表示支持在大斋期时饮用巧克力。这场本应终结在额我略十三世定论下的讨论却在接下来的几年里一次又一次地爆发。即便1569年教宗庇护五世(Papst Pius V,1504~1572)决定将巧克力归类为饮品,也没

---

① 也称"四旬期",系基督教复活节前的斋期,为期40天,始于"圣灰星期三(Aschermittwoch)",终于"棕枝主日(Palmsonntag)"。在此期间,教徒应禁食、祈祷、反省己罪,为庄严的复活节作准备。

能成为这件事的最终决断。讨论仍在继续。[48]

针对大斋期时的巧克力饮用问题，在讨论过程中除了坚决支持者和坚决反对者，还涌现了许多不同的意见。比如有人认为斋期内可以饮用巧克力与水制成的饮品，但对添加其他成分的巧克力则应严格禁止。在塞维利亚大学（Universität Sevilla）任教的西班牙人托马斯·乌尔塔多（Tomás Hurtado）在该问题上就提出了比其他人更加详细的划分和更为精密的见解。和许多人一样，他认为在大斋期时可以饮用巧克力与水的混合饮品，但不允许添加牛奶或鸡蛋。此外，他还反对在大斋期时食用固体巧克力。[49] 另外，乌尔塔多和当时的很多学者还赞同在斋期内以某些特殊的方式进食巧克力，比如向其中添加面包屑或用巧克力涂抹面包。[50]

后来的洛伦佐·布兰卡蒂枢机（Kardinal Lorenzo Brancati, 1612~1693）在 1662 年的讨论中曾有一句重要的发言"液体不破斋（liquidum non frangit jejunium）"（见图 75）。这句话后来一再被那些急于结束这场恼人讨论的人提及。事实上，布兰卡蒂本人也是巧克力的忠实爱好者，这无疑对他的判断产生了一定的影响。他甚至写了一本关于巧克力的书，并写下了赞诗：

> 只愿伟大的天光一直照耀着我，
> 哦！树中之树！你愿意吗？
> 赐我生机
> 唤我最纯粹感情。
> 心灵之力自你流淌而出，哦！来自天堂的甜蜜赠礼，
> 哦！赞美这诸神之饮！

第 8 章　可可抵达欧洲　285

Obijt die 30. Nouembris 1693.

FR. LAVRENTIVS S.R.E. PRESB. CARD. BRANCATVS
ORD. MINORVM CONVENTVALIVM S. FRANCISCI
CARD. LAVRÆA NVNCVPATVS CREATVS DIE I. SEP:
TEMBRIS MDCLXXXI.

Io. Blondeus Sculp.

Io. Iacobi de Rubeis Formis Romæ ad Templ. S. M. de Pace cum Priu. S. Pont.

图 75

洛伦佐·布兰卡蒂枢机同意在大斋期时饮用巧克力。他还写了若干关于巧克力的书籍和诗歌。（铜版画，约作于 17 世纪）

> 再见了！巴克斯①之国的甘露！
> 今后我将离开你去崇拜
> 神开启的新源泉
> 汇流、分享你的恩惠
> 与众人一起！[51]

可即便是布兰卡蒂枢机也不能结束这场讨论。直到18世纪，学者和圣职依然对其充满热情。然而大部分圣职的生活其实没有受到这场斋戒之争的影响。比如耶稣会中就产生了一大批巧克力爱好者，罗马和欧洲王城的那些高级圣职也并不顾忌这些讨论。事实上，巧克力在罗马经常被用作贿赂的礼物，我们从这一点就可以看出其在那里备受推崇。[52]

---

① "Bacchus"又译"巴克科斯"，系罗马神话中的酒神与植物神，与希腊神话中的狄奥尼索斯（Dionysus）相对应。

第9章　奢侈饮品巧克力

属于贵族的巧克力饮品
身份区别功能、异域风情以及情色

巧克力早期在欧洲被视为一种药品，最迟至17世纪，其味道和兴奋效果也逐渐受到了关注，越来越多的人开始因巧克力的这些特性去饮用它。欧洲人这一认识的转变是缘于巧克力饮品在欧洲发生的变化，即前已述及的巧克力制备方式的变化以及成品巧克力因应欧洲口味发生的成分改变。到了17世纪中叶，巧克力在欧洲众多宫廷中都站稳了脚跟，其已成为宫廷贵族生活不可或缺的组成部分。对贵族来说，巧克力是一种奢侈品，消费巧克力不仅可以满足口腹之欲，更具有很强的象征意义。这是他们定义自己的阶层并将自己与非贵族区分开来的一种手段。从17~18世纪留下的无数贵族家庭肖像画中，我们可以窥见这种精英式的态度。这些画像呈现了非常私人的家庭圈子或很小的团体，巧克力在其中可以成为很好的身份象征。（见图76）即便到了后来，随着可可种植面积的增加，巧克力的价格有所下降。但直到19世纪，巧克力仍没有失去其身份区别的功能与异域特征。[1]

近代早期的巧克力消费主要集中于贵族聚居的大型城市，其从16世纪以来一直持续增长。在背后支持这种增长的是贵族社会的扩大化，导致扩大化的原因则是统治者封爵了大批市民阶层官僚，并不断设立和授出新的宫廷职位。城市中贵族社会的存在和发展不仅意味着对奢侈品需求的增长，还意味着贵族需要雇或多或少的人员

图 76

从 17 世纪开始，可可就成了供欧洲贵族享用的奢侈品。画中描绘了 18 世纪的一次早餐场景，其中可以清楚地看到经典的单把银制巧克力壶。

来负责供应这些物品。于是，随着贵族阶层的壮大，对巧克力的需求也逐渐增加。对一个国家的所有贵族来说，出入王室宫廷，哪怕只是暂时的，也是决定其影响力和收入水平的关键性因素。17 世纪时，欧洲宫廷的典范已不再是西班牙，而变成了法兰西。1682 年，凡尔赛宫被永久设为法兰西王室居所和政府驻地。将宫廷迁至城市外围是为了强调统治者就是国家中心的主张，即其他一切都应随统治者而动。① 凡尔赛宫周边有足够的空间用于建造具象征性的建筑及宽敞的公园和花园。随时间的推移，这里逐渐出现了一个庞大的

---

① 将宫廷与政府迁至凡尔赛宫的是法兰西国王路易十四，也就是那个宣称"朕即国家"的专制君主。整个国家机构随君主的宫室移动，正是"朕即国家"理念在现实世界里的象征性投射。

整体性建筑群，包括宏伟的宴会厅和宽大的楼梯、剧院和艺术厅、林荫路和水景庭院以及柑橘果园和娱乐室。

鉴于法兰西宫廷与西班牙宫廷的密切关系，巧克力很可能在17世纪上半叶即已传入巴黎，并很快在那里扎下了根。导致该局面的一个关键性事件就是此前提到的法兰西国王路易十四与西班牙公主玛丽亚·特蕾莎于1660年举办的婚礼。新的王后带来了她的西班牙随从和一些西班牙习俗，其中就包括饮用巧克力。最初，巧克力只出现在王后的私人小圈子内，后来也开始出现在官方场合。1692年，即玛丽亚·特蕾莎驾崩一年以后，路易十四下令终止了这一习俗。他本人并不怎么喜欢巧克力。[2]

17世纪中叶，饮用巧克力的习惯在法兰西宫廷中非常普遍。塞维涅侯爵夫人（Marquise de Sévigné，1626~1696）留下了1500多封信件，其中很多都可以成为证明这一点的证据。这些信件描绘了路易十四宫廷中的日常生活，其中就含有关于巧克力的议论。丈夫去世后，塞维涅侯爵夫人坐拥大笔财产寡居巴黎，并开始在巴黎文学界崭露头角。她与许多人都有书信往来，这些信件凭充满趣味性的诙谐文笔很快便名声大噪，甚至流入宫廷被当众朗读。1662年，路易十四得知了她的文采，并将她带到了宫廷。1671年初，她的女儿弗朗索瓦丝·玛格丽特（Françoise Marguerite）与丈夫迁至普罗旺斯。其间，侯爵夫人与女儿通信频繁，信中展现了一位忠实牵挂女儿的母亲形象。她在信里反复提到巧克力。通过这些信件我们可以看出作者对巧克力态度的变化，以及时人对巧克力功效的无知。

塞维涅侯爵夫人在1671年2月11日给女儿的信中写道："但是你身体不好，你几乎完全无法入睡，巧克力能让你重新振作起来。但你没有'巧克力壶（Chocolatière）'，我已经想过1000遍了；

你怎么做巧克力呢?哦,我的孩子,如果你觉得我关心你胜过你关心我,那么你是对的。"在这封信中,侯爵夫人担心自己的女儿因没有巧克力壶而无法制作巧克力;而在接下来的一封信中,她警告了女儿食用巧克力的副作用。她于1671年4月15日写道:"我要告诉你,我亲爱的孩子,巧克力对我的意义已同从前大不相同了,时下流行的口味一如既往地误导了我。每个曾经告诉我'她'好处的人,现在都在对我说'她'的坏话,'她'遭到了诅咒,人们指控'她'引发疾病,说'她'是抑郁和心悸的根源;'她'会让你快活一阵子,然后突然从内部点燃你身,让你发烧,最终导致死亡。"然后这位母亲又在1671年10月25日写道:"科埃特洛贡侯爵夫人(Marquise de Coëtlogon)去年孕期喝了太多的巧克力,她生下来一个男孩,婴儿的皮肤黑得像死人,最后他死了。"事实上很多贵妇和先生都会聘请深色皮肤的仆人侍饮巧克力,以衬托这种饮品的异国风情。显然,这位女主人与仆人的接触过于亲密,进而导致了这一后果。但这马上就被归罪于过度饮用巧克力。塞维涅侯爵夫人在1671年10月28日的最后一封信中再次谈到了她与巧克力关系的变化,她在信中写道:"我已经和巧克力和解了;昨天的饭吃得非常好,我还喝了巧克力——这是为了断食到晚上;'她'总是能如我所愿。这就是我喜欢'她'的地方;'她'会按照我的意图发挥作用。"[3]

与前任路易十四一样,法兰西国王路易十五(Ludwig XV, 1710~1774)也不太喜欢巧克力。他有许多情妇,其中最著名的就是蓬巴杜夫人(Madame de Pompadour, 1721~1764)。这位夫人非常喜欢巧克力,她还支持着塞夫尔(Sèvres)的瓷器工厂,并在那里订购了昂贵的巧克力餐具。在她之后,从工厂订购巧克力壶和巧克力杯在法兰西成了一种时尚。[4]

除了刚才提到的信件，当时的许多绘画作品也可以为我们提供贵妇和先生们饮用巧克力的信息。贵族们更喜欢在早上喝巧克力。为此，他们需要一名女仆将巧克力送到各自的床上。然而，他们也可能在一天的其他任何一段时间中饮用巧克力，而且并不一定要在床上。例如，围坐圆桌的小规模巧克力下午茶就经常在比较私人的圈子内举行。

画作中享受巧克力的场景经常会伴以闲散、色情的氛围。人们对巧克力催情作用的普遍信仰一脉相承自其原产地。这种认识存在了非常长的时间，尤其在德意志地区具有较强的影响力。因为贵族常常在床上喝巧克力，所以这种饮品很快就被与性方面的无节制联系在一起。许多当时的文献和出版物也叙述了巧克力所谓的"催情作用"。安东尼奥·科梅内罗·德·莱德斯马在他的著作《关于巧克力性质与特征的奇趣研究》中写下的一首小诗就是例证。

> 老妇会寻回鲜活与年轻，
> 肉欲会被重新注入热情，
> 它令人淫……你会知道的，
> 巧克力放荡的甜腻。

还有一则将巧克力描述为催情药的例子在约翰·张伯伦的《关于咖啡、茶、巧克力与烟草的自然本质描述，兼论接骨木浆果与杜松子》中，笔者已经多次提及这本 1684 年的著作。在书中，作者援引《圣经》中上帝要求亚当和夏娃生养众多一事佐证自己的主张。而享用巧克力则会使人类更有可能践行上帝的要求。他根据自己的经历写道："巧克力对男性的一项巨大好处是，其可以为精巢充满强力的香脂与汁液。我们一些博学的同胞就是如此阐述的，所以我不敢再在这学识渊博的描述中添加任何文辞。如果我真的这么做了，那无疑将是无礼的侮辱行为。"[5]

当时，老年男性尤其被推荐服用巧克力以恢复性能力。1725 年出版的画册集《人类的口腹之乐》(*Des Mensch Zung- und Gurgelweid*) 中表达了这一主张，在题为《巧克力》(*Der Chocolat*) 的一页上，一位女性在为自己的丈夫端上巧克力。(见图 77) 该图画附有如下文字：

> 你可以尝尝这来自遥远西方的饮品
> 一切当然都是为了最爱的亲人。
> 它激发你的勇气，唤回你的青春。
> 快尝尝，我亲爱的，我也会快乐的
> 我把它和我的心一起献给你，
> 因为我们必须给后世留子孙。

最后还有一点，巧克力与色情间的关系在当时的许多小说中都有重要展现。法国作家萨德侯爵（Marquis de Sade，1740~1814）在被囚巴士底狱期间写下了《索多玛一百二十天》(*Les Cent Vingt Journées de Sodome*) 的草稿，这本小说中就有巧克力的身影。在文稿中的某一段落，主人公让八位赤裸的苏丹娜（Sultanin）[①] 服侍他饮用美味刺激的巧克力。

---

① 指女苏丹，即伊斯兰国家的女性统治者，其在历史中极为罕见，比如 13 世纪德里苏丹国的拉齐娅（Razia）就是其中之一。萨德侯爵在小说中只是借用了这一形式来展现对东方情调的异国想象。

图 77

《巧克力》：巧克力是一种补品，特别有助于滋补那些"必须给后世留子孙"的人。（铜版画，约作于 1725 年）

巧克力也不总是带着情欲的香气，它也可以在完全不同的场合发挥作用。比如在贵族家庭的早餐桌上，巧克力就是孩子们碗中的佳肴。然而可能因为其经常出没的环境是贵族的私人生活圈，所以巧克力的消费方式与市民阶层的消费方式大为不同。我们经常可以在许多当时的绘画作品中看到一杯巧克力搭配一杯水的喝法，比如在让－艾蒂安·利奥塔尔（Jean-Étienne Liotard，1702~1789）的名画《巧克力女仆》（Das Schokoladenmädchen）中就是如此。（见图78）如果在喝巧克力的间隙喝一口水，人们便会获得更高的享受，因为这可以中和味蕾因巧克力的刺激产生的轻微麻痹感。面包也常会被人与巧克力一起食用，它在这里发挥着和水类似的作用。人们经常会将面包浸入巧克力，或将巧克力涂在面包上。这一习惯也借由无数画作得以为后世所见。[6] 从利奥塔尔的画中我们可以看出，虽然科埃特洛贡侯爵夫人偏爱肤色黝黑的仆人，但侍饮巧克力的也不全是黑色人种。人们经常会雇用年轻的女性来侍饮巧克力。虽然这些女性大多默默无闻，但"巧克力女仆"却因利奥塔尔的画而闻名于世。这位侍女名叫南德尔·巴尔德奥夫（Nandl Baldauf），她负责在每天早上为利奥塔尔端上一杯巧克力。利奥塔尔前往维也纳的目的本来是为玛丽亚·特蕾莎皇后及其家人画像。但南德尔·巴尔德奥夫一定给利奥塔尔留下了深刻的印象，以至他在1743~1745年间绘制了以她为主题的画作。这个故事似乎还有一个浪漫的结尾，据说南德尔·巴尔德奥夫是其雇主迪特里希施泰因帝国侯爵（Reichsfürst von Dietrichstein）的秘密情人，两人在相伴25年后结了婚。这幅画完成后，弗朗切斯科·阿尔加罗蒂伯爵（Graf Francesco Algarotti）在威尼斯将其购入，并赠予了巧克力爱好者萨克森选帝侯腓特烈·奥古斯特二世（Kurfürst Friedrich August II

图 78

《巧克力女仆》：托盘上除了巧克力还放了一杯水。这是为了中和味蕾的感受，以便人们能够从每一口巧克力中得到味觉的享受。（约绘于 1744/1745 年）

von Sachsen，1696~1763）。如今它被悬挂于德累斯顿的茨温格宫（Zwinger），广受游客赞赏。后来，"巧克力女仆"的图案经常会被印在锡罐、海报、标签、小册子与瓷器上。

白色的金子

17世纪，人们研发了一种特殊的银壶，即被称为"Chocolatière"的巧克力专用壶。（见图79）它有着圆润的外观，高约30厘米，被设计得很适合放在炉上以保持巧克力的温度。此外，这种壶还具有一个典型特征，即其铰接盖上带有一个小的圆形开口，开口处可插入一根木制搅拌棒"moussoir"。人们会用搅拌棒不断搅动巧克力，既可以防止脂肪沉淀，也可以在液体表面搅起绵密的泡沫。该壶还配有一个由瓷、象牙或木头制成的凸出手柄。使用木制手柄在这种情况下具有一定的优势，因其导热性差，所以人们在倾倒巧克力时，手指不易被滚烫的壶体烫伤。

最初的巧克力饮器都是银制的。17世纪，欧洲贵族为了适配新的热饮，从中国带来了瓷器餐具。17世纪中叶，最大的中国瓷器进口商是尼德兰联合东印度公司（Verenigde Oost-Indische Compagnie），该公司仅在1615年就为欧洲带回了超过69000件瓷器。鉴于进口量较大，可以推测当时阿姆斯特丹的大部分人口皆已具备购买瓷器的能力。最开始，欧洲人只是不加甄别地盲目购入中国瓷器。很快，订单开始变得具有针对性，精准的设计理念也被发往中国的经销商和制造商——其具体形式是专门为此制作的木制模型及图纸。然而长期来看，中国瓷器无法满足欧洲人的要求，因为某些样式的瓷器在中国很难甚至根本无法获得。中国人只会使用无把手的半球形瓷碗泡茶，但不使用瓷制茶壶。而且他们的茶壶一般

图 79
产于 1781 年的带木制搅拌棒的银制巧克力壶。

是以紫砂陶为原材料制造的小而低矮的圆腹砂壶。从17世末开始，人们就在尼德兰试验制造瓷器，但始终没能成功。[7]所有的尝试都没能产生令人满意的解决方案。在欧洲人洞悉瓷器生产的秘密，并以之研发自己的瓷制巧克力杯和巧克力壶之前，他们不得已只能即兴发挥。反正咖啡、茶或巧克力对容器的要求也没什么分别。经过了很长的时间，欧洲人才终于能够生产自己的瓷器。约翰·弗里德里希·伯特格尔（Johann Friedrich Böttger，1682~1719）在该领域进行了特别深入的研究，进行了大量的试验，并最终取得了成功。

约翰·弗里德里希·伯特格尔生于图林根州的施莱茨（Schleiz, Bundesstaat Thüringen）。1696年，他追随柏林的弗里德里希·措恩（Friederich Zorn），成了一名药剂师学徒。在学习期间，伯特格尔对炼金术产生了浓厚的兴趣，并利用老师的药店进行秘密试验。虽然措恩对学徒的兴趣持怀疑态度，但他还是在1701年组织了一次公开试验，要求伯特格尔将15枚格罗申银币（Silbergroschen）①转化成黄金。伯特格尔成功地伪造了一场试验，并瞒过了所有人。于是他很快引起了公众的关注，致使普鲁士国王腓特烈一世（Friedrich I）也对他产生了兴趣。国王传唤伯特格尔来到宫廷，伯特格尔当然没有出现，于是国王又悬赏1000塔勒（Taler）②捉拿他。为了逃避迫害，伯特格尔从柏林逃往维滕贝格（Wittenberg），但很快就落入了萨克森选帝侯腓特烈·奥古斯特一世（强力王）之手。选帝侯囚禁了他，并强迫他生产黄金。炼金术士没有成功，在多次尝试逃跑未果后，他被带到了迈

---

① 系历史上流行于德意志地区的货币。1银格罗申等于12芬尼；1金格罗申等于21芬尼
② 系一种于近代早期开始在几乎整个欧洲使用了四个多世纪的银币。1塔勒等于30银格罗申。

第 9 章 奢侈饮品巧克力

图 80

约翰·弗里德里希·伯特格尔向"强力王"奥古斯特展示由他发明的生产方式所制造的瓷器。（木版画，作于 1881 年）

森（Meißen）的阿尔布雷希特城堡（Albrechtsburg）。

伯特格尔在那里遇到了埃伦费里德·瓦尔特·冯·奇恩豪斯（Ehrenfried Walther von Tschirnhaus）。1706 年初，他们开始尝试创造黄金之外的另一种珍贵物品，一种白色的金子，即中国瓷器。

图 81
1710~1713 年由迈森瓷器厂的"伯特格尔瓷"制成的巧克力杯。

最后,他终于成功制成了"红瓷(rotes Porzellan)"①,并于 1709 年将其展示在公众面前。(见图 80)在伯特格尔向其主君献上的第一

---

① 所谓的"伯特格尔瓷(Böttgersteinzeug)"实际上是一种烧制温度在 1200~1300 摄氏度的硬陶。其虽是欧洲陶瓷工艺的里程碑,但尚未达到烧制瓷器所需的完全玻化状态,即炉温在 1350~1450 摄氏度之间。这一技术过渡阶段的"红瓷"为后来发明"白瓷"奠定了基础。

图 82

一套于1740年前后由迈森瓷器厂制造的巧克力饮具,其中包括经典的"Chocolatière"巧克力壶。这种壶的侧面装有凸出的木制手柄,盖子上带有一个用于搅拌的开口。

批成功作品中,就包括单面釉和无釉的巧克力杯。[8](见图81)次年,迈森瓷器厂开办,伯特格尔在自己生命中的最后几年成为该厂的管理者。1714年,伯特格尔被释放,但不得离开国境。1719年,年仅37岁的伯氏去世,他的死可能与其在工作中接触的汞与砷有关。

多亏了伯特格尔的工作,人们才可以在现在生产巧克力专用的瓷制杯壶了。瓷制巧克力壶的形制与银壶略有不同,大多呈圆柱形。但与银壶一样,其盖子上也留有用于搅拌的开口,侧面也装有一个凸出的木制手柄(见图82),这两个特征为人们在饮用巧克力时提供了许多方便。巧克力杯此时的外观则变得有些奇特——它通常装有两个把手。由于巧克力饮品脂肪含量较高,会产生非常多的泡沫,因而巧克力杯的形状总是又高又细。这种设计会将泡沫推高。为了防止巧克力凉得太快,巧克力杯通常会和

图83

这种"en trembleuse"防抖杯由维也纳的迪帕基耶瓷器厂于1725年生产。

茶杯一样带有一个盖子。如果您将巧克力杯壶与饮用咖啡和茶的容器进行比较，就会发现前者的设计与装饰往往更加精心。这也是巧克力饮品身份区别功能的体现，缘于其原材料可可与糖都很珍贵，其制备过程也较为复杂，巧克力始终都是三种热饮中最为昂贵的。

有一种被称为"en trembleuse"的防抖巧克力套杯非常有趣，其设计可以充分突显内容物的不凡价值。（见图83）这种套杯由三部分组成，杯体通过陶瓷或金属制的托环被固定在碟子上。杯体可以被从作为支架的托环上轻松取下，也可以轻松重新插入。它没有把手，但通常有一个盖子。这种设计对巧克力品鉴者来说有很多好处。首先，内盛的巧克力不容易翻覆；其次，细高的杯体方便搅拌；最后——也许是最重要的优点——品鉴者用它便可以在床上喝巧克力了。18世纪中叶，人们最终研发出了一套特殊的被专门用于享用巧克力的饮具。此外，人们这时已习惯使用成套的餐具，以前被分别设计的壶、杯、碟都被凑成了风格统一的套装。

市民阶层的新饮品，政府的新财源

虽然茶与咖啡早在17世纪就进入了市民阶层，但巧克力发展到这一步却费了更长的时间，造成这种情况的原因很多。总之，巧克力在18世纪的价格仍居高不下，只有一小部分欧洲人买得起这种嗜好品。尽管从17世纪下半叶到18世纪，西班牙的可可进口量在约百年间翻了一番，而且其他欧洲国家也逐渐开始进口可可豆，但供应的增长依然远远无法追上需求的增长，以致巧克力的价格不断大幅上涨。1737年，马德里每磅巧克力的价格是帮工日薪的2倍多。直到18世纪末，其价格才逐渐有所下降。

在巧克力的制备过程中添加的各种其他成分也很昂贵，这些配料也抬高了巧克力饮品的价格。最重要的配料是糖。18世纪中叶之前的巧克力饮品只使用甘蔗糖。早在公元8世纪，阿拉伯人就开始在西班牙南部种植甘蔗；西班牙人发现美洲后，又将这种植物从故乡带到了加勒比地区。直到1747年，药剂师安德烈亚斯·西吉斯蒙德·马格拉夫（Andreas Sigismund Marggraf, 1709~1782）发现了甜菜糖，人们才找到了甘蔗糖的替代品。但甜菜糖从被发现发展到供应充足、价格合理也经过了相当长的一段时间。而且制作一杯巧克力需要相当多的可可豆。这也使得巧克力与茶有着显著的不同，毕竟泡一壶茶只需要很少的茶叶就够了，而且茶的制备过程也轻松、快速得多。[9]

一杯巧克力的生产成本以及因之形成的售价取决于多种因素。首先，巧克力饮品种类繁多，每种巧克力的可可使用量都不同，添加其中的异国香料的品类和数量也不同。尤其是香草等昂贵香料的添加情况对价格有着巨大的影响。制备时使用的原材料是以成品巧克力，还是以可可豆的形式进口也会对价格产生影响。因为二者的劳动力成本与需缴纳的关税皆有所不同。即使到了18世纪，成品巧克力的进口关税仍有可能达到可可豆的2倍。[10]

欧洲的统治诸侯们很早就发现巧克力贸易和巧克力销售是一项重要的财源，其可能可以填补财政缺口。尤其是对以奢华宫廷闻名的路易十四来说就更是如此了，因为他每年都要筹集巨额资金用以维持宫廷的排场。巧克力这样的奢侈品非常适合成为他的财源。因此早在1659年，在法兰西销售巧克力就需要向政府支付相应的费用以获得垄断许可。有些制造商后来放弃了巧克力销售，因为垄断许可的费用非常高。为了使巧克力贸易和销售能够成为法国财政部门的一笔小生意，进口可可豆和可可液块都需要缴纳关税。此外，售卖可可也在巴黎获得了许可。反复撤销和重新颁发这类许可成了法兰西人空虚国库的一项常态收入。即便是尼德兰这样的贸易国家，其在以巧克力敛财方面也毫不逊于其他欧洲国家。1699年，该国开始对巧克力征收消费税。[11]

普鲁士也针对巧克力贸易征税。但该国比其他国家走得更远，还另有一项巧克力饮用税。1704年9月20日，普鲁士国王腓特烈一世颁布法令，任何想喝巧克力的人都必须先支付2塔勒以获得一份许可书。而这只是一个开始，后来他将关税税率提高到从前的4倍，人们的税务负担就更重了。与法兰西的不同之处在于，普鲁士从可可及巧克力贸易中收取的财富没有被用在奢费的宫廷生活而是被用在了一般性的政府支出里。另外，他们似乎认为钱不应该被花在非必需的奢侈品上。腓特烈大帝（Friedrich der Große，1712~1786）甚至在1747年下令禁止以驮运贸易的方式贩卖巧克力，这几乎是农村人口获得巧克力的唯一途径。后来，腓特烈大帝甚至督促安德烈亚斯·西吉斯蒙德·马格拉夫创造一种廉价的替代性饮品以取代巧克力。他的成果就是"椴树花可可（Lindenblütenkakao）"①，然而，这种饮品并未能在市场上获取一席之地。[12]

在德意志的其他许多城市，可可贸易与巧克力销售也同样受到了监管。如果要供应巧克力，一般都需要相应的许可证。1736年，科隆更新了关于巧克力特许经营权的规定。约翰·马利亚·法里纳（Johann Maria Farina）就是一名特许经营者，但后来令他的家族声名大噪的不是巧克力，而是古龙水。[13]

尽管面临种种逆境，巧克力最终还是在新兴的市民阶层中站稳了脚跟。这一发展成形于18世纪中叶，城市中众多咖啡馆和巧克力店的建立就是明证，这些店铺后来成为市民阶层生活的中心。于是，一个市民阶层的公共社会出现了，其与公众无法涉足的贵族秘密世界形成了鲜明的对比。

17世纪，沙龙与咖啡馆等公共场所出现了。这些场所在一定程度上取代了饮酒的店铺，所以咖啡和巧克力的传播实质上也导致

---

① 马格拉夫研发的这种饮品甚至在短时间内实现了商业化生产，但终究离开了历史舞台。其制作方法是将干椴树花、未成熟的椴树果与葡萄籽油混在一起研磨，直至呈现糊状。其颜色与香气据说和可可很类似。传统上认为这种饮品具有镇静、助眠、抗炎和舒缓神经的作用。

了酒类消费的减少。长期以来,各种饮酒的店铺都是公共生活的中心,其与咖啡馆相比具有完全不同的特质。饮酒会使人感官麻木,使谈话、交换新闻和交流想法等行为变得困难。然而,咖啡馆在这一点上与酒馆截然不同。在这里,人们会在愉快的氛围聚集在一起,喝着咖啡和巧克力等能够提高警醒程度与注意力的饮料,并在其作用下交谈得更加顺畅。沙龙和咖啡馆因而成了公共市民生活的重要场所及讨论政治与社会问题的中心。这在法兰西尤为明显,咖啡馆在这里成了诞生革命思想的温床。然而,其在德意志的作用非常有限,从未能产生其在英格兰和法兰西那样的影响。咖啡馆文化的主要基地在巴黎、伦敦和维也纳等欧洲大城市。1732年,维也纳的咖啡馆数量在30家左右,人们在那里学习、玩乐或讨论。这些客人不仅会喝咖啡,也会喝茶和巧克力。所以巧克力在市民阶层的传播与咖啡馆的发展存在着无法切割的联系。[14]

18世纪上半叶在维也纳,或许还在其他一些城市,市民阶层开始于家中饮用巧克力。其证据是1725年首次有维也纳的巧克力制造商获得了公民权,并因此获得了经营权。巧克力制造商只有权出售巧克力,并无权开设店铺提供巧克力饮品。所以,此时的市民阶层一定已经开始在家中饮用巧克力了;而此前这一直是专属于贵族的习惯。于是,巧克力制造商卖出的巧克力块就被市民在家中制成了饮料。

在19世纪,许多咖啡馆都变成了糖果店或餐馆。因为原咖啡馆老板无法承受可可或咖啡价格的波动所致的难以预估的损失,所以希望通过增加商品的类别以降低店铺面临的经济风险。随后,咖啡馆的政治因素逐渐淡出人们的视线,直至完全失去这一特性。弗朗茨·施托尔韦克(Franz Stollwerck,1815~1876)的咖啡馆就是其中一例,此人后来成了巧克力制造商,并且创建了世界上最大的巧克力公司之一。1847年12月4日，他在科隆开设了王家咖啡馆（Café Royal）。里面的设施非常昂贵，陈设着桃花心木和胡桃木做的家具以及豪华的红绿两色绒面沙发，墙上装置着巨大的镜子，天花板上悬挂着古铜吊灯。弗朗茨·施托尔韦克还曾在这里主办由24名舞者表演的芭蕾舞剧。王家咖啡馆还有一个名为"贵妇沙龙"的特殊区域——当时在任何其他酒吧都不可能有这种地方——该区域内不允许吸烟或玩棋盘游戏，并且从下午5点开始就可以听到弦乐重奏。事实证明，这家咖啡馆非常成功，但开业两年后，其部分建筑遭到了焚毁。[15]

巧克力屋与"坏习惯"

正如上节所述，巧克力最迟在18世纪已不再是欧洲贵族的专属饮品，而成为市民阶层咖啡馆文化的组成部分了。除了提供巧克力的传统咖啡馆，供贵族和上流市民阶层消费的巧克力屋也在不久后出现了。（见图84）

巧克力屋主要分布于意大利、尼德兰和英格兰。例如伦敦的"可可树巧克力屋（Cocoa Tree Chocolate House）"，其开业于1657年，后来因成为英国议员聚会和进行政治讨论的场所而声名鹊起。作为开业宣传，该巧克力屋的老板在伦敦的一份报纸上刊登了如下广告："在主教门街女王首巷（Queens Head Alley, Bishopsgate Street）一家法兰西人的房子里，我们正供应一种叫作'巧克力'的西印度饮料。无论您想要现场饮用还是带回家自己制作，我们都保证物有所值。"[16] 除了"可可树"，1697年的伦敦又出现了另外一家后来声名远播的巧克力屋。这家店的创建者是弗朗西斯·怀特（Francis White），在1711年去世后由他的遗孀接管

图 84

18世纪中叶的一家巧克力屋。市民阶层最迟至18世纪也开始消费巧克力，有时在家里，有时在公共场所。

经营。"怀特巧克力屋"的入场费相对较高，所以店里的常客往往来自上流社会。这家店早期也销售戏剧或歌剧演出票，但同时也以开设投注额极高的赌场而闻名于世。[17]

随后，越来越多的巧克力屋开业了，其中有些是为贵族服务的，有些是为市民阶层服务的。一般来说，光顾巧克力屋的都是男性，他们来这里不仅是为了聊天和社交，也为了玩牌和看报。大多数巧克力屋都会陈设各种各样的报纸供客人们阅读，这也是该场所设置入场费的原因。例如在伦敦的巧克力屋，客人进门时一般都会在柜台上扔1便士。

有些巧克力屋的气氛较为喧嚣。这类店铺的客人主要是来自贵族或富裕市民阶层家庭的年轻人。他们通常没有固定工作，总是狂欢到深夜。巧克力屋也会提供酒类饮品。在17世纪，巧克力饮品会与葡萄酒、啤酒甚至烈酒一起调制，以达到刺激情绪的目的。不过也有一些巧克力屋的氛围较为得体，连吸烟都会遭到禁止。

可想而知，反对开设巧克力屋的声音一定是存在的。时任总检察长罗杰·诺斯（Roger North）曾将巧克力屋描述为歪门邪道的聚会场与"坏种学校"。[18] 这些评价可能出于罗杰·诺斯多疑的本性，他可能从休闲聚会和一般性政治讨论中嗅出了不安分的气息。

从歌德到托马斯·曼：名人中的巧克力爱好者

如果要列一张知名巧克力爱好者的清单，那它可能会很长很长。除了公爵和枢机，名单上还会出现诸多学者、知识分子、哲学家和作家。最著名的巧克力品鉴家无疑是约翰·沃尔夫冈·冯·歌德（Johann Wolfgang von Goethe，1749~1832，见图85）。他从父母那里继承了对巧克力和糖果的热爱。据说，他总会以啜饮巧克力作为一天的开端，通常还会在其中添加面包干或饼干。他的妻子克里斯蒂安娜·武尔皮乌斯（Christiane Vulpius）为他制作巧克力饮品，并在丈夫旅行前为他准备便于携带的巧克力。就像亚历山大·冯·洪堡推荐的那样，巧克力是一种实用的随身食品。[19]

据说，歌德经常将巧克力作为礼物赠予他人，也经常收到别人赠送的巧克力。人们对他与玛丽安娜·冯·埃本贝格（Marianne von Eybenberg，1770~1812）、萨拉·冯·格罗特胡斯（Sara von Grotthuss，1760~1828）姐妹的关系特别感兴趣。她们

图 85
歌德是一位深度巧克力爱好者,他每天早餐都要饮用巧克力。

是歌德某次去卡罗维发利[Karlovy Vary,德语旧称"卡尔斯巴德(Karlsbad)"]水疗时认识的。二人,尤其是细腻且美丽的妹妹萨拉,给诗人留下了深刻的印象。两姐妹不断地给歌德送去小礼物,其中很多次都送了巧克力。歌德也许认为这是一种纠缠,因为他虽接受了巧克力,却从未回复哪怕一封感谢信。有趣的是,她们还曾送给歌德一个特别定制的巧克力杯。[20]

1823年,当歌德爱上乌尔丽克·冯·莱韦措(Ulrike von Levetzow,1804~1899)时,他曾试图通过赠送巧克力与短诗获得她的青睐。其中一首短诗写道:

> 你用亲切的柔光照我,
> 对我最细小的礼物微笑;
> 只要能得你倾心,
> 哪怕匆匆片刻都不嫌太少。[21]

但歌德的自荐并没有成功,乌尔丽克·冯·莱韦措还是拒绝了他的求婚。于是歌德将这份情感融入文学,写出了《玛丽恩巴德悲歌》(*Marienbader Elegie*)。

除了歌德,弗里德里希·冯·席勒(Friedrich von Schiller,1759~1805)也是一位伟大的巧克力鉴赏家。有时他会工作一整夜直到中午才醒来,这时他所做的第一件事就是喝一杯巧克力——通常还会掺进葡萄酒。和歌德的作品一样,他的作品中也有巧克力的身影。

醉心于巧克力的不仅仅是诗人。著名考古学家暨古代史研究者约翰·约阿希姆·温克尔曼(Johann Joachim Winckelmann,1717~1768)几乎每天都会饮用巧克力。后来他陷入贫困,对没有巧克力只能喝茶的日子充满懊恼。这个名单还很长很长,似乎可以一直列下去。还有托马斯·曼(Thomas Mann,1875~1955),他非常喜欢可可,也喜欢将巧克力作为礼物赠予他人。[22]

这些文学家,还有其他很多文学家都将巧克力写到了作品中。

查尔斯·狄更斯（Charles Dickens，1812~1870）的《双城记》（*A Tale of Two Cities*）便是一个很好的例子，他在书中描述了一名法兰西贵族饮用巧克力的场景，并以略为夸张的方式展现了这位贵族的颓废，他写道："……但如果少了四位强壮男子的帮助，他连早餐的巧克力都咽不下……第一位仆人将巧克力壶拿到这神圣的场所；第二位仆人用随身携带的工具打散并搅动巧克力；第三位仆人向他展示他最爱的餐布；第四位……为他斟上巧克力。对大人来说，哪怕少了一位巧克力官员，他都将面临无法容忍的窘境——他必须在辉煌的天穹下昂首挺胸。如果他的早餐只有三个人侍饮巧克力，这份耻辱就会严重玷污他的盾徽。如果只有两个——大人就要死了。"[23]

文学家罗伯特·路易斯·史蒂文森（Robert Louis Stevenson，1850~1894）甚至曾亲自在"南海（Südsee）"[①]种植过可可。他在给朋友的信中曾详细描述过这项既肮脏又劳累的工作。

通往"蒸汽巧克力"
前工业时代的巧克力生产

16~19 世纪，欧洲的巧克力生产与制备方式均没有发生太大的变化。与阿兹特克君主蒙特苏马二世时代一样，可可豆在近代

---

① 在欧洲泛指南太平洋一带，地理上大约包括巴拿马以南的所有海域。但其更多是一个文化概念，于欧洲人心中象征着一片遥远的在想象中被理想化的异国水域。其来源是西班牙征服者巴斯科·努涅斯·德·巴尔沃亚（Vasco Núñez de Balboa，1475-1519）穿越巴拿马海峡时的发言，他当时面对巴拿马以南的太平洋海面称其为"Mar del Sur"，即"南海"。

早期的欧洲仍会被放在火上烘焙,然后被置于磨石上经手工磨成糊状。(见图86)磨石的设计也仅发生了细小的变化,但这确实也使颇为费力的可可研磨工作变得稍微容易了些。在1800年前后,人们普遍使用略高出平面的凹形花岗岩石板进行研磨,石板下面是燃烧的炭火。研磨可可豆的工具是一种手辊,看起来有些像现在的擀面杖。手辊有花岗岩制的,也有金属制的。

尽管边磨边加热可以加快研磨的速度,但燃烧木炭产生的烟会使工作条件变得愈加恶劣。德意志的首家巧克力工厂开设于汉诺威附近的施泰因胡德(Steinhude),从这里工作的一名工人的描述中我们可以看出这项作业的巨大体力消耗。1765年,绍姆堡-利珀伯爵威廉·弗里德里希·恩斯特(Graf Wilhelm Friedrich Ernst zu Schaumburg-Lippe)创立了这家工厂。他是在统帅葡萄牙军时接触到巧克力的。1816年,一位工人报告称:"我们先将可可豆烘焙至其开始破裂或外壳可以轻松脱落的程度。然后便将外壳去掉,并将一定数量的可可仁放入巧克力机'Chokoladenmaschine'(一种铁制的半圆形壶状容器,附有一根固定在墙上的棒子)。接着我们在机器下生起一堆煤火——火势不能太强——再用棒子搅拌,直至它们完全变成液体,我们再也感觉不到任何颗粒存在为止。最后,我们将一定重量的液体压入模具,在桌子上对其反复摇晃和敲打,直到液面变得光滑。"[24]

鉴于可可研磨需要耗费如此多的劳动和时间,其给巧克力行业带来了巨大的创新压力。最晚从18世纪末开始,人们就一直在寻找解决此问题的技术性方案。在这一背景下,西班牙、尼德兰甚至德意志都建起了第一批可可豆研磨厂。在当时令人眼花缭乱的各式设计中脱颖而出的是意大利人博泽利(Bozelli)设计的"长向研磨机(Längsreibe)"。这种机器含有多个相互交错的连接

图 86

前工业时代的巧克力生产。磨石下的炭炉清晰可见。图中还描绘了 18 世纪制作巧克力的各种器具。

在一起的碾轮，它们会在曲柄的带动下反复在石板上移动碾磨。碾轮自身的重量会将可可豆压碎，并将其碾成糊状。博泽利的机器也带有为石板加热的功能，这可以缩短可可液块的加工时间。当时的西班牙有一些以骡子为动力的可可磨坊。昆拉德·约翰内斯·范·豪滕位于阿姆斯特丹的磨坊采用的也是这种方式。豪滕于1815年获得运营批准，随后开始进行可可豆研磨生产。他的工厂日后成了尼德兰最大的可可粉加工厂。

除了研磨可可豆，研磨并混合巧克力配料也是巧克力生产中最为繁复的工序之一。在这方面，人们也早就开始尝试利用各种手段，比如依靠风力、水力及制造机械来降低工作难度。1811年，法兰西人蓬斯莱（Poincelet）改进的一种"混炼机（Mélangeurs）"实现了这一目标。但他的机器当时尚没有完成，其他类型的混炼机也不能完全符合生产的需要。经过多次失败和反复尝试，工程师埃尔曼（Hermann）终于在1841年研发出了第一款适合新兴行业即巧克力制造业的混炼机。法国的梅尼耶巧克力公司（Chocolat Ménier）在使用这款机器后将年产量增加到了3250吨。这些早期的机器利用风力、水力或人力提供动力。到了19世纪初，一些巧克力工厂开始使用蒸汽动力。法国巧克力工业再次证明了自身非同寻常的革新能力，1819年，由佩尔蒂埃（Pelletier）设计的第一台蒸汽巧克力机投入运行。几乎同时，位于布里斯托尔（Bristol）的英国巧克力制造商约瑟夫·弗莱（Joseph Fry，1728~1787）的蒸汽巧克力机也投入了使用。[25]

不难想象，巧克力制造商不可能摆脱市场的各种变化对他们造成的影响。19世纪上半叶，经营各种业务的公司都可能是巧克力市场中的一员。例如，最常见的是药剂师在巧克力中添加各种药用成分，然后将其提供给顾客。此外，糕点师、利口酒制造商、糖果店等巧克力市场的参与者都会从中分一杯羹,在门店出售巧克力。在瑞士,糖果店的地位尤为显要,许多巧克力公司都是从糖果店发展起来的。自17世纪以来,许多瑞士糖果厂的代表都会前往邻近的国家,并在当地建立良好的信誉。当他们回到瑞士,所带回来的不仅是全新的糖果加工与巧克力生产知识,还有许多重要的人脉联系。[26]

然而巧克力工厂的厂房并非固定不动的,瑞士商业的流动性很强。以意大利人和法兰西人为主的流动劳动力带着可可豆的供应链从一个城镇迁往另一个城镇,然后尽可能多地生产巧克力卖给当地居民。他们还会在市集上供应巧克力饮品,当着客人的面用烤盘和磨石现场制作巧克力。[27]

但可可价格的下降、技术的发展和蒸汽动力的使用严重破坏了这种商业模式赖以存在的条件。流动巧克力商业最终走向了没落,而巧克力生产则从1830年代开始走向空前的繁荣。由此,巧克力生产商间的竞争也愈发激烈,冲突日益增加。这种情况在当时巧克力生产商林立的柏林市场内尤为明显。成立于1817年的希尔德布兰特父子巧克力工厂(Theodor Hildebrand & Sohn, Chocoladen-Fabrik)是19世纪上半叶最为重要的巧克力公司之一。该公司甫一成立就获得了成功,1830年,其被任命为王家宫廷巧克力商。对当时的公司来说,成为宫廷供应商非常重要,因为这通常意味着稳定的经济收益与公司的生存保障。1828年,约翰·弗里德里希·米特(Johann Friedrich Miethe, 1791~1832)在波茨坦创立了另一家巧克力公司。米特经营上的特征是激进的广告策略。他将公司称为"首家波茨坦蒸汽工厂(Erste Potsdamer Dampffabrik)",在那里生产的巧克力则被称为"蒸汽巧克力(Dampfschokolade)"。该广告给予消费者一种印象,即这种巧克力经过特殊的蒸汽处理,并由此提高了质量。米特还间接地指责对手特奥多尔·希尔德布兰特(Theodor Hildebrand, 1791~1872),说他们公司使用的加拉加斯可可品质较差。为证明这一点,他发表了自己的可可分析报告,并得到了多位一流化学家的支持。

19世纪,化学家参与商业分析报告非常普遍,其常被商人们用来证明自己巧克力质量的优越性或用来打压竞品。分析报告往往会引来有针对性的驳斥报告,驳斥报告又会引来新的驳斥,如此往复的长期争议屡见不已。特奥多尔·希尔德布兰特也曾以驳斥报告回应米特的指责。这份报告的撰写者是著名的柏林药剂师暨化学家西吉斯蒙德·赫姆施塔特(Sigismund Hermbstädt),他于1830年3月16日将报告发表在报纸《柏林国事与学术要闻》(*Berlinische Nachrichten von Staats- und gelehren Sachen*)上。赫氏在报告中公开反对误导性术语"蒸汽巧克力"的使用,批评米特的分析报告,并表示他个人更喜欢品尝用加拉加斯可可制作的巧克力。约翰·弗里德里希·米特无法反驳该报告中的论点,因此这场围绕蒸汽巧克力的争论很快就结束了。此外,其他几家蒸汽巧克力制造商也在这一时期进入了柏林和德意志的市场。[28]

这场关于米特公司蒸汽巧克力的争议发生于19世纪初。这十年间因巧克力市场的快速增长和技术进步带来的变化,巧克力行业的竞争压力也在与日俱增。这场争议正是这类竞争的一则实例。整个市场几乎完全没有政府监管,因此所有矛盾都必须由市场来调节和企业来解决。这一点在19世纪下半叶爆发的针对巧克力纯度问题的争论中表现得尤为明显,其最终结果就是"巧克力协会(Schokoladenverband)"的成立。第10章将对此作出详细的讨论。

第10章 大众消费品巧克力

从奢侈品到消费品

经过了整个19世纪,巧克力从一种贵族专享的奢侈品转变为一种受众广泛的消费品。现在,贵族之外的其他人群也能买得起巧克力了。其在市场中,尤其是在不断增长的下层民众市场中作为酒类的替代品和滋补品占据了一席之地。这种变化有许多先决条件。其中最为重要的是水力和蒸汽动力被运用于巧克力工业——这在18世纪末已很常见——以及机器生产取代手作生产。于是,人们可以廉价地大批量生产巧克力了。19世初存在于巧克力行业中的小型手工工坊,要么逐渐向大型工业公司转型,要么被后者挤出市场。许多经营至今的重要巧克力公司都是在这一时期建立的。

除了生产方式的转变,19世纪发生的另一件事是:所有巧克力的主要原材料都变得更加廉价了。尤其是可可,其在19世末首次被于非洲种植。欧洲殖民列强在那里大力推广可可种植,产量飞速增长。从1895~1905年的十年间,全球可可产量翻了一番,达到了145553吨。[1] 甘蔗糖的产量变化趋势与可可基本相同。但随着甜菜糖这一廉价替代品的出现,糖类原材料价格的下行速度愈发加快。可可与糖供应量的增长使得原材料价格下降,进而导致巧克力价格大幅下滑。与这一发展并行的是,从1880~1913年,德意志地区的实际工资以每年约1.4%的速度持续增长。尽管收入分配上的差距依然存在,但这一时期的总体生活水平仍有所

提高。²

与此同时，对巧克力需求的不断增长也在19世纪刺激着巧克力行业的不断发展。直到19世纪下半叶，法国巧克力在产量和质量方面一直处于领先地位。欧洲其他国家纷纷效仿法兰西的加工制造方法。不少欧洲的知名巧克力生产商都在这一时期访问法国，以求深入了解法兰西巧克力生产的秘密。在1873年的维也纳世界博览会（Wiener Weltausstellung）上，法国的这一优势被展现到了极致。博览会的报道中特别介绍了位于巴黎附近努瓦谢勒（Noisiel）的巧克力制造商梅尼耶，它是当时世界上规模最大的巧克力生产商。该公司雇佣了约500名工人在其建筑精美的巧克力工厂中工作，他们每年可生产约4500吨巧克力。梅尼耶还在尼加拉瓜拥有自己的可可种植园。³

尽管梅尼耶在第一次世界大战前一直保持着霸主地位。但到了19世纪末，其他几个欧洲国家巧克力产品某些方面的质量已然超过了法兰西的标准。尤其是瑞士的巧克力公司，其重要性在19世纪的最后二十年间不断提高。当时瑞士共有七家巧克力制造商，其中有五家都在维也纳世界博览会中得到了嘉奖。⁴ 这一发展得益于瑞士巧克力制造商的不懈努力，例如菲利普·祖哈德（Philippe Suchard，1797~1884）和鲁道夫·史宾利－阿曼（Rudolf Sprüngli-Ammann，1816~1897），这两位商人从根本上改变了19世纪末的巧克力生产方式。精炼工艺和牛奶巧克力等重要发明都出自瑞士巧克力制造商之手。瑞士巧克力绵延至今的美誉正是在这一时期建立的。

在19世纪七八十年代，巧克力生产在德意志也开始变得格外重要。该地区的巧克力公司从1875年的142家增长到1895年的178家，巧克力行业的从业人员则从2440人增加到8740人。⁵ 科隆的巧克力工厂施托尔韦克的崛起正是这一发展的具体体现，该工厂后来成为世界上最大的巧克力制造商之一，并在德意志以外拥有众多的分支机构。本章稍后会再来谈论这家公司丰富而曲折的历史。

棕色的金子

19世纪下半叶，为了满足欧洲与北美不断增长的巧克力需求，可可的生产和贸易规模都出现了大幅扩张。尽管当时的大部分欧洲人仍生活在贫困与苦难中，但买得起巧克力的人毕竟已越来越多。比如对许多工匠和工厂工人来说，由于其收入的增加，巧克力绝不再是遥不可及的奢侈品了。这时，许多巧克力制造商都瞄准了这一购买群体，开始为他们提供专门研发的廉价巧克力，当然这种巧克力的质量会比较低。由于使用了价格低廉且巧克力内本不该有的成分，其与传统巧克力的质量差异实际上是非常大的。比如有些巧克力会添加面粉以减少可可含量。但这种种做法也遭到了批评。尤其是在1850年以后，其引发了关于巧克力造假问题的讨论，并成为建立相关标准的开端。

对于许多欧洲国家来说，可可贸易在19世纪下半叶开始成为一项利润丰厚的生意。英国在这方面的获益尤其突出，因为其当时正在西非殖民地大规模推广可可种植。而法兰西、葡萄牙和尼德兰等欧洲国家也在各自的殖民地内建立了可可种植园。（见图87）即便不论在非洲还是在亚洲，都仅辖有少量殖民地的德意志，也在19世纪末开始进行可可豆的生产和贸易活动。此前，所有的可可生产国都位于拉丁美洲。但在拉美内部，可可种植区域还是产生了一定的变化，从前以墨西哥地区为中心的可可种植已逐渐

图 87
厄瓜多尔可可种植园的收获季。(木版画,作于1894年)

转向加勒比地区,因为那里的自然条件更为理想。加勒比地区也不像墨西哥那样星布着与种植园竞争劳动力的矿场。此外,从这里前往欧洲也有更多的运输线路可供选择。大约在同一时期,委内瑞拉、厄瓜多尔和巴西也变得愈发重要,它们都将在几十年内成为世界上最大的可可生产国之一。这些国家开始了本国的区划发展,其中许多地区都深受可可种植业的影响。比如在巴西,拥有港城圣萨尔瓦多（San Salvador）的巴伊亚州就是19世纪全球最大的可可出口港之一，这里每年有17000吨可可被出口。但上述种种均只致富了少数庄园主，在人口中占绝大多数的农业劳动者则深陷贫困难以自拔。[6]

巴西作家若热·亚马多（Jorge Amado，1912~2001）在其名作《黄金果的土地》（São Jorge dos Ilhéus）中描述了巴伊亚农场与种植园中可可农的生活。虽然这本小说写于1950年代，但其中的场景也适用于1900年前后的巴西。从很多方面来看，可可种植者的工作条件与生活条件几十年来一直没有改变。例如，当时利用儿童采收可可豆的做法在今天仍很常见。若热·亚马多是这样描述他们的处境的："孩子们每天赚半个米尔雷斯（Milréis）[①]，他们裸着身子，肚子胀得像圆球，他们简直像些怀孕的女人，或者像得了臌胀病的男子。那是因为他们吃味道浓厚的泥土的缘故，他们缺乏食物，不得不吃泥土。所有这些孩子，不论是黑人、黑白混血儿或白人，皮肤都变成了黄色，他们活像可可树的叶子……果实从树上落下来，孩子们奔跑着搬果实，女人们用刀很快地一劈就把果实劈开。有时她们中间的一个不小心割破了手，她马上用泥土敷在伤口上，而且滴上一些可可汁。"[②][7]中美洲和南美洲之所以能长期处于可可种植业的主导地位，仰仗的就是奴隶与廉价劳动力。后来的西非也不例外，那里的可可种植园在很短的时间内就如雨后春笋般涌现出来。而要想赢利，就必须有大量的廉价

[①] 系葡萄牙在1911年之前和巴西在1942年之前使用的货币单位。1米尔雷斯等于1000雷斯（即雷亚尔）；1926年时，1巴西米尔雷斯的购买力约为1打面包。

[②] 引自郑永慧、金满成译的作家出版社1956年版《黄金果的土地》中的"产生黄金果的土地·庄稼汉6"。

劳动力来种植这些作物。

目前，还不清楚可可是如何从拉丁美洲运往非洲的。只能说它发生的时间是在19世纪上半叶。有一种说法认为，一名葡萄牙上校在1822年将可可带到了西非附近一个叫作"普林西比（Príncipe）"的小岛上。随后，可可又从那里传播到了附近的圣多美岛（São Tomé）。这两个岛屿自15世纪就处于葡萄牙的势力范围内，几个世纪以来一直都是黑奴被运往加勒比地区的重要中转站。1807年，英国宣布禁止奴隶贸易后没过多久，它们就失去了在贸易中的作用。人们曾在这里种植咖啡以作为替代性收入的来源，直到19世纪的最后二十年，大规模的可可种植开始了。[8] 这对圣多美岛的影响尤为显著。该岛屿总面积约830平方公里，到了1900年前后，其可可种植面积达到了500平方公里。1910年，普林西比和圣多美岛生产了约38000吨可可，占全球可可总产量的约10%。[9] 考虑到两岛狭窄的面积，这一数字相当惊人。

两岛的可可种植事业能在几年内得到如此巨大的扩张，廉价劳动力的大量使用是其中必不可少的条件。为此，来自非洲大陆的所谓"合同工"在种植园内被迫像奴隶一样工作。虽然这些劳动者与种植园签订了合同，但它们一旦到期通常都会自动延长。如果说合同工确实可以得到工资，那么这些"货币"也只是能在种植园的商店中使用的代币。合同工被禁止离开种植园，种植园主为他们选择伴侣，体罚和虐待更是家常便饭。[10] 19世纪下半叶，种植园不人道的工作条件开始在一些欧洲国家内引发抗议，尤其是在英国引起了轩然大波。1900年前后，英国的巧克力行业终于也开始关注这一问题了。威廉·A.卡德伯里（William A. Cadbury）是英国最大的巧克力公司之一吉百利的董事会成员兼英国及外国反奴隶制协会（British and Foreign Anti-Slavery Society）的成员，他督促葡萄牙政府改善这两个西非岛屿的工作条件。但葡萄牙政府不为所动，于是吉百利公司在1908年发起了针对两岛种植园的抵制，并一直持续到一战开始方才告终。[11]

普林西比岛和圣多美岛不仅是西非最重要的可可生产地，也成为可可进入西非的入口。可可从两岛出发，首先抵达了今加纳，该国目前已成为世界上最大的可可生产国之一。其最早的可可种植可能是从1890年代初开始的。该国1895年的可可产量刚过13吨，而到了1905年已超过了5165吨。这里的可可种植业在形式上以小农为主，而且得到了英国殖民政府的支持。科特迪瓦的情况与加纳类似，其可可种植业也是以小农为主，其可可产量则从1890年的6吨增加到了1906年底的519吨以上。[12]

当时，全球大部分的可可收获都会被出口到德意志。于是，汉堡发展成为重要的可可贸易中心。自19世纪中叶以来，大量的可可通过这座汉萨城市转运。但在起初，该港的可可进口量还很小，增长也很缓慢。到了1840年代，每年约有860吨可可被运到汉堡；1850年代约有1220吨；1860年代约有1580吨。直到1900年前后，可可进口量才开始得到显著发展。究其原因，主要是德意志帝国境内巧克力消费量的迅速增长。20世纪初，汉堡每年要处理约44500吨的可可进口业务。但其中的很大一部分都是过境贸易，可可会从汉堡进口，然后被转运到所谓的"荷比卢国家（Beneluxländer）"以及斯堪的纳维亚半岛和沙皇俄国。巴尔干国家也会从汉堡采购大量的可可。[13]

当时，汉萨可可贸易商向可可生产国购买的可可只占其贸易量的很小一部分。他们通常会从自己的分支机构、种植园或与自身有密切业务往来的汉萨贸易公司处获得可可。这些贸易公司进行着出口工业产品换取可可的业务。可可贸易商和贸易公司之间还有代理人和经纪人,他们在交易中充当中间人并负责督促相关协议的执行。

"阿尔布雷希特与迪尔(Albrecht & Dill)"是现存最古老的汉萨可可贸易公司之一。1806年,约翰·于尔根·尼古劳斯·阿尔布雷希特(Johann Jürgen Nicolaus Albrecht,1776~1861)创立了这家公司。当时,阿尔布雷希特家族已经在汉堡绵延了数代并活跃于各个行业。关于阿尔布雷希特的青少年时期、求学经历和职业教育背景,人们知之甚少。我们只知道他在1806年6月2日开设了这家公司且其初期业务发展得很顺利,从事着铜、石油、莱茵葡萄酒、天然矿泉水和糖等商品的贸易。1819年,特奥多尔·迪尔(Theodor Dill,1797~1885)加入公司,后来成为合伙人。1835年1月1日,公司更名为"Albrecht & Dill"。[14]

阿尔布雷希特与迪尔这样的贸易公司的收入来源主要是商品贸易和中介佣金,后者于19世纪中叶在其所有收入中占据主体地位。该公司涉猎的商品贸易业务极为广泛,包括谷物、蜡、动物骨骼、葡萄酒、羊毛、毛皮甚至鸵鸟羽毛等,而其中尤为重要的要属咖啡、可可、茶、糖、香料和烟草。19世纪中叶,该公司正专注于"殖民商品",并开始将可可纳入其商品贸易的范围。为了开展商品业务,阿尔布雷希特与迪尔公司在阿姆斯特丹、安特卫普、伦敦、莫斯科、巴黎、纽约和维也纳等地均设有大量仓库。虽然维持这些仓库需要花费公司大量的资金,但这是一笔无法避免的支出,因为当时的交通条件有限,并且运输路途危险重重。尤其到了冬季,即便有运输路线可以使用,其范围也非常有限。而且铁路运输的潜力此时还未被完全开发出来。因此,如果只在汉堡设置仓库,贸易公司很难及时向客户交付货物。与其他许多贸易公司一样，阿尔布雷希特与迪尔在这一时期购入了公司的第一艘船只，这是为了摆脱其业务对航运公司的依赖。有时，贸易公司为了完成一份订单，甚至会同时派出好几艘船只进行运输。1850年代末，经济危机的影响和内部的各种问题迫使阿尔布雷希特与迪尔公司开始进行内部结构改革。于是到了1870年代，其开始向专业化经营转型。经过长时间的考虑，这家公司最终决定专注于可可贸易，因为这是当前公司业务中最具发展潜力的领域。这期间，巧克力正逐渐成为一种流行趋势，这预示着可可需求在未来会持续增长。[15]

19世纪下半叶，阿尔布雷希特与迪尔公司最初的可可采购主要集中在中美洲和南美洲，也有少量从爪哇和锡兰采购。最开始它们在非洲完全没有业务。但随着1900年前后非洲可可种植面积的扩大，情况发生了改变。该公司开始通过与非洲可可种植区有私人联系的其他贸易公司进行采购。但这一渠道为阿尔布雷希特与迪尔带来了许多隐患。这项业务的负责人屡屡向总公司抱怨，因为收购来的可可豆中经常掺有果皮等物质，而且贸易中的投机行为也难以避免。该公司在1901年的年度报告中详述了可可价格波动的原因："不幸的是，一段时间以来在可可货物贸易中一直存在投机操纵，或更确切地说，是做空的现象。由于这些现象，我们有时难以对市场作出冷静且恰当的评估，进而阻碍了我们在市场中的发展。而卖空行为偶尔会导致货物价格暂时上涨，或导致市场完全丧失活力。我们之前那样稳固而真实的交易在投机行为面前只会受到摆布。"[16]报告非常清晰地表明，投机行为在当时已致使可可价格产生波动，因而这一问题并非近几年才出现的。阿尔布雷希特与迪尔公司的客户几乎都是德意志知名的巧克力制造商，比如德累斯顿的"哈特维希与福格尔（Hartwig & Vogel）"、柏林的"美可馨（Mauxion）"或科隆的"施托尔韦克"。此外，其还向沙俄、斯堪的纳维亚半岛、法兰西、意大利和奥匈帝国的客户供应可可。[17]

目前，阿尔布雷希特与迪尔贸易有限公司专门从事可可和可可半成品贸易。它们的客户来自德国和其他欧洲国家，涉及可可加工行业内的许多公司。

"懒惰的黑人变得更加勤奋"：来自德国殖民地的可可

随着1871年统一民族国家的建立，德意志帝国开始了经济和政治上的扩张，其中一项重要体现就是殖民地的建立。活跃于非洲的汉萨商人是推动德国殖民的幕后力量之一，例如汉堡南美航运有限两合公司（Hamburg Südamerikanische Dampfschifffahrts-Gesellschaft A/S & Co. KG）、贸易商韦尔曼有限两合公司（C. Woermann GmbH & Co. KG）以及扬岑与托尔梅伦公司（Firma Jantzen & Thormählen）均在其列。1870年前后，这些公司开始在西非开展利润丰厚的贸易，并在喀麦隆收购了大片土地。为确保贸易和财产的长期安全，这些汉堡商人主张在喀麦隆建立德国殖民地。他们努力的最终结晶是船主阿道夫·韦尔曼（Adolph Woermann，1847~1911）——他同时也是帝国国会与汉堡商会（Handelskammer Hamburg）的一员——撰写并于1883年提交给德国政府的一份备忘录。1884年4月，今纳米比亚成为德意志帝国"保护"下的首个地区，其当时名为"西南非洲（Südwestafrika）"。接着，更多的德意志殖民地在非洲和亚洲被建立起来。几个月后，阿道夫·韦尔曼提出的在喀麦隆建立德国殖民地的要求终于得到了满足。德国政府在1884年7月14日正式宣布开始对喀麦隆河定居点进行"保护统治（Schutzherrschaft）"。[18] 就可可事业而言，占据喀麦隆极为重要。这一地区后来成为唯一一个有能力大规模种植可可并出口到宗主国的德意志殖民地。

在殖民喀麦隆之初，德国政府便将在此地建立种植园视为一项重大议题，并就该问题在帝国国会大厦进行了讨论。1886年1月19日，阿道夫·韦尔曼在会议上陈述了德国殖民政策的目标和面临的困难："我们已开始尝试在喀麦隆地区建立种植园。我们在那里建立了一家公司，正筹集资金准备开垦土地。当然，我们还没有得到今天可以在这里报告的成果，毕竟该公司的负责人离开德国才四个月。他不可能在这么短的时间内拿出任何结果。我们面临的主要问题是能否获得足够多、成本足够低且人身自由的黑人劳工，只有这样的劳动力才能让公司赢利。我希望一切顺利，如果这项事业可以成功，其将对殖民活动大有裨益，也能为德意志帝国带来好处。"[19]

然而，事实证明在喀麦隆建立种植园经济困难重重。殖民地建立后不久，种植园公司虽在这里成立了，但关注的却是烟草种植。最初，喀麦隆的可可是以小农的形式种植的，直到1886年才开始转向种植园种植。1889年记录在案的可可出口量非常少，仅有5袋。但这一数字增长得很快。到了1893年，当年已有1320袋可可从喀麦隆运往德国。[20]

为了满足德国日益增长的可可需求（见图88），喀麦隆的可可种植与出口均得到了德国政府的大力支持，例如其在喀麦隆设立了可可质量检查站，建立了示范农场，还任命了可可种植顾问。（见图89）此外，殖民政府还通过了相关法律法规以保障种植园能够顺利地征用土地，进而促进大型种植园的形成。随着时间的推移，这些措施渐渐现出了效果。在一战爆发前，德国约13%的

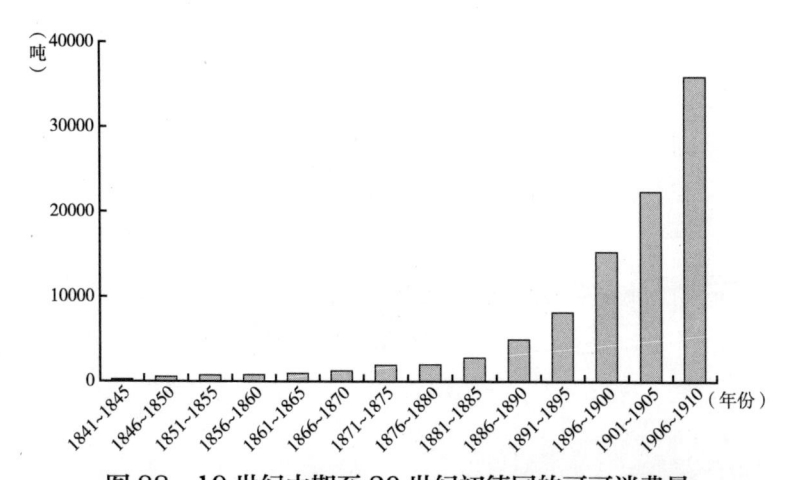

图88 19世纪中期至20世纪初德国的可可消费量
资料来源:《德意志帝国统计年鉴》(Statistisches Jahrbuch für das Deutsche Reich)。

可可来自其殖民地,而其中近九成均来自喀麦隆。喀麦隆可可行业最重要的公司之一是成立于1897年的维多利亚西非种植公司(Westafrikanische Pflanzungsgesellschaft Victoria,WAPV)。该公司经营着喀麦隆最大的可可种植园,年产量约1700吨。[21]

尽管种植园面积不断扩大,农作物产量不断提高,但殖民可可种植业对本地人来说仍只是一段不堪回首的历史。与其辉煌的发展历程相对的是其噩梦般的工作条件。不来梅商人J. K.维托尔(J. K. Vietor)在1913年就种植园的状况作了如下记录:"不幸的是,我无法给出死亡率的准确数字,我只能说可可种植园的状况依然很糟。去年我在喀麦隆时,有人告诉我蒂科种植园(Tiko-Pflanzung)的劳工在半年内死亡了50%,甚至是75%。他们的负责人也承认了这一点。"[22]造成如此高死亡率的原因是多方面的。种植园里的卫生条件是灾难性的,而且极其缺乏医疗服务。尽管如此,种植园的劳工还要承受疾病、虐待和营养不良带来的伤害。

图89
1907年施托尔韦克公司的广告图。该广告旨在向消费者展示其巧克力产品也会使用"德国殖民地可可"。

虽然劳动者的工作条件恶劣、死亡率高,但可可产业仍在继续扩张。于是殖民政府最后发现,为种植园招募足量的劳工已变得愈发困难。因此,他们很快便改变策略,开始强制征召,原本人口稠密的地区由此便逐渐凋敝了。

殖民统治者和种植园主对劳工的苦难无动于衷,反而觉得自己的措施对他们来说具有教育意义。在一战爆发前不久,玛丽·保利娜·托尔贝克(Marie Pauline Thorbecke,1882~1971)的一份报告明确体现了这种思想。她当时正陪同身为地理学家的丈夫弗朗茨·托尔贝克(Franz Thorbecke,1875~1945)前往喀麦隆进行考察。在谈到喀麦隆的民众时,她写道:"但现在我看到这些黑人本身也能通过这项措施得到一些教育。过去,当他们生活在灌木丛中……他们只会种植将将够自己吃的作物,那当然不会超过三篮子小米。现在，他们生活在街道中，要获得生活必需品就必须向行商购买……结果，懒惰的黑人变得更加勤奋了。他们开始赚钱，尽管缓慢但也获得了经济上的进步。"[23]

喀麦隆的德国商人与"杜阿拉（Duala）"族群长期处于一种竞争关系中，该族群控制着当地的内陆和沿海贸易。他们甚至利用中间贸易达到了一定程度的繁荣。在德国等欧洲贸易公司及殖民政府的压力下，杜阿拉人最终被迫放弃商业而从事种植业。[24] 他们在很多方面都取得了很大的成功。比如他们创建了自己的可可农场和种植园，雇佣了数百名劳工。在德国殖民统治期间，杜阿拉人与殖民政府多次发生冲突。后者不但剥夺了杜阿拉人的经济基础，还会对任何抗议行为进行镇压。1893年，镇压政策达到高潮。当时在代理总督卡尔·特奥多尔·海因里希·莱斯特（Karl Theodor Heinrich Leist）的命令下，殖民者曾在其丈夫面前鞭打赤身裸体的杜阿拉女性。殖民政府曾买入370名男女，并强迫其中的一些人在官方种植园中工作。他们认为既然自己已经买下了这些杜阿拉人，便无需再为其支付劳动报酬。这一行为遭到了杜阿拉人的强烈抗议和抵制。[25]

一战结束后，德国的殖民统治结束，欧洲动荡的政局和世界经济危机将全球带入了战后的困难时期，这些最终使得喀麦隆的可可种植事业暂时中止。德国种植园在战后被全部没收，而一些杜阿拉种植园则一直经营到1930年代才被迫废弃。欧洲其他国家的可可种植园也没能例外，几乎全部在这一时期遭到了废弃。[26]

创新的时代：工业化制造

如前所述，19世纪下半叶工业化进程的发展与购买力的提高使得欧洲的巧克力需求不断上涨，从而刺激了全球可可种植面积不断扩大。在德意志，这一变化在1870~1871年，即普法战争（Deutsch-Französischer Krieg）结束后尤为明显。帝国的建立和法兰西的赔款带来了巨大的经济繁荣，并且加速了几乎所有工业部门的技术进步。巧克力行业内也有许多新公司于这时成立并研发了新的技术。这使得工厂巧克力生产成为可能，进而不断增长的巧克力需求也得到了满足。其中的两项发明彻底改变了19世纪上半叶的巧克力生产方式。

1828年，尼德兰化学家昆拉德·约翰内斯·范·豪滕研发了一种机械可可脂压榨机，被用于压榨可可豆中的脂肪。（见图90）此前，可可脂只能通过煮沸或化学反应的方式提取，这两种方法的工序都相对复杂且成本高昂。新的压榨机则可通过压榨可可脂产出可可压饼，并将其磨成可可粉。最后再将可可粉碱化，即使用碳酸钾或碳酸钠进行处理，使其更易溶解于水。这整个过程在当时被称为"荷兰处理法（Dutch-Verfahren）"。较之以前的巧克力饮品，这种新产品更容易消化、价格低廉且易于制备。在可可脂压榨机被发明以前，巧克力饮品通常是以固体可可块削出的巧克力屑为原料，再加入糖、蛋黄或淀粉——如土豆粉、燕麦粉、竹芋粉、橡子粉、西米、冰岛地衣粉，在英国有时甚至会用贝壳粉和米粉——制备而成。为追求口味上的变化，人们有时还会在巧克力饮品中添加香草、肉桂、龙涎香以及偶尔加入麝香。常用的配料还有红色的多香果，它会为巧克力带来更鲜艳的颜色。但随着荷兰处理法的出现，以上种种喝法都逐渐消亡了。当在没有可可脂压榨机时，人们在每次饮用巧克力前都必须费事地撇去沉淀在表面的可可脂，或通过搅拌令其融化。此后再也不需要这样做了，喝巧克力也就变得容易多了。

巧克力生产中的重要发明和发展

1811年,蓬斯莱研发了混炼机,其被用于混合可可液块与糖。

图90
1899年莱曼公司设计的可可脂压榨机,这种机器使廉价可可粉的生产成为可能。

1828年，范·豪滕发明了可可脂压榨机，其使廉价可可粉的生产成为可能。

1846年，工程师多普莱设计了整体式注塑模具。此后单次大批量生产同样大小的巧克力成为可能。

1847年，英国巧克力企业弗莱父子公司将第一款固体食用巧克力产品推向市场。

1873年，施托尔韦克设计了五辊精磨机，人们通过这种设备可以将巧克力研磨得更加精细。

1875年，丹尼尔·彼得首次生产牛奶巧克力。他使用了亨利·内斯特莱的雀巢公司刚刚研发出的奶粉。

1879年，鲁道夫·林特研发出精炼技术。

与含有脂肪的巧克力饮品相比，新的可可粉不仅可以被快速制备，而且更易于消化。它的生产成本也更低，因此很快就被标榜为贫困阶层的饮品。其产品定位是为工厂中因体力劳动而疲惫不堪的工人提供滋补。特别是在英国，这种新型的廉价可可很快就被视为一种既营养丰富又美味，还可以替代酒类的饮品。但这种新型消费品也招致了许多实业家的激烈批评。

瑞士巧克力制造商鲁道夫·史宾利-阿曼在1883年的苏黎世国家展览会（Züricher Landesausstellung）上就这一问题进行了详细的评论："一个众所周知的不幸事实是，依然存在着大量的贫困家庭，他们往往属于工人阶层。因此，他们需要健康且能够提供能量的食物——哪怕是很简单的食物。但我们看到的却是他们有时仅能依靠淡咖啡和菊苣维持生活。更糟糕的是，在某些地区，整个家庭——甚至包括最小的孩子——都喜欢喝一种用调味酒制成的适口的温糖水。这种可怜的混合物中的营养成分低得令人难以置信，其仅能暂时欺骗胃袋，给人一种饱腹的错觉。但人们的身体——尤其是那些脆弱的身体——却会因之变得虚弱。他们对这种饮料的身体依赖和精神依赖已严重到了令人悲伤的程度，这令他们的身心都难以发育和茁壮。即使是一块便宜的巧克力，其由于制作精良也能为人们持续地提供营养。对于那些需要做重体力劳动的人和娇弱的孩子来说，这种食品弥足珍贵。这样的巧克力不会引起衰弱症和碘缺乏症，而是具有提神、强身和醒脑的作用。它也不会令人因上瘾而不断喝个不停。因此，它具有一种真正的平民阶层营养食品的全部特征。此外，它也可以为更高的阶层服务。总之，无论以哪种方式制备这种巧克力，它都可以被推广到不大富裕的阶层中，成为他们的日常消费品。"[27] 他列举了诸多将可可和巧克力产品作为应急食品的军队，以证明其功效。为了让巧克力能够在社会较低阶层中流行起来，史宾利–阿曼建议应在烹饪课上向家庭主妇展示如何制备巧克力。

在昆拉德·约翰内斯·范·豪滕发明可可脂压榨机后，其他公司也开始尝试研发类似的机器。在德国，德累斯顿的莱曼公司（Firma Lehmann）的成就尤为引人注目。该公司在几十年内就成了德国巧克力行业中最为重要的机器研发和生产商之一。1834年，约翰·莱曼（Johann Lehmann）创建了这家公司，当时可可脂压榨机的发明只过去了数年。尽管没有接受过任何理论培训，但莱曼还是成功地设计出了许多种用于巧克力生产的重要机器。他和儿子路易斯·伯恩哈特·莱曼（Louis Bernhard Lehmann）孜孜不倦地研发新技术，从而简化巧克力的生产工序或提高巧克力的生产效率。早在1840年，莱曼就研发出了第一台用于混合并粉碎巧克力原料的混炼机，其可以显著提高巧克力产品的质量。1850年，他终于成功制造出了自己的液压可可脂压榨机。后来，莱曼又投入了被用于研磨巧克力液块的钢辊的研发。正如第5章中所述，滚压可以使巧克力变得更加细腻、润滑。所以，尽可能精细地滚压巧克力液块在巧克力生产中非常重要。花岗岩辊（见图91）直到20世纪初仍很常见，其多孔的表面导致机体升温速度较快，因而限制了滚压时的转速。研发钢辊可以解决这一问题，尽管钢也会变热，但其内部可以装置水冷设备。[28]

除可可脂压榨机外，法兰西工程师多普莱（Daupley）在1846年设计的"整体式注塑模具（Eintafelanlage）"是巧克力生产领域的又一重要发明。在此之前，人们享用巧克力的主要方式是饮用，直接食用的固体巧克力非常少见。究其根本，要做出形状和重量完全相同的固体巧克力非常麻烦。现在多亏了多普莱的机器，人们终于可以生产出尺寸和重量均一的巧克力排块了。然而，第一批巧克力排块并没有受到人们的欢迎。它们太硬，而且味道很苦。要生产出真正可以食用的巧克力排块，必须针对液块混合物的制备过程作一些改变。经过多次尝试，英国的弗莱父子公司（J. S. Fry & Sons）终于成功研发出一种适合在整体式注塑模具中加工的巧克力浆，而且其硬度和苦味都远低于常见的固体巧克力。

弗莱父子公司由医生约瑟夫·弗莱于18世纪中叶在布里斯托尔创立。起初，他建立了一家小型巧克力工厂。他的儿子约瑟夫·斯托尔斯·弗莱（Joseph Storrs Fry，1767~1835）在1789年为工厂购入了第一台蒸汽巧克力机。有了这种机器，耗费体力且流程繁琐的可可研磨工作骤然被简化，加工可可豆的效率也大大提升了。1847年，公司创始人的孙子弗朗西斯·弗莱（Francis Fry，1803~1886）成功生产出世界上第一块真正可食用的固体巧克力。为了制成这种巧克力，他将范·豪滕生产的可可粉与糖和

第 10 章 大众消费品巧克力　337

图 91

施托尔韦克设计的五辊精磨机,通过它可以更为精细地研磨巧克力。图中的机器是 1883 年的版本,其使用的仍是花岗岩制造的辊;后来的改良版则采用了内置水冷设备的钢辊。

液态可可脂混合,形成一种较稀的糊状物。这种糊状物可被轻松地倒入模具中。两年后,这种巧克力排块被推向伯明翰市场。于是,弗莱父子公司成功将两项重要发明,即可可脂压榨机和整体式注塑模具结合到了一起。到了"维多利亚时代(Viktorianisches Zeitalter)"[1]末期,该公司已成为世界上最大的巧克力制造商。获得这一地位主要是缘于弗莱父子公司被英国王家海军指定为专用巧克力和可可供应商。

最初,巧克力生产和制备的进一步发展主要发生在尼德兰和英国。但从这时开始,一切重要的发明都在瑞士研发完成并付诸实施。19世纪下半叶,重要的巧克力产业开始在瑞士出现。1819年,弗朗索瓦-路易·卡耶(François-Louis Cailler,1796~1852)在日内瓦湖开设了瑞士的第一家巧克力工厂,从而奠定了该国可可及巧克力行业的基础。接着,许多巧克力公司接踵而至,这些公司的创始人都具备一个共同的特点,即对创新充满热情。

弗朗索瓦-路易·卡耶的凯雅巧克力工厂(Maison Cailler)建立后不久,菲利普·祖哈德就在1825年建立了另一家瑞士巧克力公司。菲利普·祖哈德无疑是巧克力行业早期人物中非常有趣的一位。他出生在一个叫作"布德里(Boudry)"的小镇。他的父母在小镇经营布料生意,但一场火灾烧毁了他们的布料仓库,他们只能放弃了这桩买卖。但他们很快便接手了小镇的旅社,还在旅社附近耕作了一小块农田。其间,他们百折不挠的毅力或许对

---

[1] 指英国从1830年代至1900年代的历史时期,代表着英国第一次工业革命后的工业大发展时代与大英帝国的极盛时期。英国在此期间凭借自身强大的海军实力与领先世界的工业水平主导了国际贸易,随之而来的长期和平与繁荣发展更让其成为列强之一,由此成就历史上面积最大的帝国。

他们儿子后来的脱颖而出产生了一定的影响。菲利普·祖哈德对巧克力的兴趣或许与他的家庭环境有关，但这绝非从小培养的。考虑到这个家庭的生活条件有些简陋，巧克力这种奢侈食品对幼年的菲利普·祖哈德来说，大概只能是一个遥不可及的愿望。

据说，菲利普·祖哈德在成年后专注于巧克力制作是因为他少年时的一次特殊经历。当时，她的母亲病了，家庭医生给她开了巧克力以补充能量。约10岁的菲利普·祖哈德为此前往一家离家很远的药房，他在那里被巧克力高昂的价格震惊了。于是，他后来决定自己制作巧克力，他认为这样一定可以很快成为富人。[29] 他先在纳沙泰尔（Neuchâtel）开设了一家糖果店，店里出售他亲自挑选的甜品与亲手精制的巧克力。这家店铺开业大概一年后，菲利普·祖哈德就在附近的塞里埃村（Dorf Serrière）收购了一家面粉厂，随后将其改建为巧克力工厂。祖哈德的企业家生涯开始得很有针对性——他先去参加了糕点师教育课程方面的培训。1824年，他启程前往纽约，想去那里销售瑞士手表和刺绣织品，但进行得并不顺利。不久他便回到了瑞士，再次致力于巧克力制作艺术。

借助配料成分与加工工艺的两项创新，瑞士巧克力在1870年代成为欧洲所有巧克力制造业的标杆。第一项创新要归功于丹尼尔·彼得（Daniel Peter，1836~1919）。1879年，他向市场推出了世界上第一块牛奶巧克力。在这之前，人们进行过许多次失败的尝试。由于牛奶的含水量很高，所以很难与巧克力融合，巧克力的高脂肪含量阻碍了乳浊液的形成。此外，混合了牛奶的巧克力也很容易变质。丹尼尔·彼得最终决定使用炼乳来制作巧克力。他先压榨出可可中的大部分脂肪形成可可液块，然后在其中加入炼乳，再加入糖和可可脂。这就是"牛奶巧克力（chocolat au lait)"的诞生。没过多久,欧洲所有的知名巧克力制造商便纷纷开始效仿这种做法。[30]

但这一模仿的过程实际上需要很多年。例如巧克力工厂瑞士莲史宾利股份公司直到1890年才成功将其第一款牛奶巧克力推向市场。[31] 为实现这一目标,鲁道夫·林特在丹尼尔·彼得推出新巧克力的同年便试验出了巧克力生产中最为重要的加工步骤。这就是精炼——一项可以显著提高巧克力质量的工艺。经过精炼的巧克力会变得更容易融化,也即我们目前食用的巧克力的前身。

在职业生涯之初,鲁道夫·林特先在洛桑(Lausanne)的科勒家族公司(Amédée Kohler & fils)完成了自己的学徒期,随后于1879年在伯尔尼开设了自己的小型巧克力工厂。由于缺乏资金,他的工厂最开始使用的是几台非常过时的机器。或许就是这些机器致使最初的瑞士莲巧克力的质量不符人意,保质期极短,稍微放置就会变成灰色。面对这一状况,鲁道夫·林特不断进行试验,希望能够提高巧克力的质量。为了改善口感,他在巧克力浆中添加了可可脂,从而获得了非常细腻易融的巧克力——这一步骤在当代的巧克力制造工艺中已成为一道常规工序。[32] 此前,由于巧克力浆非常黏稠,只有通过压制才能被灌入模具,而林特的巧克力浆则可被直接倒进模具。

坚持不懈与把握机会:早期的巧克力企业

19世纪上半叶,巧克力大都是在单一家族持有的企业中纯手工制作的。这些企业大多是糖果店,兼售巧克力对它们来说是一种业务拓展。所以,第一批巧克力生产商大都是训练有素的糕点师或面包师,随着时代的变化,他们逐渐专注于巧克力的生产和销售。他们会不断扩大生产规模，并调整生产方式令其适应最新的技术进步。他们大都是不安于现状、敢于冒险的企业家，不仅致力于开拓新的广告思路和销售形式，还同时活跃于生产技术研发领域，有时甚至会亲自制造生产巧克力的机器。

19世纪时，一些小型手工制造企业已发展成为大型工业公司，这一变化加速了巧克力迈向大型工业化生产线的步伐。广告和创新的销售形式在这些公司的发展中起到了关键性作用，具体而言，其包括使用具有广告效果的包装或在巧克力中附赠小礼品，如收集式卡片。1900年前后，许多巧克力制造商都会用这样的方式促进自己产品的销售。此外，创建品牌也能带来巨大的销售成就，比如"妙卡（Milka）"和"萨洛缇（Sarotti）"的商标就是在这一时期确立的。

最早的巧克力公司出现在18世纪的英格兰，但能存续至今的巧克力公司大都是19世纪上半叶于瑞士、法兰西和德意志地区建立的。1819年，弗朗索瓦-路易·卡耶在沃韦（Vevey）附近建立了瑞士的首家巧克力工厂。五年后，"茶与咖啡商店（Tea and Coffee Shops）"在英国开业，吉百利公司的历史由此开启。下面，我们以瑞士的"瑞士莲史宾利"和德国的"施托尔韦克"为例，介绍巧克力公司在19~20世纪的发展历程。这两家公司堪当成立于19世纪的典型代表。

早期成立的巧克力公司

1748年，弗莱父子公司，英国。

1785年，朗特里公司，英国。

1804年，哈雷巧克力工厂，德国。

1817年，希尔德布兰特父子巧克力工厂，德国。

1819年，凯雅巧克力工厂，瑞士。

1821年，威廉费尔舍可可与巧克力公司，德国。

1823年，约尔丹与提迈乌斯公司，德国。

1824年，梅尼耶巧克力公司，法国。

1824年，吉百利公司，英国。

1825年，祖哈德公司，瑞士。

1830年，科勒家族公司，瑞士。

1839年，施托尔韦克公司，德国。

1845年，瑞士莲史宾利公司，瑞士。

1848年，瓦尔德鲍尔兄弟公司，德国。

巧克力工厂瑞士莲史宾利股份公司的历史始于1836年6月15日，戴维·史宾利（David Sprüngli，1776~1862）当时刚刚收购了一家老牌苏黎世糖果店。尽管他已经60岁了，但儿子鲁道夫·史宾利-阿曼可以支持他的事业。如果只能依靠自己，那么他绝不敢冒险创业，毕竟他是负债累累才买下这家糖果店的。[33] 1845年，糖果店的经营早已步入正轨，他们开始生产巧克力——这一决定或许出于鲁道夫·史宾利-阿曼的建议。为此，他购买了一台小型可可豆烘焙机和一台需手工操作的研磨机。由于糖果店空间太小难以支持巧克力制备，鲁道夫·史宾利-阿曼在1847年又购买了一栋建筑，进而将其扩建为一家小型工厂。尽管巧克力业务也带来了不菲的收入，但史宾利家当时的主要收入来源还是糖果店。此时，这两项业务由父子两人分别负责经营，类似的模式稍后也会在施托尔韦克公司（Firma Stollwerck）那里看到。戴维继续经营糖果店，而鲁道夫则负责正在不断发展的巧克力工厂。1892年，史宾利家的第三代继承人鲁道夫·史宾利－希弗利（Rudolf Sprüngli-Schifferli）加入了公司。工厂这时由于空间再次不足，又进行了迁址。于是，鲁道夫·史宾利－希弗利接管了巧克力工厂，他之前接受过糕点师教育课程的培训，并曾在维也纳和巴黎担任过糖果商的助手。接下来，瑞士莲公司的历史将进入一个非常动荡的时期。

为筹集资金支持公司的进一步扩张，鲁道夫·史宾利－希弗利于1898年6月21日成立了一家股份公司。接着，史宾利巧克力股份公司（Chocolat Sprüngli AG）收购了鲁道夫·史宾利－希弗利经营的巧克力工厂，并于同年在基尔希贝格（Kilchberg）动工建造了一座新的巧克力工厂，该厂在1899年投入生产。（见图92）同年，史宾利巧克力股份公司收购了瑞士莲公司（Firma Lindt），并由此获得了"瑞士莲"细融即化巧克力生产的秘密。但鲁道夫·史宾利－希弗利与鲁道夫·林特从一开始就摩擦不断。这一矛盾在1906年终于爆发，导火索是奥古斯特·林特（August Lindt）与瓦尔特·林特（Walter Lindt）建造了新的工厂，生产并出售"瑞士莲"巧克力。基于双方既有合同，这种做法实际上是被禁止的。随后发生了一系列的法律纠纷，双方直到1927年才以和解告终。鲁道夫·林特的后代将他们的巧克力工厂卖给了巧克力工厂瑞士莲史宾利股份公司，并承诺今后不再从事巧克力生产行业。

除瑞士外，德意志也是19世纪新兴的巧克力生产国之一。该世纪中叶，德意志巧克力工业的中心主要位于民主德国（东德），如柏林和德累斯顿，后来才逐渐发展到其他地区。德意志最古老的巧克力公司之一施托尔韦克公司是由糖果商弗朗茨·施托尔韦克于1839年在科隆创立的。施托尔韦克公司的发展史堪称野心勃

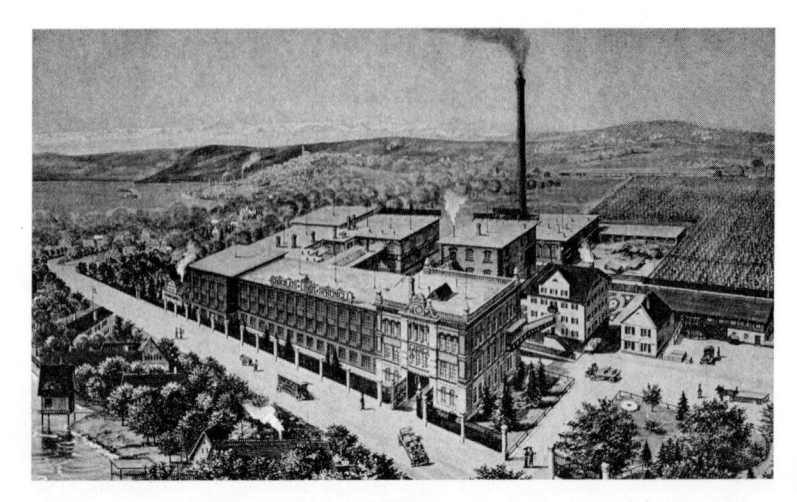

图 92

位于瑞士基尔希贝格的瑞士莲史宾利巧克力工厂,这里从 1899 年开始便在持续不断地生产巧克力。

勃、敢于冒险的企业家获得成功的经典范例,这种企业家个性也是当时新兴巧克力行业的特点之一。尽管弗朗茨·施托尔韦克数次濒临破产,但他还是奠定了 19 世纪末 20 世纪初最大的巧克力公司之一的基础。

弗朗茨·施托尔韦克成立这家公司的过程颇能体现当时的时代精神。他先是接受了成为糕点师的培训,然后踏上了周游德意志南部、瑞士和法兰西的旅程。1839 年,他回到了科隆,不久后就开了一家酥饼店。起初,施托尔韦克在店里售卖德式面包干(Zwieback)、花形酥曲奇(Mürbekranz)和碱水结(Brezel)。几年后,他开始专门从事糖果生意。此时,他的店里多半并不出售巧克力,即便出售也不是主要商品。相反,这一时期的明星产品是他在 1843 年创造的一种与巧克力完全无关的糖果"润肺糖(Brustbonbon)"。即便到了后来,公司已经开始大规模工业化生产巧克力,这种糖果仍是施托尔韦克的重要收入来源之一。润肺糖在当时并不是什么新鲜事物，在这座城市里有润肺糖销售的店家比比皆是。施托尔韦克产品的特别之处在于广告——其投入以当时的标准来看相当惊人——以及一以贯之的销售策略。弗朗茨·施托尔韦克请医生为他的润肺糖撰写了分析报告，然后设计了独具一格的包装和商标，并将火车站作为自己糖果的销售渠道。[34] 这些营销策略在日后也被他用在了巧克力上。正是弗朗茨·施托尔韦克的儿子们——尤其是路德维希·施托尔韦克（Ludwig Stollwerck）——使巧克力成为该公司在1860年代最为重要的产品。1867年，在儿子们的建议下，弗朗茨在科隆市中心开设了一家按当时的标准看现代化的巧克力工厂，进而在媒体上引发了一场热潮。报纸上的一篇文章是这样描述的："从12月开始，弗朗茨·施托尔韦克位于科隆的新工厂就开足了马力，蒸汽巧克力、巧克力排块、波波糖巧克力、糖衣巧克力，还有各种甜品源源不断地涌入他的新仓库，这种滔滔之势前所未有！从清晨到傍晚，九个展示橱窗被人们围得水泄不通！这座宫殿般的建筑的一层被分成三个部分，分别为产品陈列室、巨型仓库和机械化生产车间。在这里，人们有机会目睹糖果从原材料变成消费者手中成品的全过程。工作人员进进出出，制作、称重、包装、装箱、检货和运输全都展现在我们面前。这其中最为有趣的恐怕要属壮观的生产车间了！一台被设计得优雅的10马力蒸汽机驱动着六台巧克力机，其中有两台的尺寸巨大，格外引人注目；它们每天都会在路人的注视下生产约3000磅巧克力。这些巧克力在半地下的车间中被塑成排块，然后被送到宽阔的展示室中，由一些女孩小心翼翼地用锡纸包裹起来。主建筑后面是波波糖车间和甜食车间，这里除了各种必不可少的机器，还有240名员工在忙碌，他们每天都会生产9000~10000包远近驰名的润肺糖。弗朗茨·施托尔韦克的公司之所以能实现如此规模的扩张，完全应归功于其产品的优越性与实用性。由于其完美的选料与精心的加工，该品牌巧克力被认为是关税同盟地区①最好的巧克力！很快便会完全取代德意志土地上的法兰西产品。"[35]

从这篇报道中，我们可以清晰地看出作者面对技术进步展现的高昂情绪；这种高昂我们在施托尔韦克家族身上也不难找到。弗朗茨的一个儿子海因里希·施托尔韦克（Heinrich Stollwerck）负责管理巧克力工厂的机械设备。在他的主导下，施托尔韦克公司后来建立了自己的设备工厂，专门设计和制造巧克力机器。（见图93）1890年时，约有90名员工在设备工厂里工作，他们生产的机器既为公司所用，也会被出口到国外。施托尔韦克家族要建立属于自己的设备工厂的原因是大型机械制造商生产特殊机械的能力不足，其产品难以完全符合巧克力制造商的设想。巧克力公司一旦建厂生产机器，便可以结合巧克力生产的实际经验，根据工厂的特殊需求量身定制专属的巧克力生产设备。[36] 正是因为具备了这样的能力，施托尔韦克公司才能在很长的一段时期内领先于其他巧克力公司。

19世纪下半叶，施托尔韦克公司崛起成为当时世界上最大的

---

① 指"德意志关税同盟（Deutscher Zollverein）"，系历史上首次独立的国家与国家间在没有任何政治联合与统一的情况下组成的经济联盟。其最初由38个德意志邦联的邦国于1833年组成。随着时间的推移，几乎整个邦联的成员都加入了同盟，其疆域已与日后的德意志帝国相差无几。由此，普鲁士主导的"小德意志方案"成功将奥地利排除在外。1871年德意志帝国成立后，其功用被帝国经济体系所取代，并于1919年《凡尔赛和约》后彻底终结。

图 93
1890 年前后的巧克力生产设备车间。

巧克力生产商之一。(见图 94)这一成功主要得益于崭新的广告手段和始终如一的营销策略,该策略的后盾则是其产品的优秀质量和出众纯度。施托尔韦克公司针对这两点制定了自己的标准,而且其标准是众多国内和国际竞争对手的产品显然难以企及的。本章稍后会分别探讨这两点问题。

19 世纪的最后三十年,可可豆高额的进口关税对德国巧克力工业造成了严重的打击。由于政府针对半成品和成品巧克力征收的关税仅比针对可可豆征收的略高少许,这就等同于一封邀请外国公司进入德国的正式邀请函。由于原料和成品间的税额差异较小,这些公司将巧克力输入德国而非在德国本土进行生产反而更加有利可图。上述事实是导致德国巧克力制造商协会(Verband deutscher Schokoladenfabrikanten)成立的两大原因之一。由于关

图 94

1896年，施托尔韦克公司的雇工。到了1900年，这家位于科隆的公司已发展成为引领全球巧克力行业的公司之一。

税负担过重，施托尔韦克公司在19世纪末开始认真考虑将工厂迁往尼德兰。德国巧克力制造商因高昂的关税感到自己在竞争中处于不利地位。于是，协会想方设法尝试降低税率或至少谋求一部分退税，但这种努力收效甚微。当时，关税成了左右德国巧克力行业发展的一个重要因素，而欧洲其他国家低得多的税率令这一影响变本加厉。如果您仔细查看这场发生于百多年前的争论，您会感到历史正在当下重演，我们现在也在进行着与当时雷同的争论。

巧克力行业努力了数十年，终于达成了一项退税政策：如果相关公司能够证明使用该批次可可豆制造的巧克力已经出口，那么已征收的关税就可以退还。为了成功退税，巧克力公司必须满足种种条件，提出诸多证明并付出巨大的努力。

根据规定，施托尔韦克公司被迫将其工厂的一部分指定为出口产品车间。为了确保巧克力不会被非法运离，这里的窗户和墙壁开口处都用铁丝网予以封闭。此外，车间的大门必须有人看守，于是，他们专门建造了一间由两名保安人员驻守的保安室。生产的最终工序必须在三名税务官的监督下完成，而监督工作产生的相关费用则需由施托尔韦克公司支付。这还远远不够。各种行政法规使生产过程变得非常复杂。比如，如果需要运送朗姆酒，则必须先将酒从桶中分装进瓶子，每个瓶子都配有一个密封件。如果生产活动需要用到朗姆酒，则必须提前一天申请，然后由税务官将瓶子打开并亲自交给设备的负责人。

可想而知，巧克力行业还将继续与税收及这些繁复的程序作斗争。直到1892年，进口关税退税的相关手续才得到了较为明显的简化。而此时施托尔韦克早就找到了另一种解决方案——在国外建立分厂。

车间中的女性：为巧克力付出的劳动

19世纪时，女性工人所处的环境普遍较为恶劣。总体而言，劳动者与劳动者间的收入水平与生活水平存在显著差异。除了行业区别造成的差异，工作岗位与工作地区的不同也会造成巨大的差异。工业技术人员的工资是非技术人员的2~3倍。平均而言，女性的工资不到男性的三分之二。由于收入较低，而当时生活必需品的价格又较高，大多数工人的生活水平处于很低的水平。他们家庭收入的三分之二都必须用来购买保障基本生存的食品，其余则用于支付住房、取暖、衣物及其他费用。除收入普遍较低以外，工作环境不安全、休息时间过短——甚至完全没有——以及连续工作时间过长都是导致他们巨大身心压力的直接因素。

工人和资本家间的紧张关系一再被公司和某些撰写公司历史的人浪漫化，巧克力工厂瑞士莲史宾利股份公司史的文本非常明确地表现了这一点："值得一提的是，鲁道夫·史宾利-希弗利与他的工人保持着良好的关系。他以慈父般的友善关照他们，并开启了史宾利家族的一项崇高传统——始终在改善工作条件和设计福利设施方面保持进步。在工会还在为实现带薪休假向其他企业施压之时，他早就将这一制度引入了自己的企业。他认为雇主与雇员间的关系应当如同家长与孩子的关系一样，他通过为雇员提供帮助的方式充分践行了这一理念。即使有人不认识这位矮小而憔悴，但总是带着慈祥的目光与人交谈的男人，只要此人与他稍稍接触，便会马上相信这确实是那位支付工资给数百名工人，并通过产品与全世界紧密相连的工厂负责人。"[37] 人们稍微想一想就会知道，这副场景并不一定是真的。

在形形色色的工业生产中，巧克力行业中的体力劳动较少。因此，很多早期的巧克力公司偏好雇佣年轻的女性甚至女孩，当时工厂的大部分劳动者都是女性。工厂主认为女性更加手巧，也更爱干净，而这些对巧克力这种精细的产品至关重要。历史学家布鲁诺·库斯克（Bruno Kuske）的一份报告明确表达了这种观点，这是1939年的一份出版物，其主题是纪念施托尔韦克公司建立100周年："鉴于其产品的敏感性，该公司对女性员工进行了非常特殊的教育，使她们在个人卫生习惯方面表现得极为清洁有序。他们坚持通过女性员工的良好形象给外界留下最好的印象。他们为女性员工提供了白色的制服，还为此购买了数千条围裙和数千顶帽子。为了使商品的质量达到标准，这些女员工必须非常精心而缜密地工作，此外，她们还非常习惯于守时和守序。"[38]

由此可见，公司雇佣女性不仅因为清洁和精细是巧克力行业的核心价值所在，还因为雇主将雇佣视为一种社会使命。很多人相信，或至少声称相信，雇佣已婚女性可以改善工人阶层家庭的生活条件。1900年前后，科隆施托尔韦克巧克力工厂三分之二的劳动者都是女性，其中大多数的年龄只有14~15岁。尽管她们的家庭会从中受益，但她们在工厂进行的工作还是受到了许多人的批评。1902年的一篇报纸文章谈到了这些"施托尔韦克女孩"："这些可怜的存在失去了体面……由于在外工作，她们失去了家庭归属感，宁可在大街上闲逛也不愿意在家做事情……她们什么都不会，既不会裁缝和编织，也不会补衣和刺绣，更不会洗衣和熨烫……一位体面的全职家庭主妇可以令自己和孩子的穿着一直保持端庄，但这些女孩一半的时间都已被外面的事情占用……她不会做饭……她有义务为疲惫的丈夫准备一个舒适的家……她做不到这一点……如果一位丈夫为此感到不满，谁又能责怪他呢？……他会到外面去……去那些小酒吧。"[39]这篇1902年的文章展现了与雇主的"社会使命"完全相反的态度，作者认为已婚女性不应待在工厂，而是应致力于为丈夫营造一个舒适的家。

由于巧克力行业中的女性没有接受过专业训练，她们的收入较专业人士要明显低得多。公司里训练有素的糕点师的时薪为约

25芬尼（Pfennig）[①]，而她们的时薪只有约10芬尼。但二者的工作时长是一样的，1874年的周工作总时长为84小时。他们的工作时间为周一至周六的早6点至晚8点，中间午休1小时；周日则要从上午6点工作至中午12点。在接下来的几十年中，周工作时长慢慢减少，直至1910年的60小时。女工们必须为公司工作多年才能获得一定的福利待遇。例如从1900年开始，她们在工作1~2年后，每年可享受一周的带薪暑假，其间公司会半额发放工资；只有在坚持工作25年后，她们才能享受到每年两周的暑假，并在休假中获得全额的工资。就此我们可以发现，巧克力行业当时的社会福利涵盖范围仍很狭窄，并且其通常会与工作绩效和服务年限挂钩。与其他行业一样，许多巧克力公司在19世纪末都设置了各种福利设施，如餐厅、图书馆和浴室。1900年前后，施托尔韦克公司还为员工提供了各种烹饪和家政课程；1930年，该公司甚至还开设了幼儿园，在工作时间为员工提供子女寄托服务。

从保健巧克力到学生巧克力：新颖的产品类型

19世纪下半叶，巧克力产品的供应量稳步增加。所有主要巧克力制造商都研发出了种类繁多的可可与巧克力，这些产品大

[①] 系德意志地区的古老货币单位，从9世纪一直使用到2002年初德国以欧元为法定货币才离开历史舞台。其在不同时期的不同货币体系下具有不同的地位。如1559年神圣罗马帝国铸造了银币克雷策（Kreuzer）后，1金古尔登（Goldgulden）等于1金格罗申。后来，由于金价上涨太快及纯度问题，古尔登与格罗申之间不再等值兑换，1金古尔登等于20银格罗申等于60克雷策等于240芬尼。而自1873年德意志帝国发行马克（Mark）起，1马克等于100芬尼。

致可被分为四类。类似的分类方式在19世纪中叶法兰西王家科学院医学部的医学参考书中也可以找到。第一类是基本产品，指由可可固形物和糖组成的"纯巧克力（einfache Schokolade）"，其被认为难以消化因而不适合老人和病人；第二类是添加了香草、肉桂或龙涎香的"增味巧克力（aromatisierte Schokolade）"，其被描述为具有帮助消化的作用，而且味道更好、香气更浓；第三类是添加西米等淀粉类物质以期达到补充体力效果的"淀粉质巧克力（stärkehaltige Schokolade）"，其同样由各巧克力制造商生产；第四类是含有药用成分或药物的"医药巧克力（medizinisch-pharmazeutische Schokolade）"，其通常会在药店中出售。

在医药巧克力的生产过程中，药剂师和巧克力制造商的工作内容差不多，他们会像后者一样将糖熬至沸腾。于是，争论爆发了，因为药剂师声称自己拥有制造医药类产品的特权。弗朗茨·施托尔韦克就曾与科隆市内的多位药剂师产生过龃龉。1846年，法院作出一项判决，允许糖果商和巧克力制造商生产家庭保健巧克力，但禁止他们生产医疗药品。

不过，医药巧克力还是值得我们作进一步探讨。巧克力传入欧洲之初，人们曾针对其药用效果进行过长时间的讨论，但这个问题在19世纪的研究中已不常见。然而，巧克力——尤其是与淀粉类物质混合的巧克力——仍被看作一种体力补充剂。此外，19世纪出现了"保健巧克力（Sanitätsschokolade）"，人们在其中添加特殊的有效成分以对抗身体疾病或营养不良。科隆的施托尔韦克公司在19世纪下半叶生产了大量的保健巧克力（见图95），例如对抗贫血或缺铁性贫血的"含铁巧克力（Eisenschokolade）"、对抗肺结核的"竹芋巧克力（Pfeilwurzschokolade）"、对抗蠕虫感染

图 95
19 世纪末的多种保健巧克力及橡子可可。

的"山道年巧克力（Santoninschokolade）"[①]，以及作为体力补充剂的"兰茎粉巧克力（Salepschokolade）"[②]。

并不是所有同时代之人都欢迎这些品类纷繁的保健巧克力，质疑它们的声音同样也有很多。1860 年，一位不知名的记者在一份法国报纸上写道："谁能想到竟然可以有这么多种类的巧克

---

① 山道年系一种从菊科植物蛔蒿中提取的酮内酯类化学物质，在欧洲经常被用作驱蛔虫药物的有效成分。以我国为例，在 1950 年代至 1980 年代也曾出现过一种名为"宝塔糖"的山道年蛔虫药。

② 兰茎粉系一种用"红门兰属（Orchis）"植物块茎制作的粉末，其富含葡甘露聚糖这种黏性很高的多糖，常被土耳其及前奥斯曼帝国地区用于饮料和甜品中。在咖啡和茶于欧洲广泛传播前，饮用兰茎粉的习惯曾传至德国乃至英伦。

力?这真是一个笑话。什么东西都会被添入巧克力。很多药物多少有些难以入口,这种骗局哄骗的就是那些不愿吞下这类药物的人。他们试图使人相信:巧克力可以成为一切药物的基底。每天都有新型的巧克力被推上市场:混入木薯粉的、混入地衣的、混入硫酸奎宁的,还有混入竹芋粉的。一些制造商更加聪明,甚至提供了一种混入铁的所谓'月经调节巧克力(Emmenagogum-Schokolade)'。这样下去要不了多久,所有的药物都会被做成巧克力,每种疾病的患者都会拥有自己的巧克力!"[40]

1900年前后,大型巧克力公司通常会给自己的客户送上种类繁多以至数不胜数的产品。(见图96)一家公司的产品通常会达到数百种,除了普通的可可和巧克力,还有与之相关的衍生产品。比如施托尔韦克到了19世纪末,除了销售可可与巧克力外,还售卖焦糖波旁糖、各种口味的水果波旁糖、各种糖衣坚果、英式饼干、维也纳华夫饼、波旁香草[①]、中国茶、扁桃仁、各种甜品和英式水果糖。

许多公司都会出售散装可可豆或可可粉,还有条状或块状的巧克力。通常,一家公司会将自己生产的巧克力按品质分级。1886年,施托尔韦克公司生产的巧克力就依质量分为八级:最优(Vorzüglichst)、极精(Extrafein)、超精(Superfein)、精制(Fein)、良好(Recht Gut)、次精(Fein Mittel)、尚可 – 带西米(Gut mit Sago)以及尚可 – 无西米(Gut ohne Sago)。此外,保健巧克力系列下产品众多,包括竹芋、浓缩肉精、瓜拉纳、冰岛地

---

① "Bourbon-Vanille"也称"马达加斯加香草",主要产地位于今留尼汪岛(Insel La Réunion)。相较于普通香草,其具有浓郁、甜美且平衡的特点。

图 96

施托尔韦克公司于 1900 年前后生产的供直接食用的巧克力。大型巧克力公司的产品系列中经常会有数百种不同的巧克力产品。

衣、豆类、蛋白胨[①]和大米巧克力等。

巧克力的销售经常会指向特定目标人群或特定场合。因此,火车站巧克力、早餐巧克力、口袋巧克力、剧院巧克力、儿童巧克力和学生巧克力等种种类别也随之应运而生。它们的包装上经常会题有一些充满道德感的箴言,比如"努力与专注(Für Fleiß

---

① 蛋白胨"(Pepton)"系一种有机化合物,是蛋白质经胃蛋白酶或其他酶水解而得到的胨和氨基酸类的混合物,多被作为微生物培养基的主要原料。其经过干燥可制成淡黄色的粉剂,具有肉香的特殊气味。

图 97
19世纪末史宾利巧克力工厂的装饰华丽的小木匣。

und Aufmerksamkeit)"或"先工作,再玩耍(Erst die Arbeit, dann das Spiel)"等。

直到1870年代,巧克力产品的包装一直以法式包装为蓝本,并且往往在很大程度上带有"洛可可风格(Rokoko)"[①]的特征,某些特别精美的包装材料甚至会从法国进口。巧克力会被装进小木匣(见图97)、长匣、罐子、糖果盒、收藏盒和小袋子中出售,而这些精美的容器大都会被重复使用,例如被用作珠宝盒。除了木材、纸张和马口铁以外,玻璃、植物编织料、丝绒、丝绸以及

---

① 系起源于18世纪法兰西宫廷的继巴洛克风格之后风靡欧洲的艺术风格。这种风格发端于室内装饰领域,后逐渐扩展到绘画、建筑、音乐和文学等领域。其一改古典主义庄严、宏大、严肃的审美情趣,利用不对称性、曲线、雕刻和视觉陷阱等手法,力图在静态中创造一种运动感,从而在整体上塑造一种温馨、可爱、柔和且平易的美感。

后来的锡箔都曾被用来制作巧克力包装。各种巧克力产品在店里会被分门别类地置入高高的玻璃罐、展示盒或展示柜中，等待潜在的消费者驻足。

在巧克力的广告和包装上，经常会出现与其原材料种植地相关的信息。除了最为常见的收获场景（见图98）外，大象和东方人也在很早就被使用过。后来，最为著名的广告标志之一是"萨洛缇摩尔人（Sarotti-Mohr）"[①]，它们于1918年开始出现在萨洛缇公司产品的包装上。1868年，糖果商胡戈·霍夫曼（Hugo Hoffmann，1844~1911）在柏林摩尔大街10号（Mohrenstrasse 10）开设了一家生产"精致帕林内、夹心软糖和水果派"的手工糖果公司，这一商标由此而生。在该公司成立50周年之际，柏林的一家广告公司受邀为其设计了一款商标：三个持托盘的"摩尔人"。该商标使用时间之长令人惊讶，但最后还是不得不让位于时尚潮流和政治情绪。目前，所有看到萨洛缇巧克力排块的人都会发现，从前的萨洛缇摩尔人摇身一变成了一个拥有金色面庞的被称为"感官魔法师（Magier der Sinne）"的形象。同时，他也扔掉了自己的托盘，捧起了掉落的星星。

到了19世纪末，巧克力包装中常被放入一些附赠品。例

[①] "摩尔人（Mohr）"指中世纪时入侵欧洲伊比利亚半岛及西西里岛等地的穆斯林，基本上由阿拉伯人和柏柏尔人组成。其在欧洲的历史语境中一般略带贬义，比如16世纪葡萄牙殖民印度时就曾将斯里兰卡人和果阿人称为"锡兰摩尔人"和"印度摩尔人"。因此，摩尔人已被泛化为一切深肤色人种的代称。自1960年代起，人们意识到这一称谓带有种族歧视的色彩，所以从那时起其基本上已被弃用。萨洛缇品牌的持有者也在2004年将这一商标形象改称"萨洛缇感官魔法师"。

第 10 章　大众消费品巧克力　359

图 98
1900 年前后的马口铁巧克力罐。

如在"附图巧克力（Photographie-Chocolade）"中，顾客可以找到关于各种社会流行话题的图片，既可能是名人，也可能是重要的社会事件，还可能是著名的艺术画作。而"大笔记本巧克力（Grosse Notizen-Chocolade）"中则附有"石板笔记本和专用笔"。

严格的纯度与质量要求：与掺兑者的战斗

巧克力生产的工业化与人们饮食方式的深刻改变存在密不可分的关系。19世纪上半叶，人们获取食物的方式仍局限于自耕或在本地市集采购。这些获取方式受季节变化的影响极大且需要不断与各种问题进行斗争——例如食品的存放期。直到19世纪中叶，粮食生产的工业化才改变了这种状况，确保稳定的粮食供应首次成为可能。

自给的食品工业的建立是18世纪末欧洲发生的一系列变革的结果。尤其是工厂工作模式的出现，其严格的工作时间规定致使人们没有时间自行生产和制备食物。此外，人口暴涨和城市化进程加快也挤压了私人园圃和小规模牲畜养殖业的空间。而与食品工业发展并行的是营养学研究范畴的扩展和崭新食品加工技术的研发。大众——尤其是劳动力——的营养已然成为科学研究者讨论的主题。这最终使人们注意到了食品掺兑和食品中有害成分的问题。

在巧克力行业，这些问题受到了格外重视。其原因在于巧克力是一种相对昂贵的产品，所以遭到掺兑的可能性特别大。19世纪时，人们对巧克力需求的不断增长以及各种原材料高居不下的价格进一步增大了这种可能性，因为原材料以次充好或添加廉价替代品等做法变得非常有利可图。况且对于巧克力制造商来说，其针对产品的掺兑行为并没有什么实际的风险，因为这些产品对大众可谓充满未知的成分,人们很难因某一具体成分去责难特定的制造商。尽管如此,或者说正因如此,19世纪下半叶才有许许多多指向该问题的出版物问世,其中既有学术著作,也有一般性的流行指南。

在英国,人们很早就意识到了巧克力的掺兑问题。1850年,英伦成立了一个食品分析委员会,该委员会的职责之一就是监管各种类型的巧克力。调查分析的结果相当符合预期。为了减少昂贵的可可含量,许多巧克力制造商都在自己的巧克力产品中添加了各种非法成分。最常见的是砖块的粉末和淀粉。英国吉百利公司的巧克力也引起了质疑,但其马上就发起了反击。该公司声称其生产的巧克力百分之百纯正,毫无掺兑,并建议所有的巧克力都应在包装上标明所含成分的百分比。[41]

在19世纪下半叶的德意志,巧克力掺兑的现象不但很普遍,而且广为人知。1868年,家务指南《女性世界的商品知识》(*Waarenkunde für die Frauenwelt*)列出了巧克力中惯例会被掺入的各种难以接受的成分:"不幸的是,在可可液块中掺兑的现象屡见不鲜,目前已知的添加物有烧焦的黑麦粉或小麦粉、山毛榉坚果粉和豌豆粉,还有用来替代可可脂的羊油。而巧克力中则会被加入小麦粉、土豆粉、米粉、黑麦粉、燕麦粉及玉米粉等谷物粉;还有兰茎粉、菊苣粉、压缩饼干、麸皮粉、烤榛子或烤扁桃仁、橡子咖啡、栗子粉、大豆粉、兵豆粉和豌豆粉;抑或是白垩粉、红石粉、红砖粉、赭石粉、铅丹粉、硫酸盐石灰(石膏)、朱砂,甚至是土和锯末。"[42]然后,这篇文章针对这些普遍行为发出了严厉的警告:"事实上,检查所有的食物——不管是吃的还是喝的——是否有掺兑的现象,应该被警察视为一项主要任务。希望所有读者能预先警惕所有廉价的可可制品——特别是便宜的巧克力！"[43]

德国的一些巧克力制造商模仿吉百利公司，试图因应公众对巧克力的质疑采取行动，宣传其产品的纯度和质量。位于科隆的施托尔韦克巧克力工厂在这方面的措施相当令人瞩目。该公司早在1869年就自愿接受"卫生警察（Sanitätspolizei）"①的定期检查，并公开检查结果。一份1869年9月1日的报纸上的广告写道："本负责人特此宣布，位于科隆的施托尔韦克父子巧克力工厂（Chocoladenfabrik von Franz Stollwerck & Söhne）保证其产品的纯度，并自愿将生产活动置于卫生警察的监督之下。卫生警察将针对工厂所用的原材料、配料以及产出的成品进行分析，以保证消费者获得纯粹的巧克力，即只含有可可和糖的巧克力。"[44]我们据此可以看出，施托尔韦克从很早便认识到强调纯度与质量的营销策略能够使公司在竞争中取得优势。这使得该公司随后从众多巧克力公司中脱颖而出，尽管这些竞争对手的生产活动成本更低，但持续提供经过掺兑的巧克力产品则令它们难以获得更好的市场信誉。

尽管个别公司选择接受政府的监管，但巧克力的掺兑现象在市场上并未得到太大改变。被掺兑的不仅是巧克力，因为没有约束性法规，其他食品也出现了类似的现象。因此，虽然又过去了十年，但巧克力和香肠仍被人们认为是掺兑最为严重的两种食品。1878年，应对食品掺兑总会（Allgemeiner Verein zur Verfälschung von Lebensmitteln）试图引起人们对这一问题的关注，于是出版了《快乐的掺兑者歌集》（*Liederbuch für fröhliche Fälscher*），其中写道：

---

① 系指代城市和公共卫生的行政机构的称谓，起源于19世纪欧洲卫生改革时期，主要职责包括预防传染病、维护城市卫生环境，以及监督食品、饮用水和医疗服务等。

看看香肠和巧克力

没有什么太糟糕,

不过是垃圾、沙土和污泥,

吃起来都一样。

仔细看看巧克力,里面还有

烤好的谷粉

和豆粉;哦!赭石、黏土

还有葡萄籽、

可可壳,再为您献上

真正的栗子、

山毛榉坚果、橡子;别生气,还有一些小玩笑

只是一点砖粉和羊脂。[45]

上述例子说明,公众对食品掺兑现象的抵制最晚从1870年代即已开始。事实上,这种抵制在这一时期就达到了顶峰。相关协会相继成立,并呼吁更为严格的立法和更加有效的监管。各种旨在讨论该主题的会议和讲座不断召开。此外,还有许多揭露食品造假手段的出版物,其除了介绍相关知识还会提供建议,以教导消费者如何甄别购买入手的巧克力实物是否符合其产品的信息说明。但这些甄别方式似乎有些过于繁琐,尚不清楚读者们是否真的会去践行手册的建议。比如,如果巧克力中含有白垩土等矿物添加物,其就会在如下测试中无所遁形:"将一块巧克力置于洗净的锡勺中,再放在点燃的酒精上缓慢而温和地加热。这时我们的嗅觉和味觉已经可以告诉我们许多信息了。然后我们将样品烧成灰烬,如果剩余部分的重量超过原重量的十分之一,那么就说明巧克力中被掺兑了矿物质。这时再滴上几滴醋或其他酸性溶液,

只要灰烬中冒起了气泡，就说明其中含有白垩土或其他含有碳酸的泥土成分。"[46] 然而，建议全部购买者都去检验巧克力的纯度显然并不能真正解决问题。相反，由于1870年代初不乐观的经济形势以及随后可可价格的上涨，市场中巧克力产品的质量每况愈下。

但公众的讨论最终还是改变了许多巧克力制造商的思路，于是，1877年1月德国巧克力制造商协会成立。但德国的46家巧克力公司并没有全部加入，出席在法兰克福举行的协会成立大会的公司只有24家，这其中包括施普伦格尔巧克力工厂（Sprengel Schocoladenfabrik）、瓦尔德鲍尔兄弟（Gebr. Waldbaur）、哈特维希与福格尔（Hartwig & Vogel）等大公司。[47] 截至第一次世界大战开战前，德国巧克力行业八成的企业都加入了协会。协会甫一成立，便开始研究解决巧克力纯度的问题，其最重要的措施之一就是引入了纯度标识。该标识盖有"帝国鹰（Reichsadler）"①徽记，并镌有协会名称与铭刻："承诺仅含可可与糖（Garantiert rein Kakao und Zucker）"。采用纯度标识的制造商必须遵守某些既定标准，否则就会受到惩罚。如果三次违反规定，相关制造商

---

① 系德意志之地上历代常用的象征性徽记。据传其形象起源于古罗马时期，后于公元800年被查理大帝（Karl der Große）用作军旗标志。1433年，卢森堡的西吉斯蒙德（Sigismund von Luxemburg）加冕神圣罗马帝国皇帝，正式将黑色双头鹰确立为神罗皇帝的象征，即"Reichsadler"一词的由来。此后，"单头鹰"代表尚未加冕称帝的"罗马人的国王"，"双头鹰"代表已受教宗加冕的"神圣罗马帝国皇帝"。后来，德意志帝国、魏玛共和国等德意志统一国家均采用帝国鹰作为国徽。纳粹德国则使用将卐字符与鹰结合的"党之鹰（Parteiadler）"徽记。1950年，联邦德国（西德）总统颁布法令，重新采用魏玛共和国版本的"联邦鹰（Bundesadler）"作为国家的象征。

就会被逐出协会。"纯度标识（Reinheitsmarke）"与"质量合格标志（Gütesiegel）"的含义经过报纸长篇累牍地大肆宣传，最终家喻户晓。

享乐的诱惑：广告与销售的新路

19世纪上半叶，可可与巧克力产品的广告宣传基本依赖报纸。这类广告通常都是长篇大论，风格繁琐而冗长，基本不会使用任何图片，即使偶有使用也是黑白图片。就早期的巧克力制造商而言，其广告的主旨是宣传产品的工艺与纯度，此外就是展示其宫廷供应商的头衔或在世界博览会和贸易博览会上获得的奖项。

比如施托尔韦克公司在其年度商品价目表中始终都会标明自己的宫廷供应商头衔和截至当时所获得的所有奖项。他们在1888年的商品价目表中指出："我们的产品在德国几乎所有城市出售……未上市产品与售罄产品将由地方经销商以海报招贴的方式公布；对于那些未能设立本品牌经销商的地区，我们愿意直接送货。我们的工厂只采用健康且质量最佳的原材料，并针对产品的纯度与卫生状况制定了严格的要求。我们有自己的化学实验室以监控所有的材料与包装。我曾获得34项荣誉证书、金奖、银奖或铜奖，并持有为大多数欧洲统治诸侯供应产品的专利。这些尊贵的大人都认可了本品牌产品的质量。"[48]

在1889年的商品价目表中，施托尔韦克公司提到了26个宫廷供货商头衔，其中就包括德意志帝国皇帝威廉二世（Wilhelm II）、奥地利皇帝兼匈牙利国王弗朗茨·约瑟夫一世（Franz Josef I）、奥斯曼帝国苏丹阿卜杜勒-哈米德二世（Abdülhamid II）、意大利国王翁贝托一世（Umberto I）以及英国王储。此外，还提到了该公司在各类展览会和交易会上获得的44枚奖章。

参加贸易博览会等展览的经历总会被制造商一再提及，并且很容易得到媒体的报道。一篇有关1881年在法兰克福举办的博览会的报纸文章就写道："如果您从位于前厅上方的开放式画廊向下看，很快就会发现从前厅中心辐射而出的大大小小的通路。在会场的整体布局所带来的震撼消散后，一些雄伟的展品首先吸引了我们的注意力。位于第二条通路最左边的就是施托尔韦克的凯旋门，那是一座微缩的勃兰登堡门。尽管是微缩的，但它仍然非常大，大到足以通过行人和骑士——如果有必要的话，连汽车都能通过。其铭刻骄傲地宣称，此门'完全由巧克力模仿花岗岩制成'。但鉴于其自称的建筑材料是如此的新颖奇特，包括记者在内的很多人都对此有所怀疑。但7月的阳光是最好的证人。会场穹顶下异常的炎热融化了凯旋门顶部的装饰，甜蜜的石头落入了年轻人的怀中——这里总是徘徊着前来约会的年轻情侣——他们非常高兴，表示：'如果整个法兰克福都是由这样的石头建成的该有多好！'路过的人们经常听到这样的声音。……我们的皇帝对这项工作给予了赞赏：'这是德国巧克力工业真正的凯旋门。'同时，陛下还品尝了在展览现场制作的巧克力甜点。顺便一提，享誉世界的施托尔韦克公司——其以一位伟大的巧克力爱好者之名命名——早在之前的展览中就已名扬天下，我们自不必赘言。任何一个初次看到这座制作精良又极具启发性杰作的人都会在它面前驻足一刻钟，并由衷地感到欣慰：多亏了这家公司，德国的资金不会再像几年前那样为了巧克力和糖果而流向国外……"[49]（见图99）

在1900年前后，施托尔韦克公司是当时在广告和销售领域最具创新性的巧克力公司之一。公司创始人的其中一位儿子路德维希·施托尔韦克在19世纪末——可能是在出国旅行途中——了

图 99

施托尔韦克公司在 1893 年芝加哥世界博览会上精彩展出的高 12 米、总重 30 吨的"巧克力神庙"。它在欧洲和海外展会中引起了极大的关注。

解到了巧克力自动售货机,并很快意识到其在未来的潜力。此时,这种机器在英国已然投入使用。早在1857年,第一项投币式自动售货机的专利就是在该国申请的。在施托尔韦克之前,德国也曾有过投币式自动售货机。最古老的此类专利可以追溯至1883年,当时的自动售货机销售的是雪茄。1887年春,施托尔韦克公司成功完成了第一台自动巧克力售货机。随后,各种不同的巧克力贩卖机器接连出现。其中,动物形态的机器特别受欢迎,比如母鸡型(见图100)、白鹳型,还有穿靴子的猫型。除大型立式机器外,还有小型壁挂机和台式机。

这些机器的设计初衷是销售样品,进而为公司的巧克力产品做广告。起初装入这些机器的巧克力排块上也会有相应的字样,比如"施托尔韦克香草巧克力样品"。除了糖果,这些自动售货机还可以贩卖香烟、雪茄以及大头针、别针、纽扣、牙签和肥皂等生活用品。一开始,任何人都可以租用这些机器,各种租用者可以根据自己的需要来进行设置。后来,施托尔韦克就开始销售这种机器了。

在餐厅和公共场所都可以看到自动售货机的身影。施托尔韦克公司与帝国铁路签订了一项很特别的协议——该公司为铁路提供售票机,并获准在站台上设置自动巧克力售货机。最初的几年,这项服务的销售额可谓相当高。

后来,这些从机器里吐出来的巧克力排块开始附赠各种卡片,例如知名人物的肖像以及风景照片等。针对这些卡片的交换与交易行为很快便出现了。1890年,施托尔韦克公司第一次发行其卡片专用的收藏册。这一大胆的想法极大地促进了巧克力的销售,其国内销售量在1886~1899年间翻了一番。就在世纪之交的前一年,该公司发行了约5000万张收藏卡片和约10万本收藏册。

图 100
1920年前后会发出"咯咯"声的产蛋母鸡型自动巧克力售货机。

他们在1890年代聘请了当时的知名艺术家进行设计，比如马克斯·利伯曼（Max Liebermann）、埃米尔·多普勒（Emil Doepler）和埃利·希尔施（Elli Hirsch）。此外，施托尔韦克还组织了为卡片征集主题的艺术比赛。该公司为单个卡片系列支出的金额可以高达12万马克。

总体而言，自动巧克力售货机取得了巨大成功。1890年代初，设置于火车站和公共场所的这种机器已经超过12000台。同时，施托尔韦克公司还将售货机送往国外。1900年前后，其仅在纽约就拥有大约4000台机器。然而，并不是所有同时代人都对巧克力售货机充满热情。有一些人作出了严厉的批评，并呼吁通过法律途径对其管控。1900年7月12日的《汉堡新闻报》（*Hamburger Nachrichten*）上发表了一篇文章，很好地总结了反对者对售货机的批评："最新指示：关于自动售货机。政府主席号召立即针对以下问题议定法令：'据观察，在公共街道、广场等地设置的自动售货机，正在以相对较低的价格将各种糖果出售给学童。这不仅致使他们摄入甜食和浪费金钱，还可能诱导他们实施各种犯罪。个别公司将收集卡片这一潮流与自动售货机的运营结合起来进行产品营销，即将小卡片附于糖果中，并承诺顾客只要向公司邮寄一定数量的此类卡片便可获得奖金。这种行为进一步增加了引发犯罪的风险。如果孩子们只是将自己的积蓄全部投入自动售货机，尽管其后果严重，但仍在可接受的范围内。然而事实证明，许多孩子会转而犯罪。他们会通过不诚实的手段获取金钱，或在金钱不足时使用欺诈或暴力的手段获取机器中的货品。我请求各位在四周的时间内留心观察您所在地附近是否存在类似的现象，并就应采取哪些措施纠正已出现的不良状况发表评论。例如，请您判断在公共交通路线上——如街道和广场——安置的自动售货机是否有拆除的必要，因为现有的与即将生效的《道路警察法》规定：禁止在公共街道上展示物品，在房屋外部安装展示柜则需警方批准。或者是否应采取更为有效的手段解决这一问题——比如针对一切自动售货机的运营行为设置特许运营批准程序，或针对其出售物品的类型和安置地点作出限制。事实上，为自动售货机设置特许运营批准程序只能通过帝国立法机构来实现，所以这一方案我们无需过多讨论。最后，我们的问题在于：在已知无人可以监管儿童的地点，是否可以完全禁止自动售货机；针对某些在道路上售卖的商品，是否可以根据警方法规来禁止。'"[50]

经过公众的讨论，上述要求得到了警方的许可。而最终成功遏制"自动售货机泛滥"的则是1908年7月1日生效的《关于投币式自动售货机纳税义务的一般规定》。根据这一规定，每安置一台自动售货机都要申请许可证并支付2~50马克。尽管如此，在接下来的几年内，这些机器仍是巧克力广告与销售的重要途径。直到一战爆发和战后的困难时期，这一状况才发生了改变，自动售货机的重要性就此逐渐丧失。

20世纪初，另一种巧克力的广告媒介开始流行，即"珐琅标牌（Emailleschild）"（见图101）。虽然初期这种标牌的设计往往相对简洁且文字较多，但到了19世纪末，主题突出的标牌终于出现。例如瑞士的巧克力制造商用阿尔卑斯山或著名的圣伯纳犬"巴里（Barry）"制作了标牌。由于珐琅标牌对风雨侵蚀的抗性很强，使用寿命也很长，所以其在工业化时代到来之初便获得了极大的重视。然而，由于产品更新换代的速度越来越快，珐琅标牌的使用寿命渐渐变得鸡肋。频繁更换广告的需要使它较高的成本反倒成了一种负担，于是珐琅标牌终于在20世纪下半叶完全失去了作为广告媒介的意义，以致最终完全消失。

图 101
1900 年前后施托尔韦克公司的珐琅标牌。

广告海报的命运与珐琅标牌大不相同。即便到了今天，所有的巧克力制造商仍会使用这一媒介——尽管它变得并不像以前那么重要了。与珐琅标牌相似的是，广告海报最初也是被用来书写文字信息的。直到19世纪下半叶，艺术性较强且以视觉语言叙事的海报方才出现。从那时开始，所有主要的巧克力制造商都使用这样的海报作为广告媒介。尤其是在火车上，人们总能看到各式各样的广告海报。（见图102、图103）20世纪的前二十年，海报经历了鼎盛时期，这种辉煌在第二次世界大战后再也没能出现。由于自1960年代不断涌现的各种电子媒介，海报失去了其长期以来无可争议的最为重要的广告媒介地位。从那时开始，电视和广播已然担负起吸引更多消费者的责任。

战争与消费：巧克力进入儿童的日常生活

在第一次世界大战爆发后的前几年，德国巧克力工业进入了真正的经济繁荣期。对施托尔韦克公司来说尤其如此。即使战争已经爆发，该公司的巧克力销量仍持续增长了一段时间。开战的次年，即1915年，该公司的利润达到了历史新高的200万马克。但自此之后，原材料普遍性短缺对产量的影响日益增大，到战争结束时其生产已逐渐陷入停滞。战争的失败给这家跨国公司造成了特别严重的打击。它的数家国外工厂皆被征用，其中包括美国境内的第二大巧克力工厂。即使能拿到征用补偿金，也非常漫长。结果，该公司无力偿还战争期间欠下的债务。其1920年代的年度报告中曾多次提及公司面对的政治困境与经济困难。世界经济危机的加剧显著加速了这家昔日国际性企业的衰落。这一趋势最终

图 102

瑞士祖哈德公司 1900 年前后的一张阿尔卑斯山景主题广告海报。

图 103
1900 年前后尼德兰范豪滕父子巧克力公司的海报。

使得施托尔韦克家族离开了公司的管理层。1931 年,该公司被德意志银行收购。

施托尔韦克的发展历程基本上可以概括所有类似规模的巧克

力公司。紧随1900年前后经济强劲增长的是长达十年的经济危机，在此期间巧克力销量的回升仅有聊胜于无的数次。这证明了巧克力的奢侈品特性，人们在危机时期可以而且必须放弃巧克力。

"纳粹主义（Nationalsozialismus）"对可可和巧克力进行了价值重估。在其语境下，可可被视为一种"使人种劣化的遗传性毒药"，食用它便会危害"人民的健康"。于是一场公开讨论爆发了，巧克力制造商试图通过发表声明为自己辩解，反对针对可可和巧克力的污名化言论。此外，可可是纳粹意义上的"低等人"种植的作物。但纳粹主义者对可可与巧克力的贬斥并没有阻碍他们将其作为士兵的甜点和应急食品。二战期间，施托尔韦克和其他几家巧克力公司几乎一直都在专门为军队生产巧克力。最著名的士兵巧克力当数"巧咖可乐糖（Scho-Ka-Kola）"[1]（见图104），它是柏林的希尔德布兰特父子巧克力工厂于1934代表国家研发的。这款巧克力的特别之处在于，其使用了可可、咖啡和可乐果三种嗜好品的提取物。所以它的刺激作用非常强，营养价值也很高。直到今天该产品仍在销售，而且仍保留着独特的扁平锡制圆盒包装：每盒装有16块扇形的巧咖可乐糖。

直到二战结束，德国巧克力行业漫长的危机时期才告终结。虽然在过去的几十年间，人们似乎已将经济困难视为一种常态；但"经济奇迹（Wirtschaftswunder）"[2]时期一到，德国人立刻显露

---

[1] 系德国国防军在第二次世界大战期间的标准口粮之一，至今仍在生产销售。"Scho-Ka-Kola"反映了其中的三种主要成分，即巧克力（Schokolade）、咖啡（Kaffee）和可乐果（Kolanuss）。

[2] 系指二战后西德在20世纪五六十年代出人意料的经济快速崛起时期。

图 104

巧咖可乐糖，俗称"飞行员巧克力"，因为其通常是供应给飞行员的军粮。该产品含有一定量的咖啡因和可可碱，两者都具有刺激性作用。因此，它可谓目前所有含咖啡因的能量饮料的先驱，而且至今仍在该领域占有一席之地。

出迎头赶上的热情。1950~1960年间，人们的平均收入翻了一番，这意味着他们似乎又有钱购买奢侈品了。1950年前后，德国的主要巧克力生产商均恢复生产。只过了很短的时间，它们的巧克力产量就达到了战前的水平。

战后，德国的巧克力价格被人为地固定了下来。批发商以73芬尼的价格从巧克力制造商处购买巧克力排块，然后以91芬尼的价格卖给零售商，零售商又以1.3马克的价格卖给顾客。实行价格固定政策是为了向受到战争重创的巧克力公司提供经济支持，这一政策一直持续到1964年才被废除。由于零售商和百货商店此时能以更为低廉的价格出售巧克力，大型巧克力公司的销售额迅速增长。然而这种销售热潮没有持续太久，因为新的竞争对手很快便带着崭新的创意进入了市场。玛氏和费列罗等公司开始供应全新形式的巧克力，比如巧克力棒或像冰激凌一样用勺子挖着吃的巧克力，而施托尔韦克等公司依然坚持生产其经典的100克巧克力排块。

另外，玛氏公司研发的巧克力棒也迎合了时代的需要。1961年，这种商品第一次被推入德国市场，作为一种小吃，其目标受众是那些因工作繁重而无法准备"规矩一餐"的人。那句家喻户晓的广告语也是这时出现的："玛氏令您在工作、运动和游玩时移动自如。（Mars macht mobil, bei Arbeit, Sport und Spiel.）"价格固定政策取消使得巧克力价格下跌，进而引发了激烈的竞争，许多小型巧克力公司最终成为竞争的牺牲品。

从1960年代开始，大量创新的产品令巧克力市场愈发丰富。最后还有一点非常重要：从这些产品的名称即可看出，它们的目标受众主要是儿童。这是一种新的营销策略，之前的巧克力都是面向成人的，这主要是因为那时的巧克力对儿童来说太过昂贵。从"卡巴可可粉（Kaba Kakaogetränk）"的广告中就可以非常明显地察觉到这一变化。1932~1955年的卡巴包装上印制的是1930年"德国小姐"多丽特·尼季科夫斯基（Dorit Nitykowski）的照片。（见图105）儿童在当时显然还不是卡巴广告的目标受众。但后来情况发生了变化，1985年，广告人物"种植园熊贝里（Berry der Plantagenbär）"诞生了。它开始被印制在产品包装、贴纸和广告板上。此外，它还出现在漫画和动画片中，在故事里与孩子们一起经历激动人心的冒险。这些故事殊途同归，结局都是大家一起快乐地享用可可。

这类儿童巧克力中最著名的是"健达巧克力（Kinder Chocolate）"与"健达奇趣蛋（Kinder Surprise）"。健达巧克力是费列罗国际股份公司于1967年推出的儿童巧克力（见图106），其特点是内含独立包装，更方便父母发放给孩子。截至当时，儿童巧克力的广告，包括电视广告，都是针对母亲而非儿童的，因为决定孩子如何消费巧克力的通常是母亲。费列罗国际股份公司为了满足自身利益的需要，在广告中用了很长时间强调他们产品中"添加了额外的牛奶"。但他们的广告却因此屡遭批评，因为这给人一种"儿童巧克力"是非常健康的食品的错觉。但事实上，由于这款产品中含有大量的脂肪和糖，所以它绝非有利于儿童健康的食品。

健达奇趣蛋自1974年问世以来大获成功。这主要应归功于每个巧克力蛋中都附有小玩具，它们受到了人们，尤其是收藏家的青睐。读者朋友中一定有人还记得自己小时候第一次摇动奇趣蛋，试图听清其中物品的场景。那也是您决定购买奇趣蛋的瞬间。自1981年起，孩子们在打开奇趣蛋时经常会看到广告人物"Üi"的身影。这是一个"蛋人"，其外形与奇趣蛋类

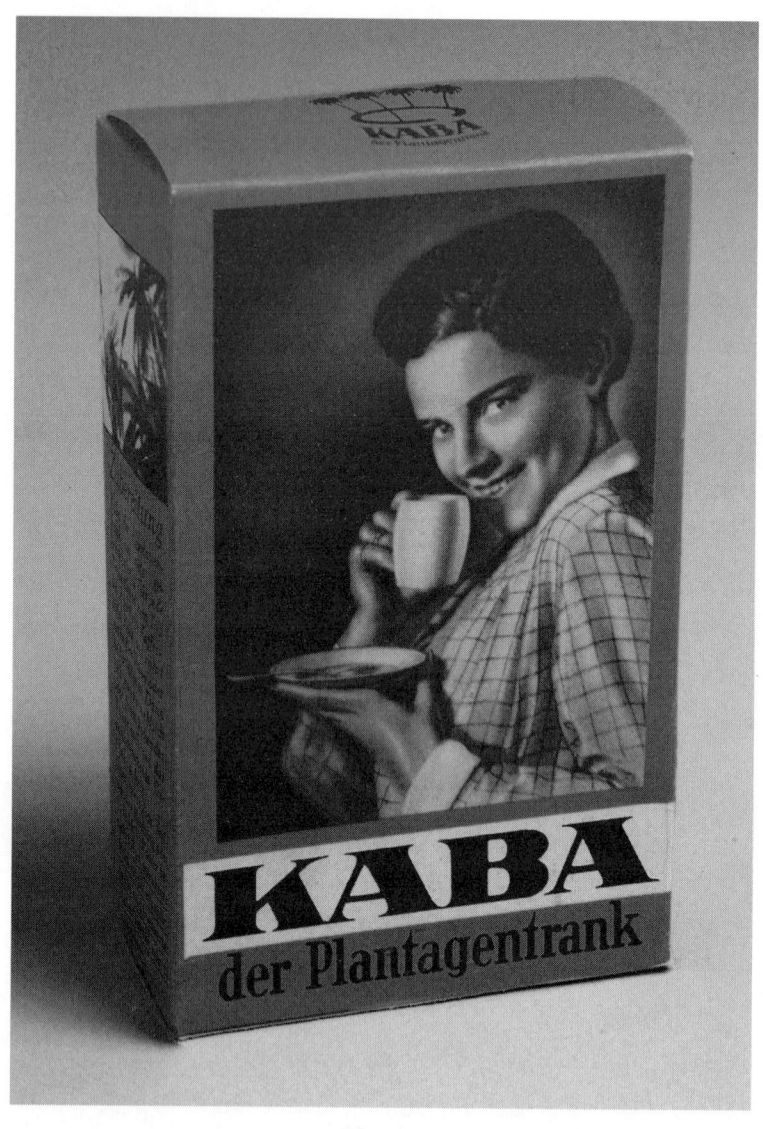

图 105

商人路德维希·罗塞利乌斯研发并于 1929 年推向市场的卡巴可可粉。在接下来的几年内,这款产品迅速走红,以至目前它已成为德语中可可饮品的代名词。

图 106

1967年，首款健达巧克力问世。它是第一款专门针对儿童推出的巧克力产品。

似，只是长出了手臂、腿脚和脸庞。该人物在健达的广告中扮演了重要的角色，几乎出现在所有的电视广告中。与妙卡的紫色奶牛一样，他也是巧克力制造商创造的最为著名的广告角色之一。

自价格固定政策取消之时便已开始的集中化进程一直持续至今。近年来，许多规模较小的巧克力公司纷纷倒闭。还有些公司只剩下它们的名字，其中最著名的当数历史悠久的施托尔韦克公司。这家国际性巧克力公司成立于1900年前后。汉斯·伊姆霍夫（Hans Imhoff）在1970年代收购了该公司，之后确实获得了一些成功。而到了2002年，该公司又被瑞士的百乐嘉利宝公司收购。随后，其位于科隆的巧克力工厂也在进行合理化调整后遭到关闭。科隆这段长达160多年的巧克力历史就此终结。

尽管目前的巧克力市场被数家大型国际巧克力公司主导，但不容忽视的是，近年仍出现了许多小型创新型公司。前述章节中已然提及,这种以小公司形式涌现的新多元化现象是多种因由造成的,其包括但不限于消费者质量意识的不断增强。

结　语　回望与前瞻

正如大家所见，可可的数千年历史令人兴奋不已。这是一种需求很高的原材料，关于它至今仍有许多悬而未决的问题。这些问题为人们的研究与创造留下了广阔的发挥空间。

可可豆作为"众神的食粮（Eine Speise der Götter）"，在各个时代和各种文化间往来纵横。而在历史的大部分时期，巧克力都是一种饮品。人们对这种原材料进行了一次又一次且各种各样的尝试——几个世纪以来中美洲家庭一直传承的传统饮品与菜肴就是明证。不论过去还是现在，每个时代都会有流行一时的食谱，其中一些特色鲜明者反映着时代的特征——例如带有龙涎香和茉莉花香味的巧克力，或者添加了蛋黄和啤酒的巧克力。

在很长的一段历史时期内，饮用巧克力都被视为一种万能疗法，并且人们常会在其中混入一些非同寻常的成分。中美洲文化中许多可可豆的药用功效目前已得到了科学的证明。然而在时间的长河中，一些食谱并未能真正达到它们所承诺的疗效——比如，含有冰岛地衣、铁、山道年、镭或汞的巧克力产品就曾被认为对咽痛、贫血、蠕虫感染或梅毒患者有益。几个世纪以来，围绕可可的各种健康问题一直备受争议，如今其再次得到了特别的重视。健康饮食对许多消费者来说尤为重要，他们非常愿意为此自掏腰包。现在，含有大量"黄烷醇（Flavanol）"的保健巧克力正在流行。药店也重拾了销售巧克力的业务。该领域的创新之处在于，生产时采取了极为温和的加工工艺，因而产品中会含有大量的黄烷醇。这种物质对心血管系统有着积极的影响。除此以外，根据伦敦大学的一项独立研究，食用含有大量黄烷醇的巧克力可以显著降低皮肤对紫外线辐射的敏感性。

可可不但可以内服，其在整个历史中也反复被人们用于体表。正如第7章所述，中美洲文化会将可可脂用作药膏或防晒霜。如今，它们也出现在了化妆品和制药行业的许多产品中。将可可脂和可可液块作为美容产品的相关事业正在蓬勃发展。我们不仅在面霜、肥皂或沐浴油中可以找到可可脂的身影，在洗面奶和身体乳中还可以找到可可豆的成分；而棕色的液状可可液块——不论纯可可还是混合了其他精华的可可——在美容院中则被人们用作面膜或体膜。

当然，可可目前最常见的用途还是食用。巧克力排块仍占据着最大的市场份额。虽然近年来消费者的购物袋中总是装满了黑巧克力，但这种趋势已经有所减弱，可可含量较高的牛奶巧克力品类正在逐渐崛起。但人们对特殊配料的渴求仍然存在。最近的风潮是在巧克力中添加辣椒、胡椒或盐等刺激味觉的成分，同时也有人在尝试花香、茶香或焦糖水果巧克力。酒心巧克力依然流行，而且毫无减退的迹象。富有异国情调的巧克力同样经久不衰。虽然最近出现了大麻、熏肉或马奶巧克力，但您也可以尝试添加了鳟鱼、洋葱、山羊奶酪或橄榄的巧克力来挑战自己的味蕾。

以种植园区分巧克力已然流行了一段时间。这些产品会标明可可原产地的精确信息。一些制造商还会在包装上注明可可的品种或拼配品种信息。

另一种愈发受到欢迎的产品是"新鲜巧克力（Frischeschokolade）"[①]。这种巧克力一般会被陈列在巧克力店的玻璃柜中，它们

---

① 此处可能指生巧（即甘纳许）或广泛意义上的巧克力波波糖。

没有包装,放在那里像一件一件珍稀的珠宝。在这一领域,成分的原创性几乎没有限制。新鲜巧克力以其令人难以抗拒的外观征服顾客。然而您不应注视它太久,而是应该尽快吃掉,因为它们的保质期通常都很短。

然而所有这些巧克力都拥有一个共同的缺点:它们不是"零卡路里(frei von Kalorien)"食品。当然,这一领域的研究也正如火如荼。目前,其最大的成果是低热量巧克力排块,这种产品使用了"甜菊属(Stevia)"植物叶片中提取的天然代糖甜味剂。当然,您也可以在完全不摄入卡路里的前提下享受巧克力,因为一些颇具创意的人士研发了一种喷雾吸入式巧克力"乐味福(Le Whif)"。

近些年的另一趋势是"认证巧克力(zertifizierte Schokolade)"和"有机巧克力(Bioschokolade)"的发展,它们占据的市场份额不断在扩大。目前,大型巧克力制造商也会使用经某种认证的可可豆来生产,例如公平贸易认证、国际互世认证或雨林联盟认证。这一情况表明,就许多消费者而言,产品制造商在生产链条中能否尊重人权并保护自然非常重要。

充满特色的巧克力食品不胜枚举。鉴赏家们总会因那些新颖且富有创造性的诱人创意而心动不已。可可这一物质的故事已愈发令人感到兴奋。最后,笔者想用耶稣会士阿洛伊修斯·费罗纽斯(Aloysius Ferronius)的精彩描述结束可可的故事。费罗纽斯于1664年创作了这首以拉丁文《哦,耸于墨西哥遥远之地的树,金色海岸的荣耀》(*O nata terris Arbor in ultimis et Mexicani gloria littoris*)为题的颂歌:

哦,这树,生于遥远的彼方。
墨西哥海岸的荣耀,

蕴含天国的甘露,
征服所有食客的胃肠。

所有的树都给你致敬,
所有的花都向你低头。
月桂以花冠为你加冕;橡树、赤杨
连同高贵的雪松,为你的胜利旌扬。

听说你曾在伊甸陪伴亚当,
又随他逃离。
来到这西印度的群岛
你扎根这肥沃的土,茁壮成长,
你的种萌发高贵的枝干
赐予人间丰厚的奖赏。

你是巴克斯的另一件赠礼?
来自那位降下葡萄酒的尊长?
不!你是克里特岛与马西科山的果实
不要认土他方,请把荣耀归于你的故乡。

因为你像清新的雨水,浸润心房,
诗人温柔的情感流淌。
哦,众星送来的甜饮。
众神的食粮!

致　谢

本书收录的图片得益于下列组织和公司的大力帮助，笔者在此谨向它们表示真挚的谢意：

促进与第三世界伙伴关系公司
绿色黄金热带森林基金会
科特雷有限两合公司
驳船-集装箱运输船航运有限公司
珍得巧克力工厂有限公司

此外，以下个人也为本书提供了丰富精彩的图片：亚历山大·恰鲍恩（Alexander Czabaun）、吉多·克伦佩尔（Guido Krempel）、马蒂亚斯·伦布克（Matthias Lembke）、赫尔穆特·施特拉特（Helmut Stradt）和奥拉夫·福特曼（Olaf Vortmann）。

笔者还要感谢科隆巧克力博物馆（Schokoladenmuseum Köln）为本书出版作出的贡献，其中尤为珍贵的是该馆提供了大量的馆藏图片。

安德烈娅·杜瑞
托马斯·席费尔

附 录

可可的生物分类

目	锦葵目（Malvales）	
科	锦葵科（Malvaceae）	
亚科	刺果藤亚科（Byttnerioideae）	
属	可可属（Theobroma）	
种	可可种（Theobroma cacao）	
亚种	可可亚种（Theobroma cacao subspecies cacao）[克里奥罗可可（Criollo-Kakao）]	
亚种	另一亚种（Theobroma cacao subspecies sphaerocarpum）[佛拉斯特罗可可（Forastero-Kakao）与其他克隆品种]	

可可的产地与种植区

下表列举了常见的可可品种和主要的可可种植区。事实证明，品种的名称往往具有历史内涵，通常代表杂交亲本的来源。

名称	
克里奥罗	"Criollo"意指种植区的原生品种，在西班牙语中意为"本地"。可可豆颜色较浅。

佛拉斯特罗	"Forastero"意指种植区的新成员，在西班牙语中意为"外乡人"。可可豆呈紫色或棕色。
特立尼达	"Trinitario"曾被用于称呼引进到委内瑞拉的植株（可能是佛拉斯特罗种）；今指克里奥罗与佛拉斯特罗的杂交品种。
厄瓜多尔	"Nacional"系以厄瓜多尔的克里奥罗种为基础改良而成。可可豆具有特殊的花香和果香。
雷亚尔	"Real"系尼加拉瓜的种群，可能源自克里奥罗种。
波尔切拉纳	"Porcelana"系克里奥罗种，果实的表面柔软光滑，主要产于苏里南，也产于爪哇和委内瑞拉的马拉开波湖。可可豆具有中性坚果香气。
本塔戈纳	"Pentagona"系克里奥罗种，果实带有明显的纹路。
瓜萨雷	"Guasare"系最纯正的克里奥罗种之一，产自委内瑞拉，果实和豆子都很大，表皮有疣状突起。可可豆香气极浓，味道复杂。
乔罗尼	"Choroni"系克里奥罗种，曾是极优可可的代名词，但目前已很少见了；果实呈红色，表皮有疣且有很深的凹槽，果肉非常美味。

奥库马雷 61 号	"Ocumare 61"系克里奥罗种,产自委内瑞拉,果实呈红色,表皮有疣,味道甜美。可可豆有泥土香和花香。
IMC 67 号	"IMC"意为"伊基托斯混合卡拉巴西洛(Iquitos Mixed Calabacillo)",系佛拉斯特罗种,源自秘鲁亚马孙地区,果实非常多产。世界各地的商业可可种植园常会种植该品种。
斯卡维纳 6 号	"Scavina 6"系佛拉斯特罗种,源自厄瓜多尔,其植株对真菌病害"女巫扫帚"具有抵抗力,现广泛分布于世界各地。果浆非常甜,可可豆有花香。
阿梅罗纳多	"Amelonado"系佛拉斯特罗种,产自亚马孙河下游地区,因果实形似甜瓜而得名。可可豆具有中性香气。
阿里巴	"Arriba"系厄瓜多尔"Nacional"种的一个分支,被归类为佛拉斯特罗种。它在贸易中曾被称为"高级可可"或"香气可可",但这种称呼目前已很少见了。这种可可豆的发酵时间很短,具有与克里奥罗种很接近的强烈花香,是最受欢迎的佛拉斯特罗种之一。
ICS 1 号	"ICS"意为"帝国理工学院特选(Imperial College Selection)"。1933 年,遗传学家 E. J. 庞德(E. J. Pound)在植物学家 E. E. 奇斯曼(E. E. Cheesmann)的指导下于特立

尼达岛上挑选了1000株可可树。经测试，他们将植株筛选到100株并进行了连续编号。这一选拔结果对今天的研究人员仍具有重大价值。"ICS 1号"与"斯卡维纳6号"一样，对真菌病害"女巫扫帚"具有抵抗力，而且产量很高。可可豆具有温和的果味。

种植区

圣多美　　这座岛屿位于喀麦隆附近的大西洋中，所种植的可可来自许多不同的产地，主要是源自巴西巴伊亚州和圣埃斯皮里图州的佛拉斯特罗种，也有来自委内瑞拉的克里奥罗种。

亚马孙州　　这里是所有具佛拉斯特罗种特征可可的原产地。

厄瓜多尔　　这里以克里奥罗种为主，目前也种有其他克隆品种。

爪哇　　这里是古老且多品种混生的原产地，植株以克里奥罗种为主。

特立尼达　　系混生原产地，目前以种植克隆繁殖的克里奥罗和佛拉斯特罗杂交品种为主。

委内瑞拉　　这里主要种植克里奥罗种。

加纳　　这里种植通过圣多美引入的源自巴西的佛拉斯特罗种，因而其也被称为"西非的阿梅罗纳多"。后来该品种又通过克里奥罗种进行了基因改良。

科特迪瓦	这里种植"西非的阿梅罗纳多",其源自通过圣多美引入的巴西佛拉斯特罗种。
喀麦隆	这里种植克里奥罗和佛拉斯特罗杂交品种,因其诞生自喀麦隆的维多利亚植物园(今林贝植物园),故被称为"维多利亚可可(Victoria Kakao)"。
锡兰	这里以种植源自特立尼达的克里奥罗杂交品种为主。
印度尼西亚	这里早期以种植克里奥罗种为主,目前以种植佛拉斯特罗种为主。

资料来源:〔德〕莱因哈德·利贝赖(Reinhard Lieberei):《可可的多样性:产地与品种对风味的影响》(*Die Vielfalt des Kakaos. Der Einfluss von Provenienz und Varietät auf seinen Geschmack*),载《当今现代营养学》(*Moderne Ernährung heute*)2006年第2期;〔美〕玛丽塞尔·E. 普雷西利亚(Maricel E. Presilla):《巧克力:最甜蜜的诱惑》(*Schokolade. Die Süßeste Verführung*),2007。

注 释

第1章 可可树

1   Linné 1777, S.173.
2   Vgl. Italiaander 1980, S.53.
3   Friebe 2007, S.62.
4   Vgl. Edsmann 1977, S.62.
5   Vgl. Italiaander 1980, S.53.
6   Linné 1777, S.176f.
7   Ebenda, S.184.
8   Presilla 2007, S.53.
9   Vgl. Schütt & Lang 2006, S.654.
10 Vgl. Young 2007, S.101.
11 Vgl. www.oroverde.de/regenwaldwissen/waldtypen.html; 29.03.2011.
12 Vgl. OroVerde 2006, S.5.
13 Vgl. Young 2007, S.182f.
14 Gore 2006, S.196.
15 Vgl. Wood & Lass 1989, S.121ff.; Lieberei 2006, S.8.
16 Vgl. Rohsius 2007, S.5.
17 Vgl. Wood & Lass 1989, S.21.
18 Vgl. Young 2007, S.93 und S.116.
19 Presilla 2007, S.55.
20 Vgl. Hancock & Fowler 1997, S.13.
21 Vgl. Mueller 1957, S.4.

第2章 种植与收获

1 Vgl. Lieberei 2006, S.7; Cocoa Atlas 2010, S.2.
2 Vgl. Young 2007, S.5ff.
3 Vgl. Rohsius 2007, S.3f.
4 Presilla 2007, S.84. – Diese Frage stellt sich Silvio Crespo, der lange Zeit technischer Direktor der Wilbur Chocolate Company in Lititz, Pennsylvania, war.
5 Vgl. Wood & Lass 1989, S.11.
6 Vgl. Rohsius 2007, S.3.
7 Ebenda.
8 Vgl. Wood & Lass 1989, S.29.
9 Presilla 2006, S.114.
10 Vgl. Coe & Coe 1997, S.33.
11 Vgl. Lieberei 2006, S.9.
12 Vgl. Cocao Atlas 2010, S.10.
13 Vgl. www.kakaoverein.de/rk_32.html; 20.04.2011.
14 Vgl. Busch 2005, S.10.
15 Vgl. www.cocobod.gh/about.php; 20.04.2011.
16 Hütz-Adams 2011, S.22f.
17 Deutsche Botschaft Accra 2005, S.3.
18 Vgl. Hancock & Fowler 1997, S.19.
19 Vgl. Busch 2005, S.8.
20 Vgl. Young 2007, S.183.
21 So etwa Schmidt-Kallert 1995, S.9, und Hütz-Adams 2010, S.16.
22 Presilla 2007, S.56.
23 Vgl. Rohsius 2007, S.8.
24 Ebenda.
25 Vgl. www.icco.org/about/pest.aspx; 05.04.2011.
26 Vgl. Presilla 2007, S.48.

27　Vgl. Wood & Lass 1989, S.282.
28　Vgl. Cook 1982, S.87.
29　Vgl. www.icco.org/about/pest.aspx; 05.04.2011.
30　Vgl. Cook 1982, S.90.
31　Vgl. Wood & Lass 1989, S.366.
32　Vgl. Kittl 2008.
33　Vgl. Cook 1982, S.94.
34　Vgl. Neehall 2004, S.4.
35　www.bvl.bund.de/cln_007/nn_1079864/DE/01__Lebensmittel/03__Unerw StoffeUndOrganis-men/00__Was__Ist__Drin/08__Suesswaren/01__suesswaren__ artikel/schokolade.html; 22.12.2009.
36　Vgl. www.efsa.europa.eu/de/press/news/contam090320.htm; 23.12.2009.
37　Vgl. Schafft & Itter 2009, S.2.
38　Ebenda.(siehe oben FN 36).
39　Ökotest 2005, S.4.
40　Kittl 2008.
41　Weitere Infos zu diesem Projekt unter www.oroverde.de/projekte/venezuela. html, 22.09.2010.
42　www.transfair.org/menschen/produzenten/kakao/ovidia.html?tx_jppageteaser_ pi1 [backId] =82; 06.01.2010. Ovidia aus der Dominikanischen Republik erzählt von einem Tag aus ihrem Leben. Sie ist verheiratet und hat vier Kinder.
43　Vgl. Presilla 2007, S.67.
44　Vgl. Rohsius 2007, S.17.
45　Ebenda, S.83.
46　Vgl. Hancock & Fowler 1997, S.14.
47　Vgl. Ebenda, S.15.
48　Vgl. Cook 1982, S.40.
49　Presilla 2007, S.76.
50　Vgl. Wood & Lass 1989, S.495, sowie Presilla 2007, S.77.

第3章 与可可树一起生活

1. Vgl. Gillies 2009, S.26.
2. Vgl. www.worldcocoafoundation.org/learn-about-cocoa/cocoa-facts-andfigures.html; 20.04.2011.
3. Hütz-Adams 2009, S.7.
4. Vgl. Schmidt-Kallert 1995, S.55f.
5. Hütz-Adams 2009, S.11.
6. Vgl. Nimmo 2009, S.19.
7. Vgl. www.ilo.org/public/german/region/eurpro/bonn/kernarbeitsnormen/index.htm; 20.04.2011.
8. Vgl. www.ilo.org/public/german/region/eurpro/bonn/kernarbeitsnormen/index.htm; 20.04.2011.
9. Obert & Rosenthal 2009, S.68. – Der Journalist Michael Obert und der Fotograf Daniel Rosenthal besuchten Richard im Herbst 2008 und sprachen mit ihm über seine Arbeit auf der Kakaopflanzung.
10. Vgl. ITTA 2002, S.14ff.
11. Nähere Infos unter www.harkin.senate.gov; s. a. Harkin-Engel-Protokoll 2001.
12. Vgl. www.cocoainitiative.org.
13. Vgl. Hütz-Adams 2010, S.46f.
14. Vgl. Payson Center 2011, S.72ff.; Hütz-Adams 2010, S.51ff.
15. Vgl. ILAB 2009, S.99 und 151.
16. Vgl. harkin.senate.gov/pr/p.cfm?i=319199; 03.01.2010.
17. Vgl. www.worldcocoafoundation.org.
18. Vgl. www.gtz.de/de/weltweit/afrika/cote-d-ivoire/8046.htm; 04.01.2010.
19. Vgl. www.gtz.de.
20. Vgl. zum Ganzen; gtz 2009.
21. Vgl. Hütz-Adams 2010 – Das Zitat stammt vom Verfasser der Studie (Pressemitteilung von Südwind e.V. vom 14. Dezember 2010).

22 Vgl. www.kuapakokoo.com.
23 Vgl. Hütz-Adams 2011, S.36.
24 Vgl. www.cooproagro.org sowie www.gepa.de/p/index.php/mID/4/lan/de. Download Cooproagro; 20.04.2011.
25 Willenbrock 2006, S.142.
26 Vgl. hierzu: www.ilo.org/public/german/region/eurpro/bonn/kernarbeitsnormen/index.htm; 20.04.2011.
27 Vgl. www.barry-callebaut.com; Download Cabosse 2008/2009, S.14.
28 Vgl. www.barry-callebaut.com, Download Cabosse, S.2; 20.04.201.
29 Vgl. SG 12/2009, S.20, www.kraftfoods. de/kraft/page?siteid=kraft-prd&locale=dede1&PagecRef=3047&Mid=3047; Download Kakaobro schüre; 09.01.2010.
30 Vgl. www.rainforest-alliance.org.
31 Vgl. Himmelreich 2010.
32 Vgl. www.hachez.de sowie www.regenwald-institut.de/deutsch/index.html; 20.04.2011; SG 11/2009, S.42.
33 Vgl. Chocoladenseiten, 2009, S.5/(www.lindt.com/de/swf/ger/das-unternehmen/social-responsibility/sustainably-sourced/better-lives-for-farmersand-communities/#c3540; 20.04.2011).
34 Vgl. www.mars.de.
35 Vgl. www.utzcertified.org.
36 Vgl. www.ritter-sport.de/#/de_DE/company/cacaonica/; 20.04.2011.
37 Vgl. www.zotter.at/de/das-ist-zotter/fairer-handel.html; 20.04.2011.
38 Vgl. Obert & Rosenthal 2009, S.74, sowie der ARD-Fernsehbeitrag von Miki Mistrati 2010.

第4章 世界性贸易品

1 Vgl. www.elceibo.org sowie www.gepa.de/p/cms/media/pdf/menschen/partner_

portraits/menschen_EL_CEIBO.pdf; 12. April 2011.

2 Vgl. www.gepa.de/p/cms/media/pdf/menschen/partner_portraits/menschen_ KAVOKIVA.pdf.

3 Vgl. Bavendamm 1987, S.45.

4 Vgl. www.tis-gdv.de/tis/ware/genuss/kakao/kakao.htm; 12. April 2011.

5 Vgl. www.baco-liner.de/sailings/sail.html; 12. April 2011.

6 Vgl. www.kakaoverein.de/rk_34.html; 19. April 2011.

7 Vgl. www.cotterell.de.

8 Vgl. Rath 1988, S.162f.

9 Vgl. Rohsius 2009, S.18.

10 Vgl. Verein der am Rohkakaohandel beteiligten Firmen e.V. 2009, S.41.

11 Vgl. Rohsius 2008, S.21.

12 Vgl. Verein der am Rohkakaohandel beteiligten Firmen e.V. 2009, S.18.

13 Vgl. Rohsius 2008, S.191.

14 Ebenda, S.21f.

15 Verein der am Rohkakaohandel betei-ligten Firmen e.V. 2009, S.4.

16 www.kakaoverein.de/rk_32.html; 19.April 2011.

17 Ebenda.

18 Busch 2005, S.39f.

19 Vgl. Hütz-Adams 2010, S.23.

20 Vgl. www.theobroma-cacao.de/aktuelles/artikeldetails/article/in-derelfenbeinkueste-droht-exportstoppfuer-kakao/; 19. April 2011.

21 Sämtliche Zahlen in diesem Abschnitt nach www.kakaoverein.de.

22 Vgl. Hanisch 1991, S.21ff.

23 Vgl. Busch 2005, S.42ff.

24 Ebenda, S.43f.

25 Ebenda, S.16.

26 Vgl. Hanisch 1991, S.28f.

27 Vgl. www.theobroma-cacao.de/aktuelles/artikeldetails/article/admschliesst-

kakaoverarbeitung-in-derelfenbeinkueste/; 19. April 2011.
28 Verein der am Rohkakaohandel beteiligten Firmen e.V. 2009, S.7f.
29 Vgl. www.ftd.de/finanzen/maerkte/rohstoffe/: kakao-kapriolen-londonbringt-licht-in-den-rohstoffmarkt/50166770.html; 19. April 2011.
30 Vgl. Schmidt-Kallert 1995, S.45f.
31 Vgl. www.gepa.de.
32 Vgl. Hütz-Adams 2010, S.59.
33 Vgl. www.zotter.at.
34 Vgl. Hütz-Adams 2010, S.66f.
35 www.transfair.org/fileadmin/user_ up-load/materialien/download/download_jahresbericht0910.pdf; 19. April 2011.

第5章 从可可到巧克力

1 www.gesetze-im-internet.de/bundesrecht/kakaov_2003/gesamt.pdf; 21.April 2011.
2 Frankfurter Allgemeine Sonntags-zeitung, 29. Oktober 2006.
3 Vgl. Info-Zentrum Schokolade 2004, S.79.
4 Vgl. www.icco.org/about/growing.aspx; 21. April 2011.
5 Vgl. www.oekolandbau.de/verarbei-ter/zutaten-und-zusatzstoffe/suessungsmittel/zucker-rohrzucker-ruebenzucker/; 21. April 2011.
6 Vgl. test 11/2007, S.27.
7 Vgl. www.ksta.de/html/artikel/1233584019904.shtml; 21. April 2011.
8 Vgl. www.gesetze-im-internet.de/bundesrecht/kakaov_2003/gesamt.pdf; 21.April 2011.
9 Vgl. Pehle 2009, S.17.
10 Vgl. www.ritter-sport.de/#/de_DE/quality/article/gentechnik/; 23. April 2011.
11 Vgl. Tillmann 1999, S.13.
12 Vgl. www.theobroma-cacao.de/wissen/wirtschaft/gesetze/; 23. April 2011.

13　Vgl. Pehle 2009, S.98ff.
14　Vgl. Douven 1999, S.13ff.
15　Vgl. Busch 2005, S.16.
16　Vgl. Info-Zentrum Schokolade 2004, S.54ff.
17　Vgl. Pehle 2009, S.98.
18　Vgl. Douven 1996, S.72.
19　Vgl. Lindt 1995, S.46ff.
20　Vgl. Info-ZentrumSchokolade 2004, S.72.
21　Vgl. Ebenda, S.77.
22　Vgl. Ebenda, S.88ff.
23　Vgl. Durry 2001, S.177f.
24　Vgl. www.infozentrum-schoko.de/schoko-news.html; 23. April 2011.
25　Vgl. www.gesetze-im-internet.de/bundesrecht/kakaov_2003/gesamt.pdf; 23.April 2011.
26　Vgl. Info-ZentrumSchokolade 2004, S.17.
27　Vgl. www.neuhaus.be/de/unsere-krea-tionen/pralinen.aspx; 23. April 2011.
28　Vgl. Pehle 2009, S.101.
29　Vgl. Test 11/2007, S.27.
30　Vgl. www.bundesrecht.juris.de/lmkv/index.html; 23. April 2011.
31　Vgl. Fincke 1965, S.260.
32　Ebd., S.261f.
33　Zu Lagerschäden generell: Fincke 1965, S.265ff.
34　Vgl. www.bdsi.de/de/presse/news/pm_2010_003.html; 23. April 2011.
35　Vgl. Busch 2005, S.22f.
36　Vgl. Bundesverband der Deutschen Süßwarenindustrie 2009, S.17.
37　Vgl. Pehle o.J., S.164.
38　Vgl. www.sueddeutsche.de/gesundheit/162/379966/text/; 23. April 2011.

第6章 可可的起源

1 Humboldt 1812, S.121.
2 Vgl. Prem 2008, S.3.
3 Vgl. Riese 2006, S.53.
4 Vgl. Wolters 1996, S.96.
5 Vgl. Klüver 2004, S.84.
6 Vgl. Bletter & Daly 2009, S.45ff.
7 Vgl. McNeil 2009, S.9.
8 Vgl. www.antiquity.ac.uk/projgall/powis/index.html; 02.11.2010.
9 Vgl. Herold 2004, S.40.
10 Vgl. Kohler 15. September 2006, Spiegel Online.
11 Vgl. www.pnas.org/cgi/content/short/1100620108, 25.05.2011.
12 Vgl. Coe & Coe 1997, S.43ff.
13 Vgl. Riese 2006, S.29.
14 Vgl. de Landa 2007.
15 Vgl. Grube 2007, S.45.
16 de Landa 2007, S.163.
17 Vgl. Prager 2007, S.121f.
18 Vgl. Riese 2006, S.116.
19 Ebenda.
20 Vgl. Popol Vuh 2004, S.10ff.
21 Vgl. de Castro & Teufel 2007, S.24.
22 Vgl. Rätsch 1986, S.35.
23 de Landa 2007, S.211f.
24 Vgl. Lacadena 2007.
25 Rincón 2007, S.274.
26 Vgl. de Castro 2007, S.95.
27 Vgl. Ogata et al. 2009, S.87.

28 Vgl. de Castro 2007, S.97.
29 Vgl. Beliaev et al. 2010, S.263.
30 Coe & Coe 1997, S.58.
31 Vgl. de Landa 2007, S.230.
32 Vgl. Ebenda, S.81.
33 Vgl. Prem 2008, S.18.
34 Vgl. Gugliotta 2007, S.84.
35 Grube 2007, S.59.
36 Vgl. Kaufman & Justeson 2009, S.130.
37 Vgl. Young 2007, S.28f.
38 Coe & Coe 1997, S.72f.
39 Vgl. McNeil at al. 2009, S.234.
40 Vgl. Beliaev et al. 2010, S.257ff.
41 de Landa 2007, S.59f.
42 Vgl. Reents-Budet 2009, S.207ff.
43 Vgl. Vortrag Nisao Ogata, 28.10.2010.
44 de Landa 2007, S.61f.
45 Vgl. Reents-Budet 2009, S.206.
46 Vgl. de Landa 2007, S.71ff.
47 Vgl. ebd., S.224.
48 Vgl. Rätsch 1986, S.81.
49 de Landa 2007, S.128.
50 Wolters 1996, S.101.
51 del Castillo 1988, S.218.
52 Vgl. Prem 2006, S.59.
53 Vgl. Thomas 1993, S.21.
54 Vgl. Duran 2009, S.41.
55 Vgl. Coe & Coe 1997, S.88.
56 Vgl. Thomas 1993, S.63.

57　Prem 2006, S.50.
58　Vgl. Rademacher 2004, S.104.
59　Vgl. Prem 2006, S.56.
60　Vgl. Schmid 1988, S.175f.
61　Vgl. Codex Mendoza 1984, S.9ff.
62　Vgl. Ebenda, S.41.
63　Vgl. Duran 2009, S.186.
64　Vgl. Draper 2010, S.56f.
65　Vgl. McNeil 2009, S.9.
66　Coe & Coe 1997, S.106.
67　Vgl. ebd., S.107.
68　Vgl. Schmid 1988, S.44.
69　Vgl. Codex Mendoza 1984, S.106f.
70　Diaz del Castillo 1988, S.212.
71　Coe & Coe 1997, S.103f.
72　Ebenda, S.120.
73　Vgl. Steinbrenner 2009, S.263.
74　Mueller 1957, S.13.

第7章　可可与征服新大陆

1　Thomas 1998, S.84.
2　Vgl. Diaz del Castillo 1988, S.66.
3　Ebenda, S.613.
4　Thomas 1993, S.226.
5　Prescott 2000, S.43.
6　Prem 2006, S.109.
7　Thomas 1993, S.248f.
8　Diaz del Castillo 1988, S.210.

9   Vgl. Cortés 1975, S.204, Prescott 2000, S.455 und Prem 2008, S.86f.
10 Vgl. König 1990, S.209.
11 Prem 2006, S.111f.
12 Cortés 1975, S.241.
13 Vgl. Sievernich 2006, S.203f.
14 Las Casas 2006, S.64f.
15 Vgl. Enzensberger 2006, S.174ff.
16 Mueller 1957, S.22.
17 Prescott 2000, S.58.
18 Diaz del Castillo 1988, S.102.
19 Ebenda, S.212.
20 Cortés 1975, S.83.
21 Humboldt 1991, S.385f.
22 Diaz del Castillo 1999, S.474.
23 Vgl. Steinbrenner 2009, S.262.
24 Vgl. Coe & Coe 1997, S.138.
25 Ebenda, S.140.
26 Vgl. Graf 2006, S.21.
27 Vgl. Coe & Coe 1997, S.143ff.
28 Vgl. Westphal 1990, S.218.
29 Vgl. König 1990, S.212.
30 Westphal 1990, S.221f.
31 Vgl. Ebenda, S.223f.
32 Vgl. König 1990, S.211f.
33 de Landa 2007, S.35.
34 Vgl. Coe & Coe 1997, S.220f.
35 Vgl. Aguilar-Moreno 2009, S.276.
36 Vgl. Ebenda, S.287.
37 Coe & Coe 1997, S.226.

38　Vgl. Ebenda, S.227.

39　Vgl. Graf 2006, S. 25 f. und Geschicht-liche Weltkunde, 1977, S.115.

40　Vgl. Enzensberger 1966, S.189.

41　Holl 2009, S.96f.

42　Ebenda, S.115.

43　Vgl. Menninger 2004, S.228.

44　Vgl. Cook 1982, S.60f.

45　Vgl. Mueller 1957, S.47f.

46　Vgl. Cook 1982, S.56f.

47　Vgl. Mueller 1957, S.53.

48　Menninger 2004, S.230.

第8章　可可抵达欧洲

1　Vgl. Menninger 2004, S.99ff.

2　Vgl. Ebenda, S.101f.

3　Vgl. Coe & Coe 1996, S.155f.

4　Ebenda, S.158.

5　Ebenda, S.133f.

6　von Anghiera（1973）.

7　Vgl. Menninger 2004, S.144.

8　Ebenda.

9　Vgl. Morton 1995, S.16.

10　Vgl. Mueller 1957, S.36ff.

11　Vgl. Menninger 2004, S.114f.

12　Vgl. Wolschon 2007, S.28 und 54.

13　Menninger 2004, S.123.

14　Ebenda, S.109.

15　Vgl. Coe & Coe 1996, S.152ff.

16 Vgl. Wolschon 2007, S.27.
17 Vgl. Coe & Coe 1996, S.147f. und 160.
18 Vgl. Wolschon 2007, S.33.
19 Vgl. Mueller 1957, S.45f.
20 Italiaander 1980, S.67.
21 Coe & Coe 1996, S.251f.
22 Vgl. Mueller 1957, S.45f.
23 Vgl. Graf 2006, S.23f.
24 Vgl. Mueller 1957, S.47f.
25 Vgl. Menninger 2004, S.228f.
26 Vgl. Schulte-Beerbühl, 2008, S.416.
27 Vgl. Mueller 1957, S.37.
28 Vgl. Coe & Coe 1996, S.184.
29 Vgl. Morton 1995, S.17.
30 Vgl. Coe & Coe 1996, S.187, sowie Mueller 1957, S.42.
31 Vgl. Mueller 1957, S.50f.
32 Vgl. Ebenda, S.51f.
33 Vgl. Coe & Coe 1996, S.197.
34 Vgl. Mueller 1957, S.56.
35 Vgl. Ebenda, S.61.
36 Vgl. Seling-Biehusen 2001, S.22.
37 Vgl. Ebenda, S.22f.
38 Vgl. Seling-Biehusen 2001, S.39f., sowie Böer 1939, S.21.
39 Vgl. Schwebel 1995, S.326.
40 Vgl. Mueller 1957, S.65.
41 Vgl. Graf 2006, S.67ff.
42 Wolschon 2007, S.53.
43 Vgl. Coe & Coe 1996, S.162.
44 Mueller 1957, S.65.

45　Wolschon 2007, S.42.
46　Ebenda, S.47.
47　Vgl. Coe & Coe 1996, S.178ff.
48　Vgl. Mueller 1957, S.38f.
49　Vgl. Ebenda, S.39.
50　Vgl. Coe & Coe 1996, S.181ff.
51　Kardinal Brancati: Über den Schokoladengebrauch, Rom 1665.
52　Vgl. Mueller 1957, S. 40.

第9章　奢侈饮品巧克力

1　Vgl. Graf 2006, S.55.
2　Vgl. Coe & Coe 1996, S.188ff.
3　Ebenda.
4　Vgl. Morton 1995, S.35.
5　Wolschon 2007, S.48f.
6　Vgl. Graf 2006, S.94ff.
7　Vgl. Schiedlausky 1961, S.18ff.
8　Vgl. Ebenda, S.23.
9　Vgl. Graf 2006, S.74ff.
10　Vgl. Ebenda, S.77.
11　Vgl. Mueller 1957, S.48ff.
12　Vgl. Italiaander 1980, S.81.
13　Vgl. Mueller 1957, S.68.
14　Vgl. Graf 2006, S.82.
15　Vgl. Joest o.J., S.18.
16　Mueller 1957, S.56f.
17　Vgl. Morton 1995, S.22ff.
18　Mueller 1957, S.57.

19　Vgl. Italiaander 1980, S.11f.

20　Vgl. Pape 1998, S.66ff.

21　Schroeder 2002, S.85.

22　Vgl. Italiaander 1980, S.15f.

23　Italiaander 1980, S. 78 – zu Stevenson ebenda, S.103f.

24　Rheinisch-Westfälisches Wirtschaftsarchiv.

25　Vgl. Mueller 1957, S.115ff.

26　Vgl. Rossfeld 2007, S.54.

27　Ebenda, S.49.

28　Vgl. Mueller 1957, S.119ff.

第10章　大众消费品巧克力

1　Vgl. Stollwerck 1907, S.33.

2　Vgl. Tilly 1990, S.145.

3　Vgl. Ott 1874, S.42.

4　Ebenda.

5　Vgl. Stollwerck 1907, S.77ff.

6　Vgl. Quintern 2006, S.17f.

7　Amado 1953, S.176f.

8　Vgl. Weindl 2007, S.45f.

9　Vgl. Quintern 2002, S.19f.

10　Vgl. Weindl 2007, S.46.

11　Vgl. Ebenda, S.53f.

12　Vgl. Stollwerck 1907, S.25f.

13　Vgl. Verein der am Rohkakaohandel beteiligten Firmen e.V. 1986, S.16ff.

14　Vgl. Hauschild-Thiessen 1981, S.21.

15　Vgl. Ebenda, S.72.

16　Ebenda, S.75f.

17 Ebenda, S.81.
18 Vgl. Roder 2002, S.23.
19 Reichstagsprotokolle 1885/86, 1, S.642.
20 Vgl. Roder 2002, S.24.
21 Vgl. Ebenda, S.25f.
22 Ebenda, S.26.
23 Ebenda.
24 Vgl. Wirz 1972, S.80f.
25 Vgl. Gründer 2000, S.139.
26 Vgl. Niemann 2006, S.29ff.
27 Schmid 1970, S.49f.
28 Vgl. Roder 2002, S.34ff.
29 Vgl. hierzu und zum Folgenden Edlin 191, 3 mm 1992, S.11ff.
30 Vgl. Lindt & Sprüngli 1995, S.35f.
31 Vgl. Ebenda, S.38.
32 Vgl. Schmid 1970, S.73.
33 Vgl. hierzu und zur weiteren Geschichte der Firma: Schmid 1970, S.13ff.
34 Vgl. Joest 1989, S.11f.
35 Rheinisch-Westfälisches Wirtschafts-archiv, Gubener Wochenblatt vom 11. Januar 1868.
36 Vgl. Joest o.J., S.38.
37 Schmid 1970, S.54.
38 Kuske 1939, S.567f.
39 Quelle: Rheinisch-Westfälisches Wirt – schaftsarchiv.
40 Ebenda.
41 Vgl. Coe & Coe 1998, S.295.
42 Ruß 1868, S.193.
43 Ebenda, S.193f.
44 Quelle: Rheinisch-Westfälisches Wirt – schaftsarchiv.

45　Mueller 1957, S.142.
46　Ruß 1868, S.194.
47　Vgl. Joest o.J., S.33, sowie Hierholzer 2007, S.86f.
48　Quelle: Rheinisch-Westfälisches Wirt-schaftsarchiv.
49　Ebenda.

参考文献

Adrian, Hans G. et al.: Das Teebuch. Geschichte und Geschichten. Anbau, Herstellung und Rezepte. Wiesbaden 1997.
Aguilar-Moreno, Manuel – in: Cameron L. McNeil, (Ed.): Chocolate in Mesoamerika. A cultural history of cocoa. The good and evil of chocolate in colonial Mexico. Gainesville 2009.
Amonn, Otto: Kaffee, Tee und Kakao. Ihr Verbrauch in den Industriestaaten der westlichen Welt nach dem zweiten Weltkrieg. München 1954.
Azteken. Ausstellungskatalog. Deutsche Ausgabe. Köln 2003.
Bachmann, Manfred und Monika Tinhofer: Osterhase, Nikolaus & Zeppelin: Schokoladenformen im Spiegel alter Musterbücher. Husum 1998.
Bavendamm, Dirk et al.: 150 Jahre C. Woermann. Wagnis Westafrika. Die Geschichte eines Hamburger Handelshauses 1837–1987. Hamburg 1987.
Bayer, Ehrentraud – in: Maya. Könige aus dem Regenwald. Katalog zur Sonderausstellung. Mais: Eine Gabe der Götter. Hildesheim 2007 (2. Auflage).
Beckmann: Vorbereitung zur Waarenkunde. Göttingen 1793/1800.
Beliaev, Dimitri, Albert Davletshin and Alexandre Tokovine: in: Staller, John. E. and Michael D. Carrasco (Ed.): Pre-columbian foodways: Interdisciplinary approaches to food, culture and markets in ancient Mesoamerica. Sweet cacao and sour atole: Mixed drinks on classic maya vases. New York 2010.
Bellin, Friederike: Auswirkungen des Anbaus von Kaffee, Kakao und Ölpalmen auf Einkommen und Ernährung der kleinbäuerlichen Haushalte in Süd-Sierra Leone. Gießen 1991.
Berliner Museum zur Geschichte von Handel und Gewerbe (Hg.): Die bunte Verführung. Zur Geschichte der Blechreklame. Berlin 1985.
Bernegg, Andreas: Tropische und Subtropische Weltwirtschaftspflanzen. Ihre Geschichte, Kultur und volkswirtschaftliche Bedeutung. III. Teil: Genusspflanzen. 1. Band: Kakao und Kola. Stuttgart 1934.
Berthold, Klaus (Hg.): Von der braunen Chocolade zur lila Versuchung: die Designgeschichte der Marke Milka. Bremen 1996.
Bletter, Nathaniel and Douglas C. Daly – in: Cameron L. McNeil (Ed.): Chocolate in Mesoamerika. A cultural history of cocoa. Cacao and its relatives in South America. Gainesville 2009.
Bibra, Ernst Freiherr von: Die narkotischen Genussmittel und der Mensch. Nürnberg 1855.
Böer, Friedrich: 750 Jahre Hamburger Hafen – Ein deutscher Seehafen im Dienste der Welt. Hamburg 1939.
Bontekoe, Cornelius: Kurtze Abhandlung Von dem Menschlichen Leben / Gesundheit / Kranckheit / und Tod. Budissin 1685.
Borrmann, Axel et al. (Hg.): Vermarktungs- und Verteilungssysteme für Rohstoffe. Eine Untersuchung möglicher Ansatzpunkte zur Rationalisierung bei Kakao, Baumwolle, Kautschuk und Zinn. Hamburg 1973.
Brillat-Savarin, Jean Anthelme: Physiologie des Geschmacks. Braunschweig 1865.
Brinkmann, Jens-Uwe (Hg.): Der bitter-süße Wohlgeschmack. Zur Geschichte von Kaffee, Tee, Schokolade und Tabak. Göttingen 1994.
Bruckböck, Alexandra (Hg.): Götterspeise Schokolade: Kulturgeschichte einer Köstlichkeit – die Schokoladenseiten zur Ausstellung. Linz 2007.
BUKO Agrar Koordination (Hg.): Zucker. Stuttgart 1992.
BUKO Agrar Koordination (Hg.): Welthandel. Stuttgart 1996.
BUKO Agrar Koordination (Hg.): Kakao. Stuttgart 1996.
Bundesverband der Deutschen Süßwarenindustrie e.V. (Hg.): Süßwaren und Ernährung. Bonn 1995.
Bundesverband der Deutschen Süßwarenindustrie (Hg.): Süßwarentaschenbuch 2006/2007. Bonn 2007.

Bundesverband der Deutschen Süßwarenindustrie (Hg.): Süßwarentaschenbuch 2008/2009. Struktur und Entwicklungstendenzen der Süßwarenindustrie der Bundesrepublik Deutschland. Bonn 2009.
Bundesverband der Deutschen Süßwarenindustrie e.V. (Hg.): Gesund essen und genießen. Süßwaren und Knabberartikel in der Ernährung. Bonn o.J.
Busch, Carmen: Bittersüße Schokolade. Eine kritische Analyse des Kakaoweltmarktes unter besonderer Berücksichtigung der Produzentenseite. Stuttgart 2005.
Cacao Atlas. A project initiated and financed by the German Cocoa and Chocolate Foundation: Edition 2006.
Cocoa Atlas. A project initiated and financed by the German Cocoa and Chocolate Foundation: Edition 2010.
Chocoladenseiten. Weihnachten 2009. Lindt & Sprüngli.
Ciolina, Evamaria und Erhard: Das Reklamesammelbild: Sammlerträume; ein Bewertungskatalog; von Schokolade bis Schuhcreme – kleine Kunstwerke in der Werbung. Regenstauf 2007.
Ciolina, Evamaria und Erhard: Emailschilder. Glanzstück alter Reklame. Augsburg 1996.
Codex Mendoza: Aztekische Handschrift. Fribourg 1984.
Coe, Sophie, D. und Michael D.: Die wahre Geschichte der Schokolade. Frankfurt am Main 1997.
Cook, Russell L.: Chocolate production and use. New York 1982.
Corbin, Alain : Pesthauch und Blütenduft – Eine Geschichte des Geruchs. Berlin 1982.
Cortés, Hernán: Die Eroberung Mexikos. Eigenhändige Berichte an Kaiser Karl V. 1520–1524. Tübingen 1975.
Dahlmann, Dittmar (Hg.): Eisenbahnen und Motoren – Zucker und Schokolade: Deutsche im russischen Wirtschaftsleben vom 18. bis zum frühen 20. Jahrhundert. Berlin 2005.
de Castro, Inés und Stefanie Teufel – in Inés de Castro (Hg.): Maya. Könige aus dem Regenwald. Katalog zur Sonderausstellung. Lebensraum und Landwirtschaft. Hildesheim 2007 (2. Auflage).
de Castro, Inés – in Dies. (Hg.): Maya. Könige aus dem Regenwald. Katalog zur Sonderausstellung. Kunst und Keramik: Die Vasenmalerei der Klassik. Hildesheim 2007 (2. Auflage).
de Castro, Inés – in Dies. (Hg.): Maya. Könige aus dem Regenwald. Katalog zur Sonderausstellung. Das Ballspiel der Maya. Hildesheim 2007 (2. Auflage).
de Castro, Inés – in Dies. (Hg.): Maya. Könige aus dem Regenwald. Katalog zur Sonderausstellung. Leben zwischen Tradition und Moderne. Hildesheim 2007 (2. Auflage).
De Landa, Diego: Bericht aus Yucatan. Stuttgart 2007.
Deutsche Botschaft Accra. Landwirtschaft in Ghana. Kakao. Wi 403. 2005.
Diaz del Castillo, Bernal: Geschichte der Eroberung von Mexiko. Frankfurt am Main 1988.
Diemair, Stefan (Hg.): Lebensmittel-Qualität. Ein Handbuch für die Praxis. Stuttgart 1990.
Deutsche Automatengesellschaft Stollwerck AG (Hg.): Preisliste. Köln 1898.
Deutsches Museum (Hg.): Wenn der Groschen fällt … Münzautomaten gestern und heute. München 1988.
Douven, Henry, Ivan Fabry und Gerhard Göpel: Schokolade. Stolberg 1996.
Draper, Robert: Das Vermächtnis der Azteken. In: National Geographic. November 2010.
DuFour, Philippe Sylvestre: Drey neue curieuse Tractätgen von dem Trancke Cafe, sinesischen The und der Chocolata [Neudr. d. dt. Erstausg. Bautzen 1686 / mit einem Nachwort von Ulla Heise]. München 1986.
Durán, Fray Diego: History of the indies of new Spain (1588). Oklahoma 2009.
Durry, Andrea, Aiga Corinna Müller und Caroline Wilkens-Ali: Das süße Geheimnis der Schokoladennikoläuse. In: Alois Döring (Hg.): Faszination Nikolaus. Kult, Brauch und Kommerz. Essen 2001.
Durry, Andrea und Thomas Schiffer: Das Schokoladenmuseum. Geschichte und Gegenwart der Schokolade. Köln 2008.
Edsmann, Carl-Martin und Carl-Otto Sydow: Ausstellungskatalog der Universität Tübingen. Carl von Linnè und die deutschen Botaniker seiner Zeit. Tübingen 1977.
Edlin, Christa: Philippe Suchard. Schokoladenfabrikant und Sozialpionier. Glarus 1992.
Eiberger, Thomas: Zur Analytik von Nicht-Kakaobutterfett in Kakaobutter. Berlin 1996.

Ellerbrock, Karl-Peter: Geschichte der deutschen Nahrungs- und Genussmittelindustrie. Stuttgart 1993.

Emsley, John: Sonne, Sex und Schokolade: mehr Chemie im Alltag. Weinheim 2006.

Enzensberger, Hans Magnus: Las Casas oder Ein Rückblick in die Zukunft (1966). In: Las Casas. Kurzgefasster Bericht von der Verwüstung der Westindischen Länder. Frankfurt a. Main 2006.

Epple, Angelika: Das Unternehmen Stollwerck. Eine Mikrogeschichte der Globalisierung. Frankfurt am Main 2010.

Epple, Angelika: Das Auge schmeckt Stollwerck. Uniformierung der Bilderwelt und kulturelle Differenzierung von Vorstellungsbildern in Zeiten des Imperialismus und der Globalisierung. In: Werkstatt Geschichte 45, 2007, S. 13–31.

Euringer, Günter: Das Kind der Schokolade. O.O. 2005.

Feuz, Patrick, Andreas Tobler und Urs Schneider: Toblerone. Die Geschichte eines Schweizer Welterfolgs. Zürich 2008.

Fincke, Heinrich: Die Kakaobutter und ihre Verfälschungen. Stuttgart 1929.

Fincke, Heinrich: Festschrift 50 Jahre Chemikertätigkeit in der Deutschen Schokoladenindustrie. Köln 1934.

Fincke, Heinrich: Handbuch der Kakaoerzeugnisse. Berlin 1965.

Franc, Andrea: Wie die Schweiz zur Schokolade kam: der Kakaohandel der Basler Handelsgesellschaft mit der Kolonie Goldküste (1893–1960). Basel 2008.

Franke, Erwin: Kakao, Tee und Gewürze. Wien 1914.

Franke, Gunther und Albrecht Pfeiffer: Kakao. Wittenberg 1964.

Frauendorfer, Felix: Zum Einfluss des Röstvorgangs auf die Bildung wertgebender Aromastoffe in Kakao. München 2003.

Frei, René: Über die Schokolade im allgemeinen und die Entwicklung der bernischen Schokoladeindustrie. Luzern 1951.

Friebe, Richard: Der Erfinder des Blümchensex. In: Frankfurter Allgemeine Zeitung 20. Mai 2007. Nr. 20.

Geschichtliche Weltkunde: Band 2. Frankfurt 1977.

Geo: Frühe Kakaoholiker. 01/2008.

Gillies, Judith-Maria: Die Schokoladenseite. In: Die Zeit, Nr. 51 vom 10. Dezember 2009.

Gniech, Gisela: Essen und Psyche. Über Hunger und Sattheit, Genuss und Kultur. Berlin 2002.

Gore, Al: Eine unbequeme Wahrheit. Die drohende Klimakatastrophe und was wir dagegen tun können. München 2006.

Graf, Roland: Adliger Luxus und die städtische Armut. Eine soziokulturelle Studie zur Geschichte der Schokolade in Mitteleuropa vom 16. bis zum 18. Jahrhundert. Wien 2006.

Greenpeace: Give the Orang-Utan a break. Ausgabe 2/2010.

Greiert, Carl: Festschrift zum 50-jährigen Bestehen des Verbandes deutscher Schokoladen-Fabrikanten e.V. Dresden 1926.

Grube, Nikolai – in Inés de Castro (Hg.): Maya. Könige aus dem Regenwald. Katalog zur Sonderausstellung. Gefaltete Bücher: Die Codizes der Maya. Hildesheim 2007 (2. Auflage).

Grube, Nikolai – in Inés de Castro (Hg.): Maya. Könige aus dem Regenwald. Katalog zur Sonderausstellung. Die Staaten der Maya. Hildesheim 2007 (2. Auflage).

Grube, Nikolai: Maya. Gottkönige im Regenwald. Potsdam 2006/2007.

Gründer, Horst: Geschichte der deutschen Kolonien. Paderborn 2000.

gtz: Kakao und Kinderrechte – Wachsamkeitskomitees setzen sich für Kinder ein. Eschborn 2009.

Gugkiotta, Guy: Die Maya. Ruhm und Ruin. In: National Geographic. Ausgabe Oktober 2007.

Gundemann, Rita: Der Sarotti-Mohr: Die bewegte Geschichte einer Werbefigur. Berlin 2004.

Hakenjos, Bernd und Susanne Jauernig: Böttger-Steinzeug und -Porzellan – Ausgewähltes Meißen. Berlin 2004.

Hamburger Freihafen-Lagerhaus-Gesellschaft (Hg.): 750 Jahre Hamburger Hafen. Hamburg 1939.

Hancock, B., L. and M. S. Fowler – in S. T. Beckett (Ed.): Industrial Chocolate Manufacture an Use. Cocoa bean production and transport. London 1997.

Handt, Ingelore und Hilde Rakebrand: Meißner Porzellan des achtzehnten Jahrhunderts 1710 bis 1750. Dresden o.J.

Hanisch, Rolf und Curd Jakobeit (Hg.): Der Kakaoweltmarkt. Weltmarktintegrierte Entwicklung und nationale Steuerungspolitik der Produzentenländer. Band I: Weltmarkt, Malaysia, Brasilien. Band II: Afrika. Hamburg 1991.

Harkin-Engel-Protokoll; Wien 2001.

Hartwich, Carl: Die menschlichen Genussmittel. Ihre Herkunft, Verbreitung, Geschichte, Anwendung, Bestandteile und Wirkung. Leipzig 1911.

Hauschild-Thiessen, Renate: Albrecht & Dill 1806–1981. Die Geschichte einer Hamburger Firma. Hamburg 1981.

Heenderson, John, S. and Rosemary A. Joyce – in Cameron L. McNeil (Ed.): Chocolate in Mesoamerika. A cultural history of cacao. The development of cacao beverages in formative Mesoamerica. Gainesville 2009.

Heidrich, Hermann und Sigune Kussek (Hg.): Süße Verlockung: von Zucker, Schokolade und anderen Genüssen. Molfsee 2007.

Heise, Ulla: Kaffee und Kaffeehaus. Leipzig 1996.

Hengartner, Thomas und Christoph Maria Merki (Hg.): Genussmittel. Ein kulturgeschichtliches Handbuch. Frankfurt am Main 1999.

Herold, Anja – in: Geo Epoche: Das Magazin für Geschichte. Maya – Inka – Azteken. Altamerikanische Reiche: 2600 v. Chr. bis 1600 n. Chr. Kolosse im Regenwald. Nr. 15. 2004.

Herrmann, Roland: Internationale Agrarmarktabkommen: Analyse ihrer Wirkungen auf den Märkten für Kaffee u. Kakao. Tübingen 1988.

Hillen, Christian (Hg.): »Mit Gott«. Zum Verhältnis von Vertrauen und Wirtschaftsgeschichte. Köln 2007.

Himmelreich, Laura: Warum Schokogiganten auf politisch korrekten Kakao setzen. In: Spiegel Online 3. Januar 2010.

Hochmuth, Christian: Globale Güter – lokale Aneignung: Kaffee, Tee, Schokolade und Tabak im frühneuzeitlichen Dresden. Konstanz 2008.

Hoffmann, Simone: Die Welt des Kakaos. Neustadt an der Weinstraße 2008.

Holl, Frank: Alexander von Humboldt. Mein vielbewegtes Leben. Der Forscher über sich und seine Werke. Frankfurt 2009.

Holst, Herbert: Kleine Kakaokunde. Hamburg 1961.

Holsten, Nina: Industrialisierung und Überseehandel in Deutschland: Anregungen für den Besuch des Ausstellungsbereichs Arbeit im Kontor – Handel mit Übersee im Museum der Arbeit [Einzelthema Rohstoffe aus Übersee – Kautschuk und Kakao]. Hamburg 1997.

Hütz-Adams, Friedel: Die dunklen Seiten der Schokolade. Große Preisschwankungen – schlechte Arbeitsbedingungen der Kleinbauern. Langfassung. Eine Studie des Südwind e.V. gefördert vom Bistum Aachen und den Evangelischen Kirchenkreisen Aachen und Jülich. Aachen 2009.

Hütz-Adams, Friedel: Menschenrechte im Anbau von Kakao. Eine Bestandsaufnahme der Initiativen der Kakao- und Schokoladenindustrie. INEF Forschungsreihe. Universität Duisburg-Essen 2010.

Hütz-Adams, Friedel: Ghana: Vom bitteren Kakao zur süßen Schokolade. Der lange Weg von der Hand in den Mund. Südwind e.V. Siegburg 2011.

Humboldt, Alexander von: Versuch über den politischen Zustand des Königreichs Neu-Spanien. Bd. 3. Buch IV. Tübingen 1812.

Humboldt, Alexander von: Politische Ideen zu Mexiko. Politische Landeskunde. Hg. von Hanno Beck. Darmstadt 1991.

ILAB and United States Department of Labour: US Department of Labour's 2008 findings on the worst forms of child labour. International Child Labour reports. 2009 Washington.

Imhof, Paul: Nach allen Regeln der Kunst – von der Cacaobohne zur Edelschokolade. Zürich 2008.

Imhoff, Hans: Das wahre Gold der Azteken. Düsseldorf 1988.

Informationsgemeinschaft Münzspiel et al. (Hg.): Für'n Groschen Glück & Seife. Alte Münzautomaten. Berlin 1990.

Info-Zentrum Schokolade (Hg.): Kakao und Schokolade. Vom Kakaobaum zur Schokolade. Leverkusen 2004.
International Institute of tropical Agriculture (ITTA): Child Labor in the Cocoa Sector of West Africa. A synthesis of findings in Cameroon, Côte d'Ivoire, Ghana and Nigeria. Under the auspices of USAID/ USDOL/ ILO. 2002.
Italiaander, Rolf: Xocolatl. Ein süßes Kapitel unserer Kulturgeschichte. Düsseldorf 1980.
Italiaander, Rolf: Speise der Götter. Eine Kulturgeschichte der Xocolatl in Bildern. Düsseldorf 1983.
Joest, Hans-Josef: 150 Jahre Stollwerck. Das Abenteuer einer Weltmarke. Köln 1989.
Jolles, Adolf: Die Nahrungs- und Genußmittel und ihre Beurteilung. Leipzig 1926.
Journal der Gesellschaft für selbstspielende Musikinstrumente e.V. (Hg.): Das mechanische Musikinstrument. Bergisch Gladbach 1995.
Kappeller, Klaus: Vergleich der gesetzlichen Bestimmungen über Schokolade und Kakaoerzeugnisse. Bonn 1955.
Kaufman, Terrence and John Justeson – in Cameron L. McNeil (Ed.): Chocolate in Mesoamerika. A cultural history of cocoa. History of the word for »cacao« and related terms in ancient Meso-America. Gainesville 2009.
Kittl, Beate: Schokolade in Gefahr. Schädling bedroht Kakaoernte. In: Süddeutsche Zeitung online, 2. Januar 2008.
Kleinert, Jürg: Handbuch der Kakaoverarbeitung und Schokoladeherstellung. Hamburg 1997.
Klüver, Reymer: in: Geo Epoche: Das Magazin für Geschichte. Maya – Inka – Azteken. Altamerikanische Reiche: 2600 v. Chr. bis 1600 n. Chr. Karriere eines Killers. Nr. 15. 2004.
Kluthe, Reinhold et al. (Hg.): Süßwaren in der modernen Ernährung – Ernährungsmedizinische Betrachtungen. Stuttgart 1999.
Klopstock, Fritz: Kakao. Wandlungen in der Erzeugung und der Verwendung des Kakaos nach dem Weltkrieg. Leipzig 1937.
Köhler, Ulrich (Hg.): Altamerikanistik. Eine Einführung in die Hochkulturen Mittel- und Südamerikas. Umweltbedingungen und kulturgeschichtliche Entwicklung. Berlin 1990.
König, Viola – in Ulrich Köhler (Hg.): Altamerikanistik. Eine Einführung in die Hochkulturen Mittel- und Südamerikas. Berlin 1990.
Kohler, Andreas: in: Spiegel Online, Ältestes Schriftstück Amerikas entdeckt. 15. September 2006.
Krämer, Tilo: Zur Wirkung von Flavonoiden des Kakaos auf Lipidperoxidation und Protein-Tyrosinnitrierung von menschlichem LDL. Düsseldorf 2006.
Krempel, Guido und Sebastian Matteo: Ein polychromer Teller aus Yootz. In: Baessler Archiv. Beiträge zur Völkerkunde, Bd. 56, 2008, S. 244–248.
Kruedener, Jürgen von: Die Rolle des Hofes im Absolutismus. München 1971.
Kurze, Peter, Thomas Schaefer und Gabi Siepmann: Schiffe, Schnaps und Schokolade – Bremer Produkte der 70er-Jahre. Bremen 1998.
Kuske, Bruno: 100 Jahre Stollwerck-Geschichte 1839-1939. Köln 1939.
Kwem, Maurice C.: Der Weltmarkt für Kakao unter besonderer Berücksichtigung der Position Nigerias. Frankfurt am Main 1985.
Lacadena, Alfonso – in Inés de Castro (Hg.): Maya. Könige aus dem Regenwald. Katalog zur Sonderausstellung. Stimmen aus Stein, Stimmen aus Papier: Die Hieroglyphenschrift der Maya. Hildesheim 2007 (2. Auflage).
Laessig, Alfred: Die Grundelemente der Kakao- und Schokoladenfabrikation. Eine technische und wirtschaftliche Untersuchung. Dresden 1928.
Las Casas, Bartolomé de: Kurzgefasster Bericht von der Verwüstung der Westindischen Länder. Frankfurt am Main 2006.
Leimgruber, Yvonne (Hg.): Chocolat Tobler – Zur Geschichte der Schokolade und einer Berner Fabrik. Begleitpublikation zur Ausstellung »Chocolat Tobler – eine Dreiecksgeschichte. Von 1899 bis Heute« im Kornhaus Bern, 12. Mai bis 1. Juli. Bern 2004.
Lewin, L.: Phantastica. Die betäubenden und erregenden Genussmittel. Berlin 1924.
Lieberei, R.: Die Vielfalt des Kakaos. Der Einfluss von Provenienz und Varietät auf seinen Geschmack. Moderne Ernährung heute. Nr. 2, Oktober 2006.

Linné, Carl von: Des Ritter Carl von Linné Auserlesenen Abhandlungen aus der Naturgeschichte, Physik und Arzneywissenschaft. Carl von Linné. Leipzig 1777.
Loeffler, Bernd Matthias Nikolaus: Untersuchungen zur Pharmakokinetik von Coffein, Theophyllin und Theobromin beim Hund nach Aufnahme von Kaffee, Tee und Schokolade. Leipzig 2000.
Luhmann, E.: Kakao und Schokolade. Eine ausführliche Beschreibung der Herstellung aller Kakaopräparate und der dafür erforderlichen Einrichtungen. Hannover 1909.
Matissek, Reinhard (Hg.): Moderne Ernährung heute. Sammelband I. Köln 1999.
Matissek, Reinhard (Hg.): Moderne Ernährung heute. Band 4. Köln 2001.
Matissek, Reinhard (Hg.): Moderne Ernährung heute. Band 5. Köln 2003.
Matissek, Reinhard (Hg.): Moderne Ernährung heute. Band 6. Köln 2005.
McNeil, Cameron L. (Ed.): Chocolate in Mesoamerika. A cultural history of cocoa. Gainesville 2009.
McNeil, Cameron L., Jeffrey W. Hurst and Robert J. Sharer – in Cameron L. McNeil (Ed.): Chocolate in Mesoamerika. A cultural history of cocoa. The use and representation of cacao during the classic period at Copan and Honduras. Gainesville 2009.
Meier, Günter: Porzellan aus der Meißner Manufaktur. Stuttgart 1983.
Meißner, Erich: Die sächsische Kakao- und Schokoladenindustrie unter besonderer Berücksichtigung der gewerblichen Betriebszählung vom 16. Juni 1925. Leipzig 1930.
Meiners, Albert et al. (Hg.): Das neue Handbuch der Süßwarenindustrie. Band I und II. Neuss 1983.
Menezes, Albene Miriam Ferreira: Die Handelsbeziehungen zwischen Deutschland und Brasilien in den Jahren 1920–1950 unter besonderer Berücksichtigung des Kakaohandels. Hamburg 1987.
Menninger, Annerose: Tabak, Zimt und Schokolade. Europa und die fremden Genüsse (16. bis 19. Jahrhundert), in: Urs Faes und Béatrice Ziegler (Hg.): Das Eigene und das Fremde. Festschrift für Urs Bitterli. Zürich 2000, S. 232–262.
Menninger, Annerose: Die Verbreitung von Schokolade, Kaffee, Tee und Tabak in Europa (16. bis 19. Jahrhundert). Ein Vergleich. In: Yonne Leimgruber et al. (Hg.): Chocolat Tobler. Zur Geschichte der Schokolade und einer Berner Fabrik. Bern 2001, S. 28–37.
Menninger, Annerose: Genuss im kulturellen Wandel. Tabak, Kaffee, Tee und Schokolade in Europa (16. bis 19. Jahrhundert). Stuttgart 2004.
Michaelowa, Katharina und Ahmad Naini: Der Gemeinsame Fonds und die Speziellen Rohstoffabkommen. Baden-Baden 1995.
Mielke, Heinz-Peter: Kaffee, Tee, Kakao. Der Höhenflug der drei »warmen« Lustgetränke. Viersen 1988.
Montignac, Michel: Gesund mit Schokolade. Offenburg 1996.
Morton, Marcia und Frederic: Schokolade, Kakao, Praline, Trüffel und Co. Wien 1995.
Mühle, Thea: Technologische Untersuchungen des Conchierprozesses als Grundlage zur Entwicklung eines rationellen Schokoladenherstellungsverfahrens. Dresden 1974.
Müller, Michael (Hg.): Kaffee – Eine kleine kulinarische Anthologie. Stuttgart 1998.
Mueller, Wolf: Seltsame Frucht Kakao. Geschichte des Kakaos und der Schokolade. Hamburg 1957.
Museum für Gestaltung (Hg.): Email-Reklameschilder von 1900–1960. Zürich 1986.
National Geographic. Blut für Regen. Ausgabe März 2008.
Ndine, Roger Mbassa: Die Nahrungs- und Genußmittelindustrie als Impuls zur Wandlung von Agrarökonomien in Afrika. Ein dynamisches Modell der Ernährungswirtschaft in Kamerun. Mannheim 1984.
Neehall, Caryl: The Giant African Snail (Achatina fulica). Research division MALMR. The Ministry of Agriculture, Land and Marine Resources. Trinidad & Tobago 2004.
Neues Universallexikon: Band 3. Köln 1975.
Nimmo, Leonie – in: Ethical consumer. Chocolate. Melted more. November / December 2009.
Nuyken-Hamelmann, Cornelia: Quantitative Bestimmung der Hauptsäuren des Kakaos. Braunschweig 1987.

Oberparleitner, Sabine: Untersuchungen zu Aromavorstufen und Aromabildung von Kakao. München 1996.
Obert, Michael und Daniel Rosenthal, in: Greenpeace-Magazin: Kinderschokolade. März 2009.
Öko-Test. Schokolade. Bitterschokolade. November 2005.
Ogata, Nisao, Arturo Gómez-Pompa and Karl A. Taube – in Cameron L. McNeil (Ed.): Chocolate in Mesoamerika. A cultural history of cocoa. The domestiction and distribution of Theobroma cacao L. in the neotropics. Gainesville 2009.
OroVerde & GTZ (Hg): Amazonien. Geheimnisvolle Tropenwälder. Bonn 2007.
OroVerde (Hg.): OroVerde. Das Magazin für die Freunde der Tropenwälder. Bonn 2006.
Ott, Adolf: Wiener Weltausstellung 1873. Bericht über Gruppe IV. Nahrungs- und Genussmittel als Erzeugnisse der Industrie. Schaffhausen 1874.
Payson Center for International Development and Technology Transfer der Tulane University: Oversight of public an private initiatives to eliminate the worst forms of child labour in the cocoa sector in Côte d'Ivoire and Ghana. New Orleans 2011.
Pallach, Ulrich-Christian: Materielle Kultur und Mentalitäten im 18. Jahrhundert. München 1987.
Pape, Thomas (Hg.): Schokolade – Eine kleine kulinarische Anthologie. Stuttgart 1998.
Perré, Sandra: Einfluss von flavanolreichem Kakao auf die Endotheldysfunktion bei Rauchern. Düsseldorf 2006.
Pfnür, Petra Anne: Untersuchungen zum Aroma von Schokolade. München 1998.
Pietsch, Ulrich: Frühes Meißener Porzellan. Aus einer Privatsammlung. Lübeck 1993.
Popol Vuh: Die heilige Schrift der Maya. Hamburg 2004.
Prager, Christian M. – in Inés de Castro (Hg.): Maya. Könige aus dem Regenwald. Katalog zur Sonderausstellung. Der Weg ins Jenseits. Tod bei den Maya. Hildesheim 2007 (2. Auflage).
Prager, Christian M. – in Inés de Castro (Hg.): Maya. Könige aus dem Regenwald. Katalog zur Sonderausstellung. Kampf um Ressourcen und Vormachtstellung: Krieg und Gefangennahme. Hildesheim 2007 (2. Auflage).
Prem, Hanns J. – in Ulrich Köhler (Hg.): Altamerikanistik. Eine Einführung in die Hochkulturen Mittel- und Südamerikas. Kalender und Schrift. Berlin 1990.
Prem, Hanns J.: Die Azteken. Geschichte Kultur Religion. München 2006 (4. Auflage).
Prem, Hanns J.: Geschichte Alt-Amerikas. Oldenbourg Grundriss der Geschichte. München 2008.
Prescott, William: Die Eroberung von Mexiko. Der Untergang des Aztekenreichs. Köln 2000.
Presilla, Maricel, E.: Schokolade. Die süßeste Verführung. München 2007.
Quintern, Detlev: »Nicht die Bohne wert?«. In: Hartmut Roder (Hg.): Schokolade. Geschichte, Geschäft, Genuss. Bremen 2002, S. 11–22.
Rademacher, Cay – in Geo Epoche: Das Magazin für Geschichte. Maya – Inka – Azteken. Altamerikanische Reiche: 2600 v. Chr. bis 1600 n. Chr. Azteken. Nr. 15. 2004.
Rath, Jürgen: Arbeit im Hamburger Hafen. Hamburg 1988.
Rätsch, Christian (Hg.): Chactun – Die Götter der Maya. Quellentexte, Darstellung und Wörterbuch. O.O. 1986.
Reents-Budet, Dorie – in Cameron L. McNeil (Ed.): Chocolate in Mesoamerika. A cultural history of cocoa. The social context of kakaw drinking among the ancient Maya. Gainesville 2009.
Rembor, Ferdinand und Heinrich Fincke: Was muss der Verkäufer von Kakao, Schokolade und Pralinen wissen? Ein verkaufskundlicher Lehrgang für den Unterricht an Berufs-, Gewerbe-, Handels- und Verkaufs-Schulen. Eine Anleitung für Geschäftsinhaber und Beschäftigte im Schokoladenhandel. Dortmund 1954.
Rincón, Carlos – in Diego de Landa: Bericht aus Yucatan. Stuttgart 2007.
Riese, Berthold: Die Maya. Geschichte – Kultur – Religion. München 2006 (6. Auflage).
Riese, Berthold – in Ulrich Köhler (Hg.): Altamerikanistik. Eine Einführung in die Hochkulturen Mittel- und Südamerikas. Kultur und Gesellschaft im Maya Gebiet. Berlin 1990.
Roder, Hartmut (Hg.): Schokolade: Geschichte, Geschäft und Genuss. Bremen 2002.
Rodríguez, Guadalupe – in: Regenwaldreport. Regenwald in Mexiko. Nr. 3/2009.
Röhrle, Manfred: Über die Aromabildung beim Rösten von Kakao. München 1970.

Roeßiger, Susanne et al.: Hauptsache gesund! Gesundheitsaufklärung zwischen Disziplinierung und Emanzipation. Marburg 1998.

Rohsius, Christina: Die Heterogenität der biologischen Ressource Rohkakao (Theobroma cacao L.). Dissertation. Hamburg 2007.

Rolle, Carl Jürgen: Der Absatz von Schokolade : Unter bes. Berücks. d. Absatzorganisation d. Schokoladenindustrie. O.O. 1955.

Rossfeld, Roman: Schweizer Schokolade: industrielle Produktion und kulturelle Konstruktion eines nationalen Symbols 1860–1920. Baden 2007.

Rüger, Otto: Festschrift zum 25-jährigen Bestehen des Verbandes deutscher Chokolade-Fabrikanten. Dresden 1901.

Rühl, Gerhard: Untersuchungen zu den Ursachen der Kühlungs- und Trocknungsempfindlichkeit von Kakaosamen. Braunschweig 1987.

Sandgruber, Roman und Harry Kühnel (Hg.): Genuss & Kunst. Kaffee, Tee, Schokolade, Tabak, Cola. Innsbruck 1994.

Sandgruber, Roman: Bittersüße Genüsse. Kulturgeschichte der Genussmittel. Wien 1986.

Schafft, Helmut und Heike Itter: Risikobewertung von Cadmium in Schokolade. BfR-Statusseminar. Cadmium – Neue Herausforderungen für die Lebensmittelsicherheit? Bundesinstitut für Risikobewertung. Berlin 2009.

Schantz, Birgit: Zur Wirkung oberflächenaktiver Substanzen in Schokolade auf Verarbeitungseigenschaften und Endprodukt. Dresden 2003.

Schiedlausky, Günther: Tee, Kaffee, Schokolade. Ihr Eintritt in die europäische Gesellschaft. München 1961.

Schimmel, Ulrich und Helga: Indianische Genussmittel, Rohstoffe und Farben – Von Konquistadoren entdeckt und von der alten Welt genutzt. Göttingen 2009.

Schivelbusch, Wolfgang: Das Paradies, der Geschmack und die Vernunft. Eine Geschichte der Genussmittel. München 1980.

Schmid, Ulla Karla: Die Tributeinnahmen der Azteken nach dem Codex Mendoza. Frankfurt 1988.

Schmidt-Kallert, Einhard: Zum Beispiel Kakao. Göttingen 1995.

Schreiber, Nicola: Vom Genuss der Schokolade. Warum die süße Verführung uns glücklich macht. Niedernhausen 1999.

Schröder, Rudolf: Kaffee, Tee und Kardamom. Stuttgart 1991.

Schütt, Peter und Ulla M. Lang – in Peter Schütt et al. (Hg.): Bäume der Tropen. Hamburg 2006.

Schulte-Beerbühl, Margot: Faszination Schokolade – Die Geschichte des Kakaos zwischen Luxus, Massenproduktion und Medizin. In: Vierteljahrschrift für Sozial- und Wirtschaftsgeschichte, 4/2008.

Schwarz, Aljoscha A. und Ronald P. Schweppe: Von der Heilkraft der Schokolade – Genießen ist gesund. München 1997.

Schwebel, Karl (Hg.): Die Handelsverträge der Hansestädte Lübeck, Bremen und Hamburg mit überseeischen Staaten im 19. Jahrhundert. Bremen 1962.

Schwebel, Karl: Bremer Kaufleute in den Freihäfen der Karibik. Von den Anfängen des Bremer Überseehandels bis 1815. Bremen 1995.

Seidenspinner, Annett und Kerstin Niemann: Die Akzeptanz von Bio-Produkten: eine Conjoin-Analyse. Marburg 2008.

Seling-Biehusen, Petra: »Coffi, Schokelati, und Potasie«. Kaffee-Handel und Kaffee-Genuss in Bremen. Idstein 2001.

Senftleben, Wolfgang: Die Kakaowirtschaft und Kakaopolitik in Malaysia. Hamburg 1988.

Siegrist, Hannes, Hartmut Kälble und Jürgen Kocka (Hg.): Europäische Konsumgeschichte. Frankfurt am Main 1997.

Sievernich, Michael (Hg.): Der Spiegel des Las Casas. In: Las Casas. Kurzgefasster Bericht von der Verwüstung der Westindischen Länder. Frankfurt am Main 2006.

Spieker, Ira: Ein Dorf und sein Laden. Warenangebot, Konsumgewohnheiten und soziale Beziehungen im ländlichen Ostwestfalen um die Jahrhundertwende. Göttingen 1998.

Stadt Frankfurt am Main (Hg.): Der Palmengarten: Tropische Nutzpflanzen. Von Ananas bis Zimt. Frankfurt am Main 1999.

Steffen, Yvonne: Zur Schutzwirkung des Polyphenols (-)-Epicatechin auf Gefäßendothelzellen. Düsseldorf 2008.

Steinbrenner, Larry – in Cameron L. McNeil (Ed.): Chocolate in Mesoamerika. A cultural history of cocoa. Cacao in Greater Nicoya. Ethnohistory and a unique tradition. Gainesville 2009.

Steinle, Robert Fin: Schokolade – Nahrungsmittel oder Pausenfüller? [Begleitband zur Sonderausstellung »Der Siegszug der Süßen Verführung – Schokolade« im Knauf-Museum Iphhofen]. Dettelbach 2004.

Steinlechner, Joachim: Kaffee, Kakao, Tee – Österreichs Außenhandel mit Kolonialwaren 1918 bis 2004. Wien 2008.

Stiftung Warentest: Milchschokolade zwischen »gut« und »mangelhaft«. 20 Marken im Test. Heft 11. November 2007.

Stiftung Warentest. Dunkler Genuss. Bitterschokoladen. Heft 12. Dezember 2007.

Stollwerck AG (Hg.): Kakao und Schokolade, ihre Gewinnung und ihr Nährwert. Berlin 1929.

Stollwerck, Walter: Der Kakao und die Schokoladenindustrie. Jena 1907.

Streitberger, Claudia: Mauxion Saalfeld. Erfurt 2007.

Strobel, Alexandra und Andrea Hüsser: 100% Schokolade – Portraits ausgewählter Personen und ihre Beziehung zur Schokolade. Luzern 2009.

Struckmeyer, Friedrich K. et al.: Alte Münzautomaten. Bonn 1988.

Stuart, David – in Cameron L. McNeil (Ed.): Chocolate in Mesoamerika. A cultural history of cocoa. The Language of Cocoa. References to cacao on classic Maya drinking vessels. Gainesville 2009.

Suchard-Schokolade GmbH (Hg.): Suchard. Bludenz 1887–1987. Bludenz 1987.

Sweet Global Network: 1/2010. Nestlé to sell Fairtraide Kit Kats in UK and Ireland.

Sweet Global Network: 12/2009. Kraft Foods erweitert Verpflichtung zum nachhaltigen Kakaoanbau.

Sweet Global Network: 11/2009. Wild Cocoa de Amazonas Chocoladen von Hachez.

Sweet Global Network: 5/2009. Mars Inc. will nachhaltigen Kakaoanbau fördern.

Sweet Global Network: 4/2009. Cadbury will Fairtrade-Zertifikat für die Marke Cadbury Dairy Milk.

Taube, Karl: Aztekische und Maya-Mythen. Stuttgart 1994.

Teufl, Cornelia; Claus, Stefan: Kaffee – Die kleine Schule. Alles was man über Kaffee wissen sollte. München 1998.

Thiele-Dohrmann, Klaus: Europäische Kaffeehauskultur. Düsseldorf 1997.

Thomas, Hugh: Die Eroberung Mexikos. Cortés und Montezuma. Frankfurt 1998.

Tillmann, Michael: Kakaobuttersubstitute in Schokolade: das Kohärenzprinzip wird durch den Kakao gezogen. Bonn 1999.

Tilly, Richard H.: Vom Zollverein zum Industriestaat. Die wirtschaftlich-soziale Entwicklung Deutschlands 1834 bis 1914. München 1990.

Timm, Mareile: Evaluation des Wertstoffpotentials von biogenen Reststoffen der Lebensmittelindustrie: untersucht am Beispiel der Kakao- und Schokoladenproduktion. Hamburg 2007.

Transfair e.V.: Jahresbericht 2009.

Valdés, Juan Antonio – in Inés de Castro (Hg.): Maya. Könige aus dem Regenwald. Katalog zur Sonderausstellung. Tikal: Imposante Metropole im Regenwald: Die Vasenmalerei der Klassik. Hildesheim 2007 (2. Auflage).

Vargas, Rámon Carrasco, López Verónica S. Vázquez and Martin Simon – in: PNAS. Daily life if the ancient Maya recorded in murals at Calakmul, Mexico. November 2009. Vol. 106. No. 46.

Verein der am Rohkakaohandel beteiligten Firmen e.V.: Geschäftsbericht 2008/2009.

Verein der am Rohkakaohandel beteiligten Firmen e.V. (Hg.): Rohkakaohandel in Hamburg 1911–1986. Hamburg 1986.

Vogel-Verlag (Hg.): Magazin 75 Jahre Automaten. Würzburg 1998.

von Anghiera, Peter Martyr: Acht Dekaden über die Neue Welt. Übersetzt, eingeführt und mit Anmerkungen versehen von Hans Klingelhöfer. Bd. 2: Dekade V bis VIII. Darmstadt 1973

Wagner, Elisabeth – in Inés de Castro (Hg.): Maya. Könige aus dem Regenwald. Katalog zur Sonderausstellung. Götter, Schöpfungsmythen und Kosmographie. Hildesheim 2007 (2. Auflage).

Weber, Anton: Der Kakao. Eine wirtschaftsgeographische Studie. Würzburg 1927.

Welz, Volker (Hg.): Katalog Email-Reklameschilder. Essen 1991.

Westphal, Wilfried: Die Maya. Volk im Schatten seiner Väter. Bindlach 1991.

Weindl, Andrea: Vertrauen auf internationale Regulierungsmechanismen? Die Stollwerck AG, der internationale Kakaomarkt und die Frage der Sklavenarbeit in den portugiesischen Kolonien, ca. 1905–1910. In: Christian Hillen (Hg.): »Mit Gott«. Zum Verhältnis von Vertrauen und Wirtschaftsgeschichte. Köln 2007, S. 44–57.

Wild, Michael: Am Beginn der Konsumgesellschaft. Mangelerfahrungen, Lebenshaltung, Wohlstandshoffnung in Westdeutschland in den fünfziger Jahren. Hamburg 1995.

Willenbrock, Harald: Urgeschmack. In: Geo 12/2006.

Wirz, Albert: Vom Sklavenhandel zum kolonialen Handel. Wirtschaftsräume und Wirtschaftsformen in Kamerun vor 1914. Zürich 1972.

Wolschon, Miriam: Lustgetränk und Stärkungsmittel – Wie die Medizin der Schokolade zum Durchbruch verhalf. Hamburg 2008.

Wolters, Bruno: Agave bis Zaubernuss. Heilpflanzen der Indianer Nord- und Mittelamerikas. Greifenberg 1996.

Wood, G. A. R. and R. A. Lass: Cocoa. New York 1989.

Young, Allen M.: The chocolate tree. A natural history of Cacao. Florida 2007.

Zeng, Yuantong: Impf- und Scherkristallisation bei Schokoladen. Zürich 2000.

Zipprick, Jörg: Schokolade – Heilmittel für Körper und Seele. Kreuzlingen 2005.

电视报道

Mistrati, Miki: Schmutzige Schokolade. Ausgestrahlt am 6. Oktober 2010 in der ARD.

可可相关网站

www.cocoainitiative.org
www.fairtrade.org
www.gepa.de
www.infozentrum-schoko.de
www.icco.org
www.kakaoverein.de
www.oroverde.de
www.theobroma-cacao.de
www.transfair.org
www.worldcocoafoundation.org

图片版权说明

（出版者已尽一切努力查明图片来源）

第1章
篇章页	Florian Rink, fotolia
图1~2	wikimedia commons
图3	Ellen Ebenau, fotolia
图4~5	Schokoladenmuseum Köln
图6	Shariff Che'Lah, fotolia
图7	Schokoladenmuseum Köln

第2章
篇章页	leungchopan, fotolia
图8	Marc Rigaud, fotolia
图9	chudodejkin, fotolia
图11	Elke Mannigel, OroVerde
图12	Matthias Lembke, Cotterell GmbH & Co. KG
图13~20	Schokoladenmuseum Köln

第3章
篇章页	Melanie Dieterle, fotolia
图21	Anne Welsing, GEPA – The Fair Trade Company
图22	Daniel Rosenthal, laif
图23	Anne Welsing, GEPA – The Fair Trade Company
图24	Max Havelaar-Stiftung (Schweiz)

第4章
篇章页	Yao, fotolia
图25	Kennet Havgaard, Max Havelaar Denmark
图26	Schokoladenmuseum Köln
图27	Helmut Stradt
图28~30	Seereederei Baco-Liner GmbH
图31	H. D. Cotterell GmbH & Co. KG
图32	Schokoladenmuseum Köln
图33	Anne Welsing, GEPA – The Fair Trade Company
图39	Herbert Lehmann, zotter Schokoladen Manufaktur GmbH

第5章
篇章页	Ines Swoboda, oekom verlag
图41	Schokoladenmuseum Köln
图42	Palmengarten Frankfurt
图43	Schokoladenmuseum Köln
图44~45	Herbert Lehmann, zotter Schokoladen Manufaktur GmbH
图46、48~49	Schokoladenmuseum Köln

第6章
篇章页	Schokoladenmuseum Köln
图50	Alexander Czabaun, umgezeichnet nach Taube 1994
图51	Olaf Vortmann
图52	Schokoladenmuseum Köln
图53~55	Olaf Vortmann
图56	Schokoladenmuseum Köln
图57	Zeichnung von Guido Krempel
图58~62	Schokoladenmuseum Köln

第7章
篇章页	Info-Zentrum Schokolade
图63	Zeichnung von Christoph Weidlitz
图64	Antonio De Solis, wikimedia commons
图65	Historische Darstellung (Historia de Tlaxcala), entnommen aus William Prescott 2000
图66	wikimedia commons

第8章
篇章页	rimglow, fotolia
图67~75	Schokoladenmuseum Köln

第9章
篇章页	Schokoladenmuseum Köln
图76~84	Schokoladenmuseum Köln
图85	Ölgemälde von Joseph Karl Stieler, 1828, wikimedia commons
图86	Schokoladenmuseum Köln

第10章
篇章页	Kramografie, fotolia
图87~106	Schokoladenmuseum Köln

后 记
篇章页	by-studio, Rob Stark; fotolia

附 录
拉页图	Alexander Czabaun, umgezeichnet nach Durry & Schiffer 2008

图书在版编目(CIP)数据

可可与巧克力：时尚饮品、苦涩回味与众神的食粮/(德)安德烈娅·杜瑞(Andrea Durry),(德)托马斯·席费尔(Thomas Schiffer)著；汤博达译.--北京：社会科学文献出版社，2025.8.--ISBN 978-7-5228-5350-5

Ⅰ.TS274

中国国家版本馆 CIP 数据核字第 2025JH0031 号

审图号：GS（2025）2390 号

可可与巧克力：时尚饮品、苦涩回味与众神的食粮

作　者　/	[德]安德烈娅·杜瑞（Andrea Durry）
	[德]托马斯·席费尔（Thomas Schiffer）
译　者　/	汤博达
出 版 人　/	冀祥德
责任编辑　/	陈旭泽　陈嘉瑜
责任印制　/	岳　阳
出　　版　/	社会科学文献出版社·文化传媒分社（010）59367156
	地址：北京市北三环中路甲29号院华龙大厦　邮编：100029
	网址：www.ssap.com.cn
发　行　/	社会科学文献出版社（010）59367028
印　装　/	南京爱德印刷有限公司
规　格　/	开本：889mm×1194mm　1/32
	印张：14.375　插页：0.75　字数：321千字
版　次　/	2025年8月第1版　2025年8月第1次印刷
书　号　/	ISBN 978-7-5228-5350-5
著作权合同登 记 号　/	图字01-2023-4557号
定　价　/	108.00元

读者服务电话：4008918866

▲ 版权所有 翻印必究